建筑工程安装职业技能培训教材

工程安装钳工

建筑工程安装职业技能培训教材编委会　组织编写

赵明朗　任俊和　主编

中国建筑工业出版社

图书在版编目（CIP）数据

工程安装钳工/建筑工程安装职业技能培训教材编委
会组织编写，赵明朗，任俊和主编. —北京：中国建筑
工业出版社，2014.12
建筑工程安装职业技能培训教材
ISBN 978-7-112-17268-9

Ⅰ.①工… Ⅱ.①建…②赵…③任… Ⅲ.①建筑
工程-安装钳工-技术培训-教材 Ⅳ.①TU758

中国版本图书馆 CIP 数据核字（2014）第 215654 号

本书是根据国家有关建筑工程安装职业技能标准，结合全国建设行业全面实行建设职业技能岗位培训的要求编写的。以工程安装钳工职业资格三级的要求为基础，兼顾一、二级和四、五级的要求。全书主要分为两大部分，第一部分为理论知识，第二部分为操作技能。第一部分理论知识分为三章，分别是：基础知识（机械识图与制图知识，力学基础知识，机械零件知识，互换性与测量技术知识）；专业知识（钳工常用机具、量具知识，机械原理基础知识，常用金属材料与热处理知识）；相关知识（设备安装组织与管理，起重、吊装基础知识）。第二部分操作技能分为两章，分别是：钳工基本操作技能（钳工基本操作，机电设备的拆卸、清洗和装配，设备安装工艺）；典型设备安装操作技能（通用机械设备安装工艺、大型联动生产设备安装工艺）。

本书注重突出职业技能教材的实用性，对基础知识、专业知识和相关知识需要掌握、熟悉、了解的部分都有适当的编写，尽量做到图文结合，简明扼要，通俗易懂，避免教科书式的理论阐述、公式推导和演算。是当前建筑工程安装职业技能鉴定和考核的培训教材，适合建筑工人自学使用，也可供大中专学生参考使用。

责任编辑：刘　江　范业庶　岳建光

责任设计：张　虹

责任校对：李欣慰　刘梦然

建筑工程安装职业技能培训教材
工程安装钳工
建筑工程安装职业技能培训教材编委会　组织编写
赵明朗　任俊和　主编
*
中国建筑工业出版社出版、发行（北京西郊百万庄）
各地新华书店、建筑书店经销
霸州市顺浩图文科技发展有限公司制版
北京圣夫亚美印刷有限公司印刷
*
开本：787×1092毫米　1/16　印张：17¼　字数：417千字
2015 年 2 月第一版　2015 年 2 月第一次印刷
定价：**40.00** 元
ISBN 978-7-112-17268-9
（26041）

建筑工程安装职业技能培训教材编委会

前　言

　　根据国家有关建筑工程安装职业技能标准，本书以工程安装钳工职业资格三级要求为基础，兼顾一、二级和四、五级的要求，分为两大部分，第一部分为理论知识，第二部分为操作技能。工程安装钳工理论知识、操作技能的编写，是按照国家有关建筑工程安装职业技能标准要求的内容，结合全国建设行业全面实行建设职业技能岗位培训的要求，编写的工程安装钳工操作人员培训教材。工程安装钳工是生产第一线的一支重要力量，他们对提高产品质量、提高产品的市场竞争力起着非常重要的作用。积极稳妥地开展对工程安装钳工的评级工作，对鼓励广大技术工人钻研业务、提高技能水平、推动企业生产技术以及稳定技术工人队伍有积极的促进作用。

　　本教材主要结构分为两大部分，第一部分为理论知识，第二部分为操作技能。第一部分分为三章，第一章基础知识分四节，主要内容包括：机械识图与制图知识、力学基础知识、机械零件知识、互换性与测量技术知识；第二章专业知识分三节，主要内容包括：钳工常用机具、量具知识，机械原理基础知识，常用金属材料与热处理知识；第三章相关知识分两节，主要内容包括：设备安装组织与管理，起重、吊装基础知识。第二部分分为两章，第四章钳工基本操作技能共三节，主要内容包括：钳工基本操作，机电设备的拆卸、清洗和装配，设备安装工艺；第五章典型设备安装操作技能共两节，主要内容包括：通用机械设备安装工艺、大型联动生产设备安装工艺。

　　本教材注重突出职业技能教材的实用性，对基础知识、专业知识和相关知识需要掌握、熟悉、了解的部分都有适当的编写，尽量做到图文结合，简明扼要，通俗易懂，避免教科书式的理论阐述、公式推导和演算。是当前职工技能鉴定和考核的培训教材，适合建筑工人自学使用，也可供大中专学生参考使用。

　　本教材是由赵明朗、任俊和主编，由曹旭明主审，参加编写的人员还有李家木、闫留强、徐龙恩、刘斐、付湘炜、付湘婷、尚晓东、李晓宇。

　　由于我们编写水平有限，加之时间仓促，因此难免存在不足和错误，诚恳地希望专家和广大读者批评指正。

目 录

第一部分 理 论 知 识

第二部分　操作技能

第一部分

理 论 知 识

第一章 基 础 知 识

第一节 机械识图与制图知识

机械制图是用图样确切表示机械的结构形状、尺寸大小、工作原理和技术要求的学科。图样由图形、符号、文字和数字等组成，是表达设计意图和制造要求以及交流经验的技术文件，被称为工程界的语言。机械图样主要有零件图和装配图，此外还有布置图、示意图和轴测图等。常用的表达机械结构形状的图形有视图、剖视图和剖面图等。机械制图标准对其中的螺纹、齿轮、花键和弹簧等结构或零件的画法有独立的标准。图样是依照机件的结构形状和尺寸大小按适当比例绘制的，在利用图样制造机件时，必须按照图样中标注的尺寸数字进行加工，才可以加工出符合设计要求的机件。

一、机械制图基础知识

工程图样是现代工业制造过程中的重要技术文件之一，用来指导生产和进行技术交流且具有严格的规范性重要依据。掌握制图的基础知识，可为以后看图、绘图打好坚实的基础。为了正确地绘制和阅读机械图样，必须了解有关机械制图的规定。国家标准《技术制图》和《机械制图》是工程制图重要的技术基础标准，国家标准对有关内容作出了规定，如图纸规格，图样常用的比例，图线及其含义，图样中常用的数字、字母等。

1. 图幅、图框和标题栏

为了便于图纸的技术交流以及后续工作的进行，在 UG NX 中绘制的图形一般都要以图纸的形式打印输出，并且在输出图形之前，都需要使用相应的线型绘制出图纸的图框以及标题栏等内容。

（1）图纸图幅

图纸的宽度（B）和长度（L）组成的图面称为图纸幅面。按国家有关规定，绘制技术图样时应优先使用国家规定的 5 种基本图幅，如表 1-1 所示。必要时也可以按规定加长幅面，但应按基本幅面的短边整数倍增加。

图纸基本幅面及图框尺寸（mm）　　　　　　　　　表 1-1

幅面代号	A0	A1	A2	A3	A4
$B \times L$	841×1189	594×841	420×594	297×420	210×297
e	20			10	
c	10			5	
a			25		

（2）图框格式

在绘制图形时，必须用粗实线画出图框，细实线画出图纸界限。图框有留有装订边和不留装订边两种格式，如图 1-1 所示，其中具体尺寸按表 1-1 规定画出。需要注意的是，同一产品中所有图样须采用统一格式。

（3）标题栏

为了使绘制出的图样便于管理及查阅，每张图都必须添加标题栏。

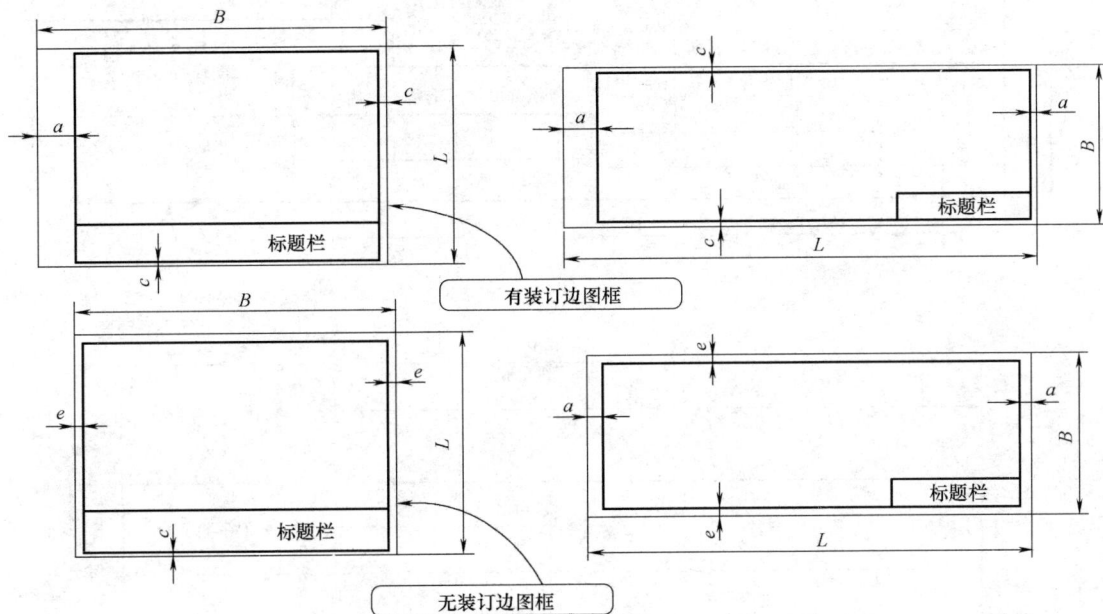

图 1-1　图框的两种格式

通常标题栏应位于图框的右下角，并且看图方向应与标题栏的方向一致。《技术制图标题栏》GB/T 10609.1 规定了两种标题栏的格式，如图 1-2 所示。其中前一种为推荐使用的国标格式，但在实际的制图作业中常采用后种格式。

2. 比例

比例是指图样中图形与其实物相应要素的线性尺寸之比。绘制图样时，应尽可能按机件实际大小采用 1∶1 的比例画出。按比例绘制图样时，应从表 1-2 规定的系列中选取适当的比例，无论缩小或放大，在图样中标注的尺寸均为机件的实际大小，而与比例无关。绘制图样时，对于选用的比例应在标题栏比例一栏中注明。

比例系数表　　　　　　　　　　　　　　　　　　　　表 1-2

种　　类	比　　例
原值比例（比值为 1）	1∶1
放大比例（比值大于 1）	5∶1；2∶1
	$5\times10^n∶1；2\times10^n∶1；1\times10^n∶1$
缩小比例（比值小于 1）	1∶2；1∶5；1∶10
	$1∶(2\times10^n)；1∶(5\times10^n)；1∶(10\times10^n)$
特殊放大比例	4∶1；2.5∶1
	$4\times10^n∶1；2.5\times10^n∶1$
特殊缩小比例	1∶1.5；1∶2.5；1∶3；1∶4；1∶6
	$1∶(11.5\times10^n)；1∶(2.5\times10^n)$
	$1∶(3\times10^n)；1∶(4\times10^n)；1∶(6\times10^n)$

注：n 为整数。

3

图 1-2 中的标准标题栏（上图）尺寸标注：

- 总宽 180
- 左侧各栏宽度：10、10、16、16、12、16、50
- 左侧高度 8×7(=56)
- 右侧栏：材料标记、4×6.5(26)、12、12
- （单位名称）、（图样名称）、（图样代号）
- 右侧高度 20、18，内部 10、9、9

表内文字：

标记	处数	分区	更改文件名	签名	年月	（材料标记）			（单位名称）
设计	(签名)	(年月日)	标准化	(签名)	(年月日)	阶段标记	重量	比例	（图样名称）
审核									（图样代号）
工艺			批准			共　张　第　张			

下方尺寸：12、12、16、12、12、16、50

标准标题栏

常用标题栏（下图）尺寸标注：

- 总宽 140
- 70、35、15、32、8、15、30

表内文字：

（图名）		比例	（图号）
		材料	
制图			
审核			

常用标题栏

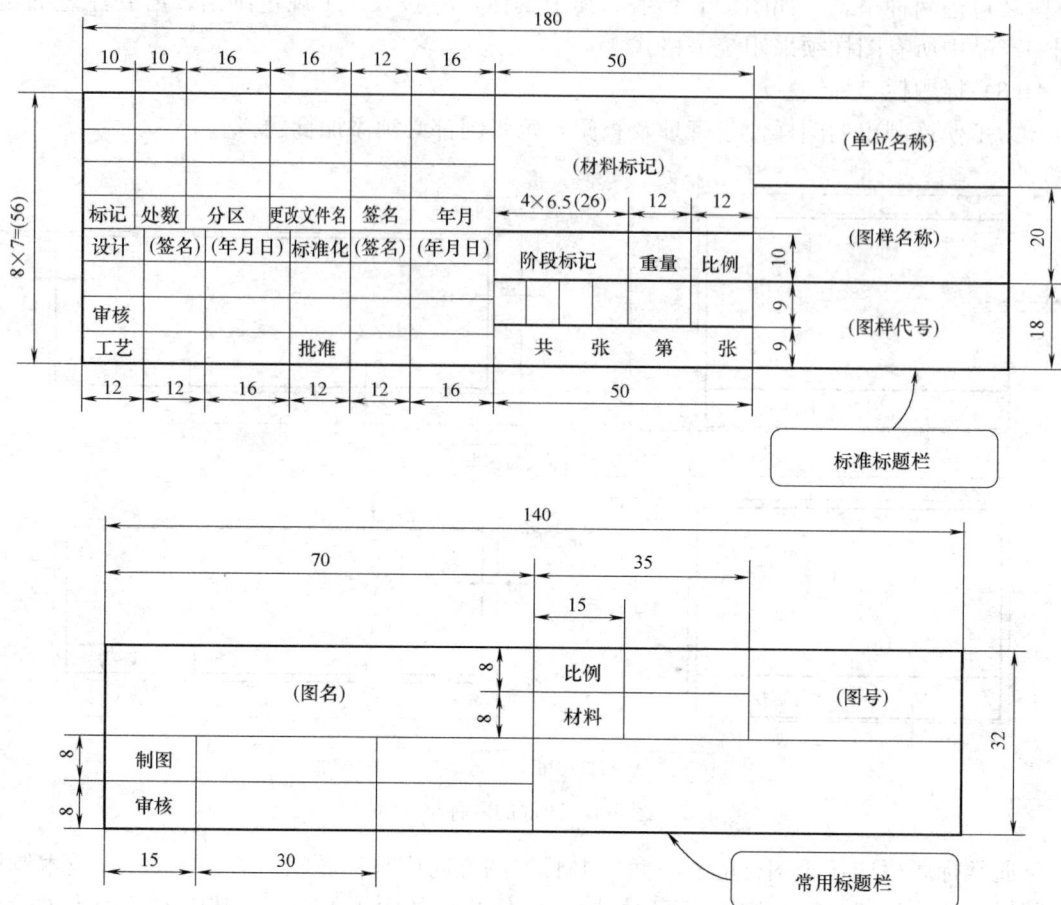

图 1-2　两种常用的标题栏格式

3. 字体

国家标准《技术制图　字体》中规定了汉字、字母和数字的结构形式。书写字体的基本要求如下。

（1）图样中书写的汉字、数字、字母必须做到字体端正、笔画清楚、排列整齐、间隔均匀。

（2）字体的大小以号数表示，字体的号数就是字体的高度（单位为 mm），字体高度（用 h 表示）的公称尺寸系列为：1.8、2.5、3.5、5、7、10、14、20。如需要书写更大的字，其字体高度应按比例递增。用作指数、分数、注脚和尺寸偏差的数值，一般采用小一号字体。

（3）汉字应写成长仿宋体字，并应采用中华人民共和国国务院正式推行的《汉字简化方案》中规定的简化字。

长仿宋体字的书写要领是：横平竖直、注意起落、结构均匀、填满方格。汉字的高度 h 不应小于 3.5mm，其字宽一般为 $h/\sqrt{2}$，如图 1-3 所示。

字体端正笔画清楚
排列整齐间隔均匀

图 1-3　仿宋字体图

4

（4）字母和数字分为 A 型和 B 型，字体的笔画宽度用 d 表示。A 型字体的笔画宽度 $d=h/14$，B 型字体的笔画宽度 $d=h/10$。并且字母和数字可写成斜体和直体，如图 1-4 所示。斜体字字头向右倾斜，与水平基准线成 $75°$。绘图时，一般用 B 型斜体字。在同一图样上，只允许选用一种字体。

$$0123456789$$

$$Ⅰ\ Ⅱ\ Ⅲ\ Ⅳ\ Ⅴ\ Ⅵ\ Ⅶ\ Ⅷ\ Ⅸ\ Ⅹ$$

图 1-4　数字书写示例

4. 图线

绘制视图时，为了使视图尽可能真实、直观地反映物体的大小及形状，国家除了规定制图标准以外，又制定了一些图线绘制的原则，具体内容如下。

（1）在同一图样中，同类图线的宽度应基本一致，虚线、点划线及双点划线的长度和间隔应大致相等。

（2）两条平行线之间的最小距离不得小于 0.7mm，除非另有规定。

（3）绘制圆的对称中心线时，圆心应为长划的交点，细点划线和细双点划线的首末两端应是长划而不是点，细点划线应超出图形轮廓 2～5mm。当图形较小难以绘制细点划线时，可用细实线代替细点划线。

（4）当不同图线互相重叠时，应按粗实线、细虚线、细点划线的先后顺序只绘制前面一种图线。细点划线和虚线与粗实线、虚线、细点划线相交时，都应在线段处相交，不应在空隙处相交。

（5）虚线圆弧与实线相切时，虚线圆弧应留出空隙。虚线圆弧与虚线直线相切时，虚线圆弧的线段应绘制到切点，虚线直线留出空隙。当虚线是粗实线的延长线时，粗实线应绘制到分界点，而虚线应留有空隙。

在绘制图形时，不同部位的轮廓线应采用不同类型的图线进行表示。国家标准规定了15 种基本线型的变形，绘制图样时，应采用标准中规定的图线。

绘制图样时需要注意，同一图样中同类图线的宽度应基本一致；两条平行线之间的距离不应小于粗实线宽度的 2 倍；绘制圆的中心线时，圆心处应为线段的交点，而不应在短划或间断处相交；当虚线与虚线相交时，应画成短划与短划相交。

5. 尺寸标注

图形只能表示机件的形状，而机件上各部分大小和相对位置则必须由图上所标注的尺寸来确定。图样中的尺寸是加工机件的依据。标注尺寸时，必须认真细致，尽量避免遗漏或错误，否则将会给加工生产带来困难和损失。

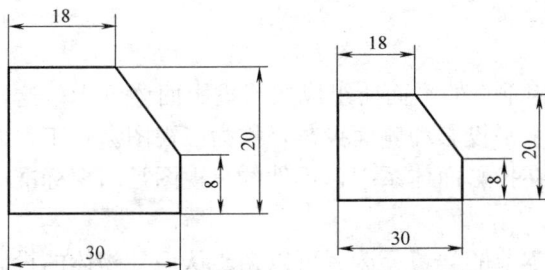

图 1-5　机件的尺寸与图形大小无关

（1）线条类标注

机械图中的尺寸是由尺寸界线、尺寸线、箭头和尺寸数字组成的。为了将图样中的尺寸标注得清晰、正确，需要注意：机件的真实大小应以图样所标注的尺寸数字为依据，与图形的大小及绘图的准确度无关，如图 1-5 所示；图样中的尺寸以 mm 为单

5

位时，不需标注计量单位的代号或名称，如采用其他单位，则必须注明相应计量单位的代号或名称；图样中所标注的尺寸为该机件的最后完工尺寸，否则应另加说明；机件的每一尺寸一般只标注一次，并标注在反映该结构最清晰的图形上。

（2）表面粗糙度标注

零件经过机械加工后的表面会留有许多高低不平的凸峰和凹谷。零件加工表面上具有的较小间距和峰谷所组成的这种微观几何形状特性，称为表面粗糙度。表面粗糙度在图样上的标注如图1-6所示。

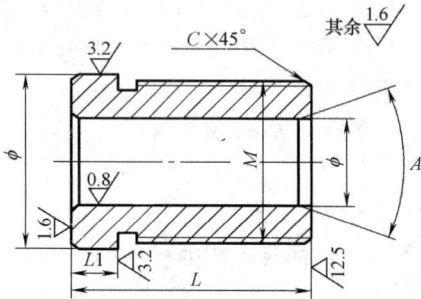

图1-6 表面粗糙度在图样上的标注

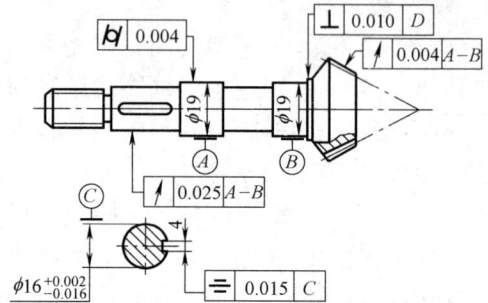

图1-7 尺寸公差和形位公差

（3）尺寸公差和形位公差

零件图中除了视图和尺寸之外，还应具备加工和检验零件的技术要求，这就需要在设计零件时确定零件中主要位置的尺寸公差范围和形位公差范围，从而保证加工的零件这些尺寸在两公差之内，如图1-7所示。

二、正投影和三视图

正投影是投影线垂直于投影面时所形成的投影。它可以表达出零件的真实性，因此，在机械设计中一般情况下都采用正投影绘制图纸。利用正投影将物体放在三面投影体系中，物体的3个表面分别与3个投影面平行。然后分别向3个投影面投射，得到该物体在3个投影面上的3个投影，这样就形成了物体的三视图。

1. 正投影法

假设投射中心移到无限远处时，所有投射线互相平行，且投射线与投影面垂直，这种投影法称为正投影法。根据正投影法所得到的图形，称为正投影图或正投影。如图1-8所示，将一块三角板放在平面 P 的上方，分别通过三角板的3个顶点 A、B、C 向平面 P 作垂直线，与平面 P 交于点 a、b、c，则三角形 abc 即为三角板在平面 P 上的投影。垂直线 Aa、Bb、Cc 称为投射线，平面 P 称为投影面。

2. 三视图的形成

如图1-9所示，把物体放在由3个互相垂直的平面所组成的三投影面体系中，这样可得到物体的3个投影，分别是正面投影、水平投影和侧面投影，称为三视图。在工程图样中，零件的多面投影图也可以称为视图。在投影面体系中，零件的三视图是国家标准中的3个基本视图。

三视图是学好机械制图的基础。通过本节的学习，读者可以初步认识到物体的投影规律，从而为以后画图、看图打下良好的基础。在三面视图形成的过程中，可以归纳出三面

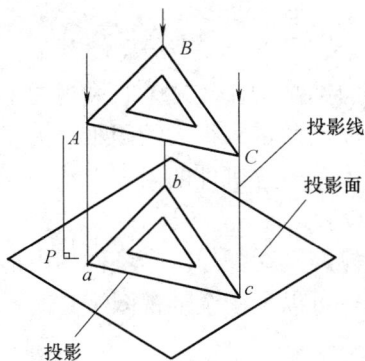

图 1-8　正投影原理

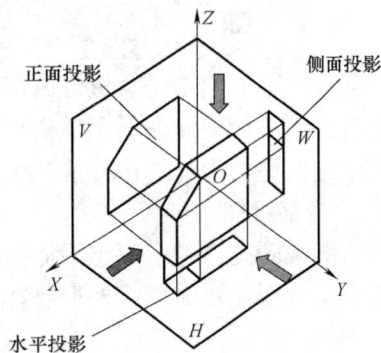

图 1-9　三视图的形成

视图的位置关系、投影关系和方位关系。

（1）位置关系

物体的 3 个视图展开放在同一平面上以后，具有明确的位置关系，即主视图在上方，俯视图在主视图的正下方，左视图在主视图的正右方，如图 1-10 所示。

（2）投影关系

任何一个物体都有长、宽、高 3 个方向的尺寸。在物体的三视图中，主视图反映物体的长度和高度；俯视图反映物体的长度和宽度；左视图反映物体的高度和宽度。

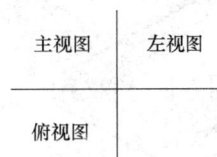

图 1-10　三视图的位置关系

3 个视图反映的是同一个物体，其长、宽、高是一致的，所以每两个视图之间必有一个相同的尺寸。主、俯视图反映了物体的同样长度（等长）；主、左视图反映了物体的同样高度，如图 1-11 所示。

（3）方位关系

三视图中不仅反映了物体的长、宽、高，同时也反映了物体的上、下、左、右、前、后 6 个方位的位置关系，如图 1-12 所示。可以看出：主视图反映了物体的上、下、左、右方位；俯视图反映了物体的前、后、左、右方位；左视图反映了物体的上、下、前、后方位。

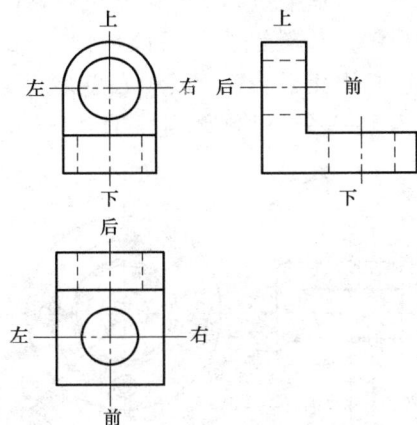

图 1-11　三视图长、宽、高尺寸关系

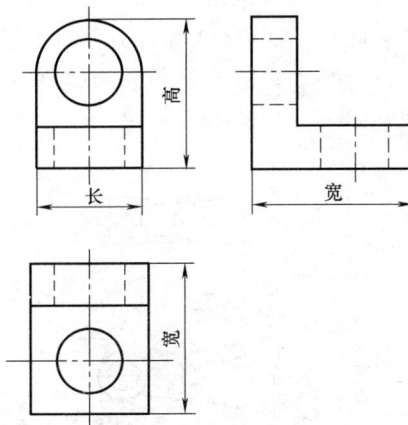

图 1-12　三视图的位置关系

7

三、剖视图

剖视图主要用于表达机件内部的结构形状。当机件的内部结构比较复杂时，视图上会出现较多虚线而致使图形不够清晰，给看图、作图以及标注尺寸带来很大的困难。为了清晰地表达机件的内部结构特征，国家标准中规定可用剖视图来表达机件的内部形状。

1. 全剖视图

全剖视图是以一个假想平面为剖切面，对视图进行整体的剖切操作。当零件的内形比较复杂、外形比较简单或外形已在其他视图上表达清楚时，可以利用全剖视图工具对零件进行剖切，图 1-13 所示就是利用全剖视图创建的图形。

2. 半剖视图

半剖视图是剖视图的一种。当零件的内部结构具有对称特征时，向垂直于对称平面的投影面上投影所得的视图就是半剖视图。以视图的中心线为界线，将其一半创建出的视图就是半剖视图，图 1-14 所示就是利用半剖视图创建的图形。

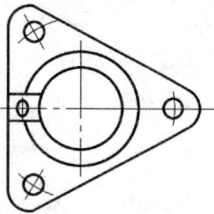

图 1-13　全剖视图

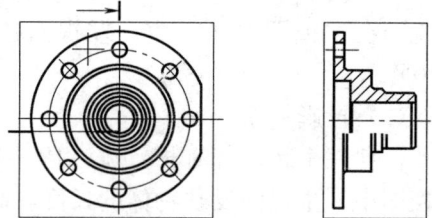

图 1-14　半剖视图

3. 局部剖视图

局部剖视图是用剖切平面局部地剖开机件所得的视图。局部剖视图是一种灵活的表达方法，用剖视的部分表达机件的内部结构，不剖的部分表达机件的外部形状。对一个视图采用局部剖视图表达时，剖切的次数不宜过多，否则会使图形过于破碎，影响图形的整体性和清晰性。局部剖视图常用于轴、连杆、手柄等实心零件上有小孔、槽、凹坑等局部结构需要表达其内形的零件，图 1-15 所示就是利用局部剖视图创建的图形。

4. 旋转剖视图

用两个成一定角度的剖切面（两平面的交线垂直于某一基本投影面）剖开机件，以表达具有回转特征机件的内部形状的视图，称为旋转剖视图。旋转剖视图可以包含 1～2 个支架，每个支架可由若干个剖切段、弯着段等组成。它们相交于一个旋转中心点，剖切线都围绕同一个旋转中心旋转，而且所有的剖切面将展开在一个公共平面上，图 1-16 所示

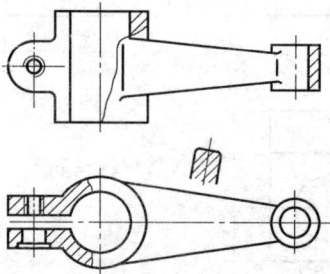

图 1-15　局部剖视图

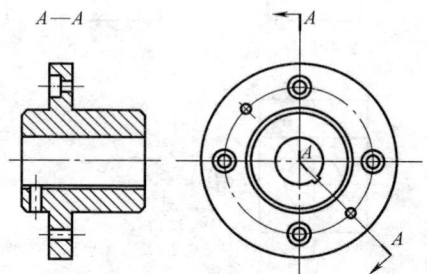

图 1-16　旋转剖视图

就是利用旋转剖视图创建的图形。

四、装配图

装配图是生产过程中重要的技术文件，它最能反映出设计工程师的意图，且可表达出机械或部件的工作原理、性能要求、零件之间的装配关系、零件的主要结构形状，以及在装配、检验时所需要的尺寸数据和技术要求。设计工程师在设计机器时，首先要绘制整个机器的装配图，然后再拆画零件图。此外，在设计、装配、调整、检验和维修时都需要用到装配图。

1. 装配图基础知识

装配图是表达机器或部件的图样，主要表达其工作原理和装配关系。在机器设计过程中，装配图的绘制位于零件图之前，并且装配图与零件图的表达内容不同，它主要用于机器或部件的装配、调试、安装、维修等场合，也是生产中的一种重要的技术文件。

（1）装配图的作用

在产品设计过程中，一般要根据设计的要求绘制装配图，用以表达机器或部件的主要结构和工作原理，然后再根据装配图设计零件绘制各个零件图；在产品制造过程中，装配图是制定装配工艺规程、进行装配和检验的技术依据，即根据装配图把制成的零件装配成合格的部件或机器。

在使用或维修机械设备时，也需要通过装配图来了解机器的性能、结构、传动路线、工作原理、维护和使用方法。装配图直接反映设计者的技术思想，因此，装配图也是进行技术交流的重要技术文件。

（2）装配图的内容

装配图主要表达机器或零件各部分之间的相对位置、装备关系、连接方式和主要零件的结构形状等内容，图 1-17 所示是球阀的装配图。

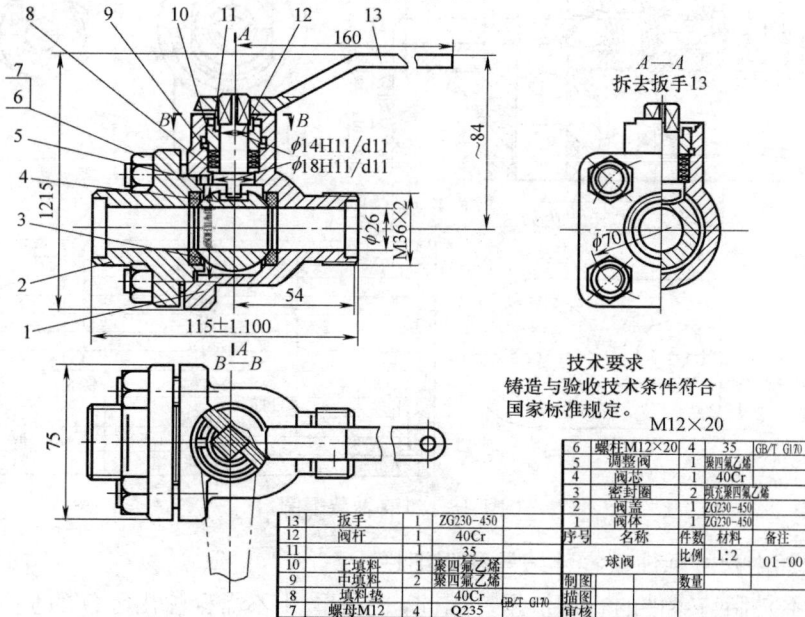

图 1-17　球阀装配图

9

1）一组图形：用一组图形（包括剖视图、断面图等）表达机器或部件的传动路线、工作原理、机构特点、零件之间的相对位置、装配关系、连接方式和主要零件的结构形状等。

2）几类尺寸：标注出表示机器或部件的性能、规格、外形以及装配、检验、安装时必需的几类尺寸。图 1-17 标注了部件的总体尺寸和重要装配尺寸。

3）技术要求：用文字或符号说明机器或部件的性能、装配、检验、运输、安装、验收及使用等方面的技术要求，是装配图的重要组成部分。

4）零件编号、明细栏和标题栏：在装配图上应对各种不同的零件编写序号，并在明细栏中依次填写零件的序号、名称、数量、材料以及零件的国标代号等内容。标题栏内填写机器或部件的名称、比例、图号以及设计、制图、校核人员名称等内容。

（3）绘制装配图的步骤

在绘制部件装配图之前，首先要了解部件或机器的工作原理和基本结构特征等资料，然后经过拟订方案、绘制装配图和整体校核等一系列的工序，具体步骤如下。

1）了解部件：弄清用途、工作原理、装配关系、传动路线及主要零件的基本结构。

2）确定方案：选择主视图方向，确定图幅及绘图比例，合理运用各种表达方法。

3）画出底稿：先画图框、标题栏及明细栏外框，再布置视图，画出基准线，然后画主要零件，最后根据装配关系依次画出其余零件。

4）完成全图：绘制剖面线、标注尺寸、编排序号，并填写标题栏、明细栏、号签及技术要求，然后按标准加深图线。

5）全面校核：对图中的所有内容进行仔细全面的校核，将错、漏处改正后，在标题栏内签名。

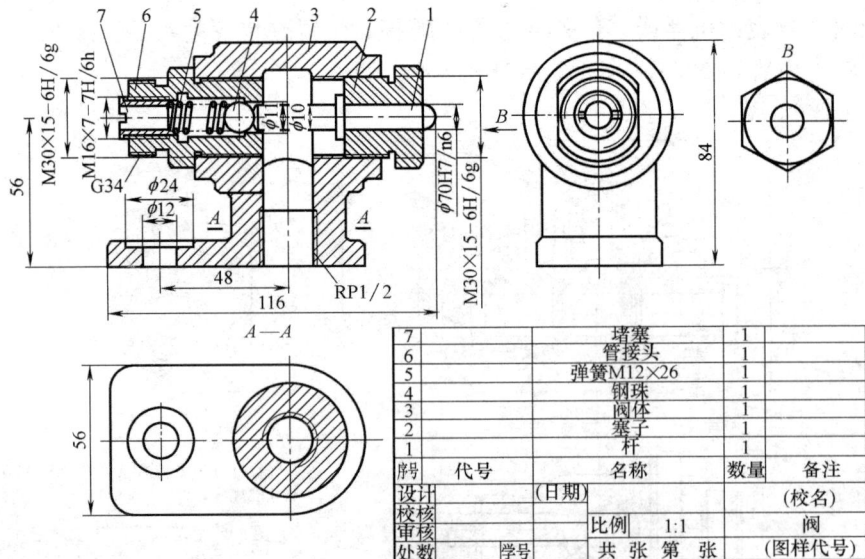

图 1-18　准直器装配图

2. 装配图中尺寸标注、零件编号和明细栏

装配图不是制造零件的直接依据，因此，装配图中不需标注出零件的全部尺寸，而只需标注出用于表达机器的整体尺寸等其他重要尺寸，具体标注效果如图 1-18 所示。此外，

10

针对装配图上的每个零件都必须标注序号和代号，并填写明细栏，以便统计零件的数量，进行生产的准备工作。

（1）装配图中的尺寸标注

在装配图中，按尺寸作用的不同可以将其分为性能（规格）尺寸、装配尺寸、安装尺寸、外形尺寸以及其他重要尺寸。这5类尺寸并不是完全孤立无关的，实际上有的尺寸往往同时具有多种作用。此外，一张装配图中有时也并不全部具备上述5类尺寸。因此，对装配图中的尺寸需要具体分析，然后进行标注。例如图1-18中阀体管口直径为 $G3/4$。

1）性能或规格尺寸

表示机器或部件性能（规格）的尺寸，这些尺寸也是设计时就已经确定的，可作为设计、了解和选用机器的依据。

2）装配尺寸

表示零件间的相对位置和配合关系的尺寸。其中，相对位置尺寸表示装配机器和拆画零件图时需要保证相对位置的尺寸；而配合尺寸是指两个零件之间配合性质的尺寸。例如，零件1和2配合尺寸为 $\Phi10\ H7/h6$，零件1和3相对位置距离为116。

3）安装尺寸

安装尺寸是指机器或部件在地基上或与其他机器或部件相连接时所需要的尺寸。例如图1-18中与安装有关的尺寸有48、56等。

4）外形尺寸

表示机器或部件的总长、总宽和总高的尺寸。单机器或部件包装、运输时，以及厂房设计或安装机器时需要考虑装配体的外形尺寸。例如图1-18中准直器的总宽和总高尺寸为56、84。

5）其他重要尺寸

除上述4种尺寸外，在设计或装配时需要保证的其他重要尺寸，这些尺寸在拆分绘制零件图时不能改变。例如运动零件的极限尺寸、主要零件的重要尺寸等。

（2）零（部）件编号

为了便于读懂装配图和进行图样管理，在装配图中对所有零（部）件都必须编写序号，并在标题栏上方编制相应的明细栏。

1）序号的一般规定

装配图中每种零（部）件都必须编注序号。同一装配图中相同的零（部）件只编注一个序号，且一般只标注一次。零（部）件的序号应与明细栏中的序号一致，同一装配图中编注序号的形式应一致。

2）序号的编排方式

序号注写在指引线（细实线）对应的水平线上或圆内，字高比图中的尺寸数字大一号或两号，同一装配图中编注序号的形式应一致，如图1-19所示。指引线从零件的可见轮廓内引出，并在末端绘制一个小圆点。若所指部分很薄或为涂黑的断面而不便于绘制圆点时，可在指引线的末端绘制箭头指向该部分的轮廓。

指引线不能相互交叉，当通过剖面区域时，也不应与剖面平行，必要时指引线可绘制为折线，但只能曲折一次。此外，对于一组紧固及装配关系清楚的零件组，可采用公共指引线，如图1-20所示。

（3）明细栏

装配图的明细栏是机器或部件中全部零件的详细目录，画在标题栏上方，当标题栏上方位置不够用时，可续接在标题栏的左方。明细栏外框竖线为粗实线，其余各线为细实线，其下边线与标题栏上边线或图框下边线重合，长度相同。

明细栏中，零件序号应按自底向上的顺序填写，以便在增加零件时可继续向上画格，如图 1-21 所示。在实际生产中，对于较复杂的机器或部件，为便于工作，也可用单独的明细栏，装订成册，作为装配图的附件，按零件份数和一定格式填写。

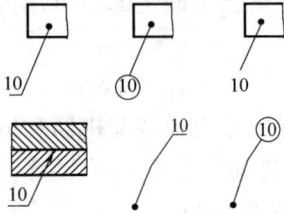

8	油杯B12	1	GB/T1154	
7	螺母M12	4	GB/T6170	
6	螺栓M12×130	2	GB/T8	
5	轴承固定套	1	Q235-A	
4	上轴承	1	QA19-4	
3	轴承盖	1	HT150	
2	下轴承	1	QA19-4	
1	轴承座	1	HT150	
序号	名称	件数	材料	备注

齿轮油泵	比例		04-00
	重量		
制图			
审核			

图 1-19 编写序号的形式图 　　　图 1-20 公共指引线 　　　图 1-21 明细栏和标题栏

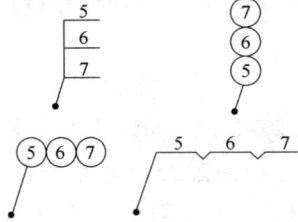

3. 装配图中零（部）件的表达方法

装配图是以表达机器或部件的工作原理和装配关系为中心的，它采用适当的表达方法把机器或部件的内部和外部的结构形状和零件的主要结构表示清楚，并不需要将每个零件的形状、大小都表达清楚。因此，除了前面所讨论的各种视图表达方法之外，还有一些表达机器或部件的特殊表达方法，以及装配图的规定画法。

（1）规定画法

在装配图中为了区分不同的零件，正确理解零件间的装配关系，对常规零件绘制方法有以下几项规定：

1）接触面和配合面的画法

两个零件的接触表面或有配合关系的工作表面，分界线规定只绘制一条线。不接触或没有配合关系时，即使间隙很小，也必须绘制出两条线。

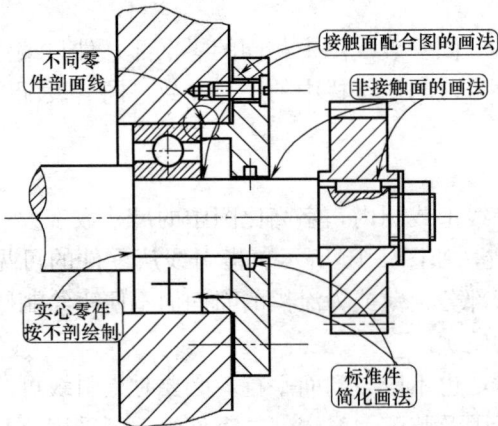

图 1-22 装配图的规定画法

2）零件剖面符号的画法

在剖视图中，相邻两零件的剖面线方向相反，或方向一致但间隔不同，如图 1-18 中实例绘制上轴承、下轴承、上轴瓦、下轴瓦、油杯的剖面线。但是，同一个零件在不同视图中的剖面线应当保证方向相同并且间隙要一致，当断面的宽度小于 2mm 时，允许以涂黑来代替剖面线，如图 1-22 所示。

3）实心件绘制方法

对于紧固件（如螺钉、螺栓、螺母、垫片、键、销等）、轴、连杆、手柄、球等实心件，如果剖切平面通过其轴线或对称面时，则该零件按照不剖绘制，例如以上章节介绍的标准件是按照不剖绘制的。

但必须注意，当剖切平面垂直于这些零件的轴线进行剖切时，则这些零件的剖面图上应当绘制出剖面线，例如俯视图中螺栓截面按照剖切方式绘制。

4）相同零件剖切线画法

同一零件在各个视图中的剖面线方向、间隔必须一致，以便于看图。

（2）特殊表达方法

为了能够简单而清楚地表达一些部件的结构特点，在装配图的画法上规定了一些特殊的画法，如下所示。

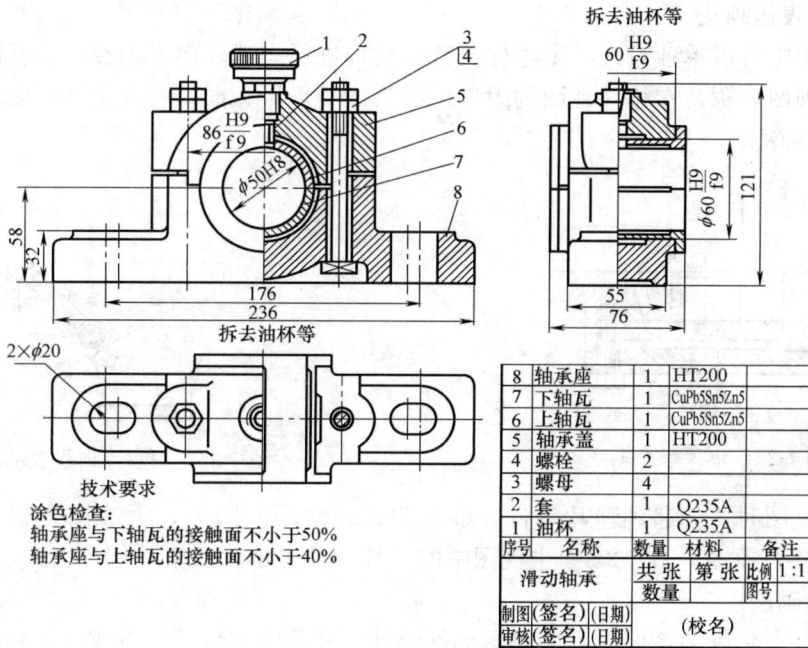

图 1-23　拆卸画法

1）拆卸画法

为了表示部件的内部结构，可以假想将某些零件拆去，然后进行投影，其他视图按不拆画出。采用拆卸画法时，应在对应的视图上标明拆卸零件的编号或名称，如图 1-23 所示。

为使图形清晰，指引线不宜穿过太多的图形。指引线通过剖面线区域时，不应和剖面线平行。指引线也不要相交，必要时指引线可画成折线，但只能折一次。序号在图上应按水平或垂直方向均匀排列整齐，并按照顺时针或逆时针方向顺序排列。

2）沿结合面剖切画法

为了表示部件内部的装配和工作原理，在装配图中可以假想沿零件的结合面切开部件，然后画出图形，结合面上不画剖面符号（剖面线）。但对轴和连接件，如果垂直于轴线剖切，则应当画出剖面线。图 1-24 右视图所示为两个转子的位置、结构与运动情况以及进油孔、定位销的位置。

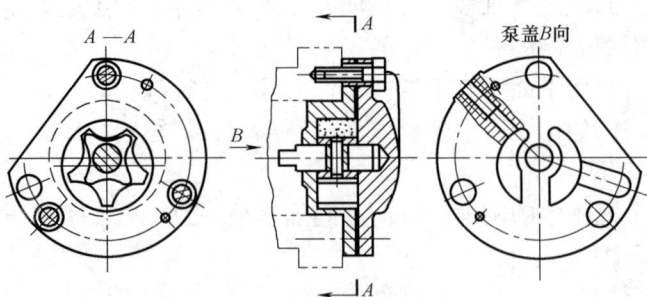

图 1-24　沿结合面剖切画法

3）单独表达画法

在装配图中可以单独对某一个零件的特殊结构进行表达，但必须在所画视图的上方注出该零件的视图名称，在相应视图的附近用箭头指明投影方向，并注上同样的字母。

4）夸大画法

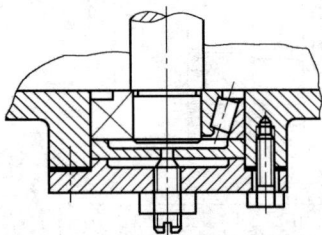

图 1-25　垫片夸大画法

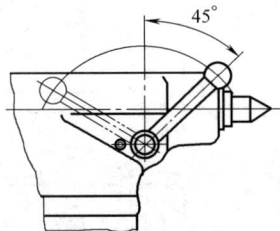

图 1-26　用双点划线表示极限位置

在画装配图时，如遇到薄片零件、细丝弹簧、微小间隙等，无法按全图绘图比例画出，可采用夸大画法，图 1-25 中主视图中的垫片（涂黑部分）就是用夸大画法画出的。

5）假想画法

与本部件有装配关系但又不属于本部件的其他相邻零部件、运动零件的极限位置，可用双点划线画出其轮廓。例如图 1-26 中主视图中用双点划线画出假想的铣刀盘，以表示铣刀盘与主轴的装配关系。为了表示某个零件的运动极限位置，或部件与相邻部件的装配关系，可用双点划线画出其轮廓，例如图 1-26 用双点划线表示手柄的另一个极限位置。

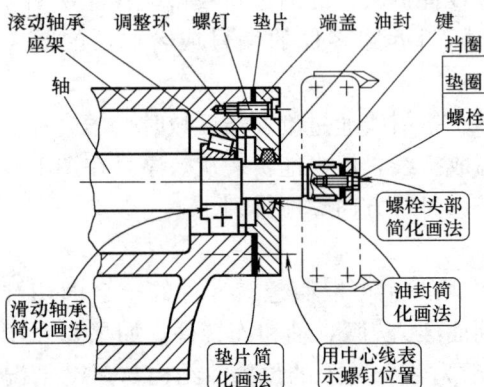

图 1-27　简化画法

6）简化画法

装配图主要表达的是部件的装配关系、工作原理、主要零部件的结构等，因此，在表达装配图的工程图样中，应当尽量采用简化画法。其主要表现在以下几个方面，如图 1-27 所示。

① 零件上的工艺结构，如小圆角、退刀槽、螺纹连接件、轴上的倒角、倒圆等常常省略不画。

② 对均匀分布的螺纹连接件，允许只画一个或一组，其余的用中心线表明安装

14

位置。

③ 对于滚动轴承和密封圈，一般采用特征画法（也可一半采用比例画法、一半采用特征画法），也可以采用通用画法。

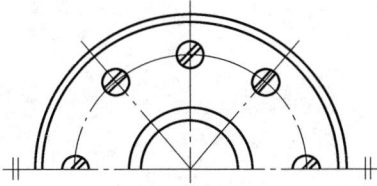

图 1-28　皮带和链条的简化画法

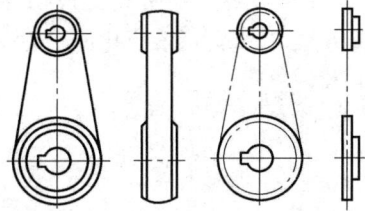

图 1-29　对称零部件的表达方法

④ 在装配图中，皮带可用粗实线表示，传动链可用细点划线表示，如图 1-28 所示。

⑤ 在能表达清楚部件特征（如电机等）的情况下，装配图可以仅画简化后轮廓的投影。与零件图一样，对称的零部件可以只画一半或者四分之一，如图 1-29 所示。

⑥ 在化工、锅炉设备的装配图中，可以用细点划线表示密集的管子。

7）展开画法

为表达不在同一平面内而又相互平行轴上的零件，以及轴与轴之间的传动关系，可假想将各轴按传动顺序，沿它们的轴线剖开，并展开在同一平面上。这种展开画法在表达机床的主轴箱、进给箱、汽车的变速箱等装置时经常运用，展开图必须进行标注。

同时配合相应位置的剖切截面图确定不在同一平面内而又相互平行轴上零件的相对位置。可以按照传动顺序沿轴线切开，然后依次将轴线展开在同一平面上画出，并标注×-×展开，如图 1-30 所示。

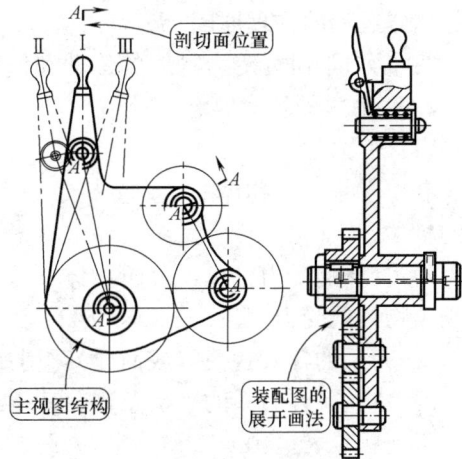

图 1-30　三星齿轮

第二节　力学基础知识

一、理论力学基础知识

1. 力学的基本概念

（1）力学主要由理论力学、材料力学、结构力学三大力学组成。

理论力学是机械运动及物体间相互机械作用的一般规律的学科，也称经典力学。它是力学的一部分，也是大部分工程技术科学理论力学的基础。其理论基础是牛顿运动定律，故又称牛顿力学。20 世纪初建立起来的量子力学和相对论，表明牛顿力学所表述的是相对论力学在物体速度远小于光速时的极限情况，也是量子力学在量子数为无限大时的极限情况。对于速度远小于光速的宏观物体的运动，包括超音速喷气飞机及宇宙飞行器的运动，都可以用经典力学进行分析。

（2）机械运动：物体在空间的位置随时间的改变。

（3）理论力学由静力学、运动学、动力学三部分组成。

1）静力学主要研究受力物体平衡时作用力所应满足的条件；同时也研究物体受力的分析方法，以及力系简化的方法，如图 1-31 所示。

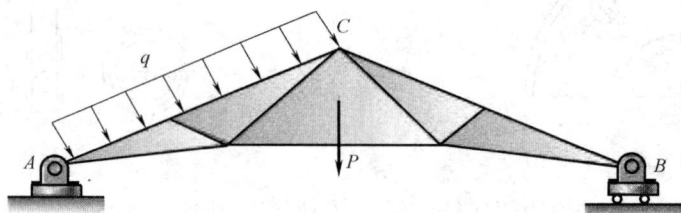

图 1-31　物体的受力分析

2）运动学只从几何的角度来研究物体的运动（如轨迹、速度、加速度等），而不研究引起物体运动的物理原因。

3）动力学研究受力物体的运动和作用力之间的关系。

2. 静力学的基本概念

（1）静力学

静力学是研究物体的受力分析、力系的等效替换（或简化）、建立各种力系的平衡条件的科学。

1）物体的受力分析：分析物体（包括物体系）受哪些力，每个力的作用位置和方向，并画出物体的受力图。

2）力系的等效替换（或简化）：用一个简单力系等效代替一个复杂力系。

3）建立各种力系的平衡条件：建立各种力系的平衡条件，并应用这些条件解决静力学实际问题。

（2）几个基本概念

1）力：物体间相互的机械作用，作用效果使物体的机械运动状态发生改变。

2）刚体：在力的作用下，其内部任意两点间的距离始终保持不变的物体。

3）力的三要素：大小、方向、作用点，力是矢量。

4）力系：一群力，分为如下几个力系：

① 平面汇交（共点）力系；

② 平面平行力系；

③ 平面力偶系；

④ 平面任意力系；

⑤ 空间汇交（共点）力系；

⑥ 空间平行力系；

⑦ 空间力偶系；

⑧ 空间任意力系。

5）平衡：物体相对惯性参考系（如地面）静止或作匀速直线运动。

3. 静力学公理和物体的受力分析

（1）静力学公理

1）平行四边形公理

作用在物体的同一点上的两个力的合力仍作用在该点上，其大小和方向由两个力组成的平行四边形的对角线表示，如图 1-32 所示。

$$\vec{R}=\vec{F_1}+\vec{F_2} \quad R=\sqrt{F_1^2+F_2^2+2F_1F_2\cos\alpha}$$

$$\frac{F_1}{\sin\varphi_2}=\frac{F_2}{\sin\varphi_2}=\frac{R}{\sin(180°-\alpha)}$$

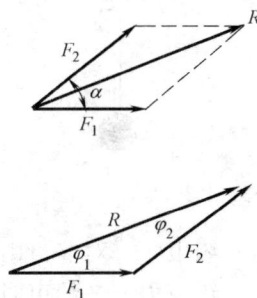

图 1-32 平行四边形公理

2）二力平衡公理

作用在同一刚体上的两个力平衡的必要和充分条件是：二力等值、反向、共线，如图 1-33 所示。

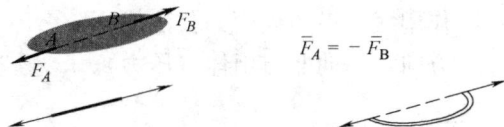

3）加减平衡力系公理

若在作用于刚体上的已知力系上添加或减去任何平衡力系，则对刚体的作用效应并不改变，如图 1-34 所示。

图 1-33 二力平衡公理　　图 1-34 加减平衡力系公理

推论 1. 力的可传性原理：作用于刚体上的力可沿其作用线移到刚体内的任一点，而不改变对刚体的作用。

推论 2. 三力平衡汇交定理：刚体在三个互不平行力作用下平衡的必要条件是三力共面，且其作用线汇交于一点。

4）作用与反作用公理

两物体间的相互作用力总是同时存在，且其大小相等、方向相反、沿同一直线，但作用在两个不同的物体上。

5）刚化公理

变形体在已知力系作用下处于平衡，若将之变成刚体（刚化），则其平衡状态并不改变。

（2）物体的受力分析和受力图

解决力学问题，首先必须明确研究对象（取分离体），然后进行受力分析（画出受力图），最后利用平衡条件列出方程求解，如图 1-35 所示。

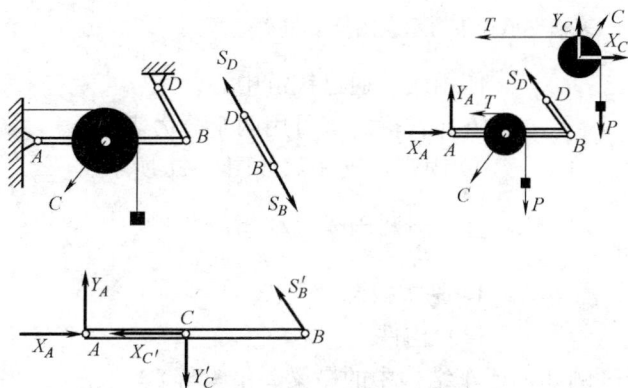

图 1-35 物体的受力图

（3）约束和约束力

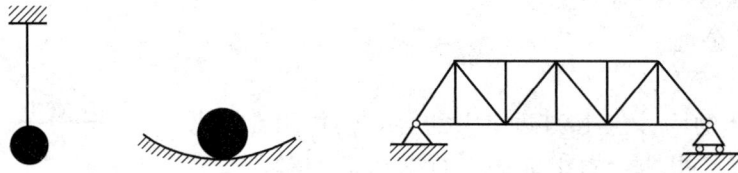

图 1-36　约束示意图

1）约束——对非自由体运动的限制条件（周围物体），如图 1-36 所示。

2）约束力——约束对物体的作用力，是被动力（待求的未知力）。其作用线或方向可由约束对物体运动的限制情况而定，与所限制的运动方向相反。其大小与主动力的大小有关，用平衡条件求得。

3）几种常见约束的约束力

① 柔性体（绳索、皮带、链条），如图 1-37 所示。

作用线：沿柔性体。

方向：离开非自由体（拉力）。

② 光滑面，如图 1-38 所示。

作用线：沿约束面的公法线。

方向：指向非自由体（压力）。

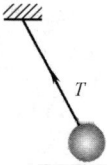

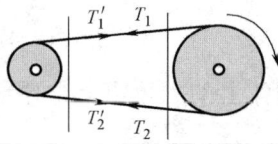

图 1-37　柔性体约束力示意图

图 1-38　光滑面约束力示意图

③ 滚轴支承，如图 1-39 所示。

④ 光滑圆柱铰链，如图 1-40 所示。

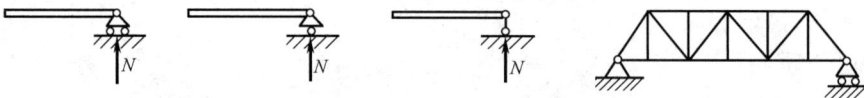

图 1-39　滚轴支承约束力示意图

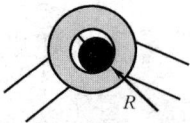

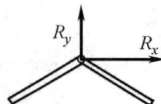

图 1-40　光滑圆柱铰链约束力示意图

作用线：通过铰链中心。

方向：待定（可用两个分力表示）。

⑤ 固定铰支座，如图 1-41 所示。

二、材料力学基础知识

1．基本概念

（1）构件

工程结构或机械的每一组成部分（例如：行车结构中的横梁、吊索等）。

理论力学——研究刚体，研究力与运动的关系。

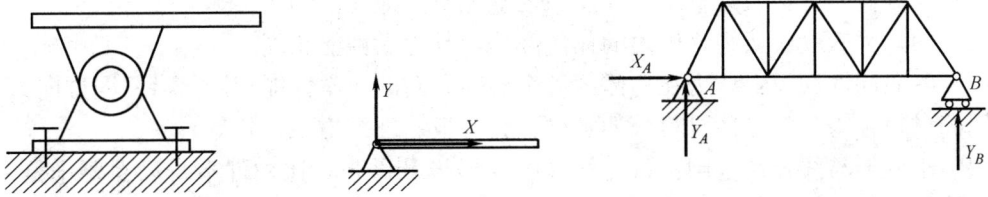

图 1-41　固定铰支座约束力示意图

材料力学——研究变形体，研究力与变形的关系。

（2）变形

在外力作用下，固体内各点相对位置的改变（宏观上看就是物体尺寸和形状的改变）。

1）弹性变形——随外力解除而消失；

2）塑性变形（残余变形）——外力解除后不能消失；

3）刚度：在载荷作用下，构件抵抗变形的能力；

4）强度：在载荷作用下，构件抵抗破坏的能力。

（3）内力

构件内由于发生变形而产生的相互作用力（内力随外力的增大而增大）。

（4）稳定性

在载荷作用下，构件保持原有平衡状态的能力。

强度、刚度、稳定性是衡量构件承载能力的三个方面，材料力学就是研究构件承载能力的一门学科。

2. 材料力学的任务

材料力学的任务就是在满足强度、刚度和稳定性的要求下，为设计既经济又安全的构件，提供必要的理论基础和计算方法。

若构件横截面尺寸不足或形状不合理，或材料选用不当，则不满足上述要求，不能保证安全工作；若不恰当地加大横截面尺寸或选用优质材料，则增加成本，造成浪费。两者均不可取。

研究构件的强度、刚度和稳定性，还需要了解材料的力学性能。因此在进行理论分析的基础上，实验研究是完成材料力学的任务所必需的途径和手段。

3. 材料力学的研究对象

（1）构件的分类：杆件、板壳、块体。

（2）材料力学主要研究杆件：

1）直杆——轴线为直线的杆；

2）曲杆——轴线为曲线的杆；

3）等截面杆：横截面的大小和形状不变的杆；

4）变截面杆：横截面的大小或形状变化的杆；

5）等截面直杆——等直杆。

4. 变形固体的基本假设

在外力作用下，一切固体都将发生变形，故称为变形固体。在材料力学中，对变形固体作如下假设：

（1）连续性假设：认为整个物体体积内毫无空隙地充满物质；

（2）均匀性假设：认为物体内的任何部分，其力学性能相同；

（3）各向同性假设：认为在物体内各个不同方向的力学性能相同（沿不同方向力学性能不同的材料称为各向异性材料。如木材、胶合板、纤维增强材料等）；

（4）小变形与线弹性范围：认为构件的变形极其微小，比构件本身尺寸要小得多。δ 远小于构件的最小尺寸，所以通过节点平衡求各杆内力时，把支架的变形略去不计，使计算得到很大的简化。

5. 外力及其分类

外力：来自构件外部的力（载荷、约束反力）。

（1）按外力作用的方式分类

1）体积力：连续分布于物体内部各点的力。如重力和惯性力。

2）表面力：

① 分布力：连续分布于物体表面上的力。如油缸内壁的压力，水坝受到的水压力等。

② 集中力：若外力作用面积远小于物体表面的尺寸，可作为作用于一点的集中力。如火车轮对钢轨的压力等。

（2）按外力与时间的关系分类

1）静载：载荷缓慢地由零增加到某一定值后，就保持不变或变动很不显著，称为静载。

2）动载：载荷随时间而变化。如交变载荷和冲击载荷。

6. 内力、截面法和应力的概念

内力：外力作用引起构件内部的附加相互作用力。求内力的方法——截面法，如图 1-42 所示。

（1）假想沿 $m\text{-}m$ 横截面将杆切开；

（2）留下左半段或右半段；

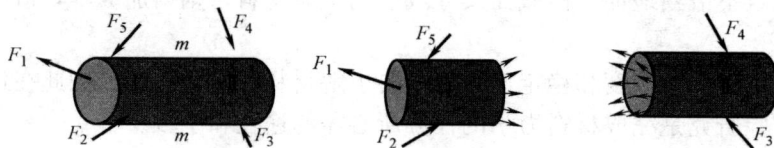

图 1-42　求内力的方法——截面法

（3）将弃去部分对留下部分的作用用内力代替；

（4）对留下部分写平衡方程，求出内力的值。

例如：如图 1-43 所示。

$$F_S = F \quad M = Fa$$

为了表示内力在一点处的强度，引入内力集度，即应力的概念。

$$p_m = \frac{\Delta F}{\Delta A} \text{——平均应力}$$

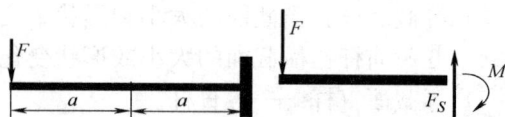

图 1-43　内力简图

$$p = \lim_{\Delta A \to 0} \frac{\Delta F}{\Delta A} \quad\text{——}C\text{ 点的应力}$$

应力是矢量，如图 1-44 所示，通常分解为：

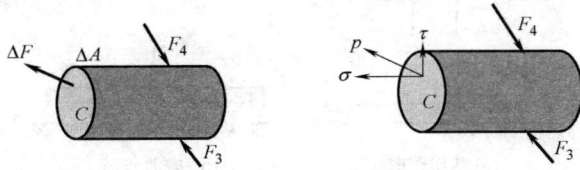

图 1-44　应力概念示意图

$$\sigma\text{——正应力}$$
$$\tau\text{——切应力}$$

应力的国际单位为 Pa（帕斯卡），$1\text{Pa} = 1\text{N}/\text{m}^2$　　$1\text{kPa} = 10^3 \text{N}/\text{m}^2$；
$1\text{MPa} = 10^6 \text{N}/\text{m}^2$；$1\text{GPa} = 10^9 \text{N}/\text{m}^2$。

7. 变形与应变

（1）位移 MM'

刚性位移与变形位移，如图 1-45 所示。

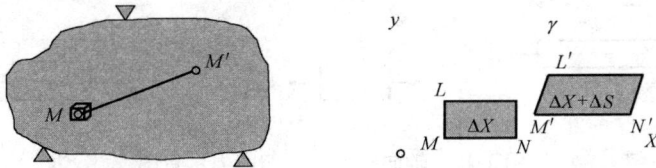

图 1-45　刚性位移与变形位移

（2）变形

物体内任意两点的相对位置发生变化。取一微正六面体两种基本变形：

1）线变形——线段长度的变化；

2）角变形——线段间夹角的变化。

（3）应变

1）正应变（线应变）

x 方向的平均应变：　　　　　　　　　　M 点处沿 x 方向的应变：

$$\varepsilon_{xm} = \frac{\Delta s}{\Delta x} \qquad\qquad \varepsilon_x = \lim_{\Delta x \to 0} \frac{\Delta s}{\Delta x}$$

2）切应变（角应变）　M 点在 xy 平面内的切应变为：

$$\gamma = \lim_{\substack{MN \to 0 \\ ML \to 0}} \left(\frac{\pi}{2} - \angle L'M'N' \right)$$

类似地，可以定义 ε_y，ε_z。ε，γ 均为无量纲的量。

8. 杆件变形的基本形式

杆件变形的基本形式：拉伸（压缩）、剪切、弯曲、扭转，如图 1-46 所示。

9. 拉伸、压缩与剪切

（1）轴向拉伸与压缩的概念

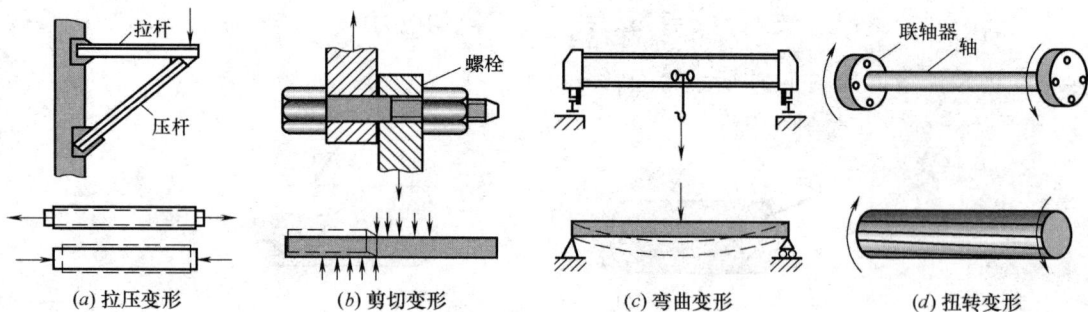

图 1-46　杆件变形的基本形式

(a) 拉压变形　　(b) 剪切变形　　(c) 弯曲变形　　(d) 扭转变形

受力特点与变形特点：作用在杆件上的外力合力的作用线与杆件轴线重合，杆件变形是沿轴线方向的伸长或缩短，如图 1-47 所示。

（2）轴向拉伸或压缩时横截面上的内力和应力

1）截面法求内力，如图 1-48所示。

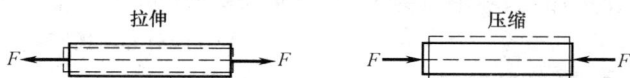

图 1-47　轴向拉伸与压缩示意图

图 1-48　轴向拉伸与压缩内力示意图

① 假想沿 m-m 横截面将杆切开；　　　$\sum F_x = 0$

② 留下左半段或右半段；　　　　　　　$F_N - F = 0$

③ 将弃去部分对留下部分的作用用内力代替；　　$F_N = F$

④ 对留下部分写平衡方程，求出内力即轴力的值。

2）轴力：截面上的内力。

由于外力的作用线与杆件的轴线重合，内力的作用线也与杆件的轴线重合，所以称为轴力。

3）轴力正负号：拉为正、压为负。

4）轴力图：轴力沿杆件轴线的变化。

第三节　机械零件知识

一、概述

1. 机械零件的概念、名词和术语

机械是由各种不同的零件按一定的方式连接而成的。机械零件又称机械元件，是组成机械和机器的不可分拆的单个制件，它是机械的基本单元。

自从出现机械，就有了相应的机械零件。但作为一门学科，机械零件是从机械构造学和力学分离出来的。随着机械工业的发展及新的设计理论和方法、新材料、新工艺的出现，机械零件进入了新的发展阶段。有限元法、断裂力学、弹性流体动压润滑、优化设计、可靠性设计、计算机辅助设计（CAD）、实体建模（Pro、Ug、Solidworks 等）、系统分析和设计方法学等理论，已逐渐用于机械零件的研究和设计。更好地实现多种学科的综合，实现宏观与微观相结合，探求新的原理和结构，更多地采用动态设计和精确设计，更有效地利用电子计算机，进一步发展设计理论和方法，是这一学科发展的重要趋向。

研究和设计各种设备中机械基础件的一门学科，也是零件和部件的泛称。机械零件作为一门学科的具体内容包括：

（1）零（部）件的联接。如螺纹联接、楔联接、销联接、键联接、花键联接、过盈配合联接、弹性环联接、铆接、焊接和胶接等。

（2）传递运动和能量的带传动、摩擦轮传动、键传动、谐波传动、齿轮传动、绳传动和螺旋传动等机械传动，以及传动轴、联轴器、离合器和制动器等相应的轴系零（部）件。

（3）起支承作用的零（部）件，如轴承、箱体和机座等。

（4）起润滑作用的润滑系统和密封等。

（5）弹簧等其他零（部）件。

作为一门学科，机械零件从机械设计的整体出发，综合运用各有关学科的成果，研究各种基础件的原理、结构、特点、应用、失效形式、承载能力和设计程序；研究设计基础件的理论、方法和准则，并由此建立了本学科的结合实际的理论体系，成为研究和设计机械的重要基础。

2. 机械零件表面粗糙度的选择

表面粗糙度是反映零件表面微观几何形状误差的一个重要技术指标，是检验零件表面质量的主要依据；它选择的合理与否，直接关系到产品的质量、使用寿命和生产成本。机械零件表面粗糙度的选择方法有 3 种，即计算法、试验法和类比法。在机械零件设计工作中，应用最普通的是类比法，此法简便、迅速、有效。应用类比法需要有充足的参考资料，现有的各种机械设计手册中都提供了较全面的资料和文献。最常用的是与公差等级相适应的表面粗糙度。

在通常情况下，机械零件尺寸公差要求越小，机械零件的表面粗糙度值也就越小，但是它们之间又不存在固定的函数关系。例如一些机器、仪器上的手柄、手轮以及卫生设备、食品机械上的某些机械零件的修饰表面，它们的表面要求加工得很光滑即表面粗糙度要求很高，但其尺寸公差要求却很低。在一般情况下，有尺寸公差要求的零件，其公差等级与表面粗糙度数值之间还是有一定的对应关系的。

在实际工作中，对于不同类型的机器，其零件在相同尺寸公差的条件下，对表面粗糙度的要求是有差别的。这就是配合的稳定性问题。在机械零件的设计和制造过程中，对于不同类型的机器，其零件的配合稳定性和互换性的要求是不同的。

在现有的机械零件设计手册中，反映的主要有以下 3 种类型：

（1）第 1 类主要用于精密机械，对配合的稳定性要求很高，要求零件在使用过程中或经多次装配后，其磨损极限不超过零件尺寸公差值的 10%，其主要应用在精密仪器、仪表、精密量具的表面、极重要零件的摩擦面，如汽缸的内表面、精密机床的主轴颈、坐标镗床的主轴颈等。

（2）第 2 类主要用于普通的精密机械，对配合的稳定性要求较高，要求零件的磨损极限不超过零件尺寸公差值的 25%，要求有很好密合的接触面，其主要应用在如机床、工具、与滚动轴承配合的表面、锥销孔，还有相对运动速度较高的接触面，如滑动轴承的配合表面、齿轮的轮齿工作面等。

（3）第 3 类主要用于通用机械，要求零件的磨损极限不超过零件尺寸公差值的 50%，其主要应用在没有相对运动的零件接触面，如箱盖、套筒，要求紧贴的表面、键和键槽的工作面，还有相对运动速度不高的接触面，如支架孔、衬套、带轮轴孔的工作表面、减速器等等。

在此我们对机械设计手册中的各类表值进行统计分析，即轮廓算术平均偏差值 $Ra=(1)/(1)\int 10|y|\mathrm{d}x$。并采用 Ra 优先选用的第一系列数值，推导出表面粗糙度 Ra 与尺寸公差 IT 之间的关系式为：

第 1 类：$Ra\geqslant 1.6$ $Ra\leqslant 0.008\times IT$
          $Ra\leqslant 0.8$ $Ra\leqslant 0.010\times IT$

第 2 类：$Ra\geqslant 1.6$ $Ra\leqslant 0.021\times IT$
          $Ra\leqslant 0.8$ $Ra\leqslant 0.018\times IT$

第 3 类：$Ra\leqslant 0.042\times IT$

3. 机械零件的选材原则

（1）材料的使用性能

材料的使用性能是选材的最主要依据，机械零件在使用时所应具备的材料性能，包括机械性能、物理性能和化学性能。对大多数零件而言，机械性能是主要的必能指标，表征机械性能的参数主要有强度极限 σ_b、弹性极限 σ_e、屈服强度 σ_s 或 $\sigma_{0.2}$、伸长率 δ、断面收缩率 ψ、冲击韧性 a_k 及硬度 HRC 或 HBS 等。这些参数中强度是机械性能的主要性能指标，只有在强度满足要求的情况下，才能保证零件正常工作，且经久耐用。在材料力学的学习中，已经发现，在设计计算零件的危险截面尺寸或校核安全程度时所用的许用应力，都要根据材料强度数据推出。

（2）材料的加工工艺性能

材料的加工工艺性能主要有：铸造、压力加工、切削加工、焊接和热处理等性能。其加工工艺性能的好坏直接影响到零件的质量、生产效率及成本。所以材料的加工工艺性能也是选材的重要依据之一。

1）铸造性能：一般是指熔点低、结晶温度范围小的合金才具有良好的铸造性能。如：合金中共晶成分铸造性最好。

2）压力加工性能：是指钢材承受冷热变形的能力。冷变形性能好的标志是成型性良好，加工表面质量高，不易产生裂纹；而热变形性能好的标志是接受热变形的能力好，抗氧化性高，可变形的温度范围大及热脆倾向小等。

3）切削加工性能：刀具的磨损、动力消耗及零件表面光洁度等是评定金属材料切削加工性能好坏的标志，也是合理选择材料的重要依据之一。

4）焊接性能：衡量材料焊接性能的优劣是以焊缝区强度不低于基体金属强度和不产

生裂纹为标志。

5）热处理性能：是指钢材在热处理过程中所表现的行为。如过热倾向、淬透性、回火脆性、氧化脱碳倾向以及变形开裂倾向等来衡量热处理工艺性能的优劣。

总之，良好的加工工艺性能可以大大减少加工过程中的动力、材料消耗，缩短加工周期及降低废品率等。优良的加工工艺性能是降低产品成本的重要途径。

（3）材料的经济性能

每台机器产品成本的高低是劳动生产率的重要标志。产品的成本主要包括：原料成本、加工费用、成品率以及生产管理费用等。材料的选择也要着眼于经济效益，根据国家资源，结合国内生产实际加以考虑。此外，还应考虑零件的寿命及维修费，若选用新材料还要考虑研究试验费。

（4）材料应用

在机械零件选材和使用时，必须了解工业发展趋势，按国家标准，结合我国资源和生产条件，从实际出发全面考虑各种材料，在机械制造中最常用的材料是钢和铸铁，其次是有色金属合金。非金属材料如塑料、橡胶等，在机械制造中也具有独特的使用价值。

1）金属材料

① 铸铁

铸铁和钢都是铁碳合金，它们的区别主要在于含碳量的不同。含碳量小于2%的铁碳合金称为钢，含碳量大于2%的称为铸铁。铸铁具有适当的易熔性，良好的液态流动性，因而可铸成形状复杂的零件。此外，它的减振性、耐磨性、切削性（指灰铸铁）均较好且成本低廉，因此在机械制造中应用甚广。常用的铸铁有：灰铸铁、球墨铸铁、可锻铸铁、合金铸铁等。其中灰铸铁和球墨铸铁是脆性材料，不能进行碾压和锻造。在上述铸铁中，以灰铸铁应用最广，球墨铸铁次之。

② 钢

与铸铁相比，钢具有高的强度、韧性和塑性，并可用热处理方法改善其力学性能和加工性能。钢制零件的毛坯可用锻造、冲压、焊接或铸造等方法取得，因此其应用极为广泛。

按照用途，钢可分为结构钢、工具钢和特殊钢。结构钢用于制造各种机械零件和工程结构的构件；工具钢主要用于制造各种刀具、模具和量具；特殊钢（如不锈钢、耐热钢、耐酸钢等）用于制造在特殊环境下工作的零件。按照化学成分，钢又可分为碳素钢和合金钢。碳素钢的性质主要取决于含碳量，含碳量越高则钢的强度越高，但塑性越低。为了改善钢的性能，特意加入了一些合金元素的钢称为合金钢。

a. 碳素结构钢

这类钢的含碳量一般不超过0.7%。含碳量低于0.25%的低碳钢，强度极限和屈服极限较低，塑性很高，且具有良好的焊接性，适于冲压、焊接，常用来制作螺钉、螺母、垫圈、轴、气门导杆和焊接构件等。含碳量在0.1%～0.2%的低碳钢还用以制作渗碳的零件，如齿轮、活塞销、链轮等。通过渗碳淬火可使零件表面硬而耐磨，心部韧而耐冲击。如果要求有更高强度和耐冲击性能时，可采用低碳合金钢。含碳量在0.3%～0.5%的中碳钢，综合力学性能较好，既有较高的强度，又有一定的塑性和韧性，常用作受力较大的螺栓、螺母、键、齿轮和轴等零件。含碳量在0.55%～0.7%的高碳钢，具有高的强度和弹性，多用来制作普通的板弹簧、螺旋弹簧或钢丝绳等。

b. 合金结构钢

钢中添加合金元素的作用在于改善钢的性能。例如：镍能提高钢的强度而不降低钢的韧性；铬能提高钢的硬度、高温强度、耐腐蚀性和提高高碳钢的耐磨性；锰能提高钢的耐磨性、强度和韧性；铝的作用类似于锰，其影响更大些；钒能提高钢的韧性及强度；硅可提高钢的弹性极限和耐磨性，但会降低钢的韧性。合金元素对钢的影响是很复杂的，特别是当为了改善钢的性能需要同时加入几种合金元素时。应当注意，合金钢的优良性能不仅取决于化学成分，而且在更大程度上取决于适当的热处理。

c. 铸钢

铸钢的液态流动性比铸铁差，所以用普通砂型铸造时，壁厚常不小于10mm。铸钢件的收缩率比铸铁件大，故铸钢件的圆角和不同壁厚的过渡部分均应比铸铁件大些。

选择钢材时，应在满足使用要求的条件下，尽量采用价格便宜、供应充分的碳素钢，必须采用合金钢时也应优先选用硅、锰、硼、钒类合金钢。

③ 铜合金

铜合金有黄铜与青铜之分。黄铜是铜和锌的合金，并含有少量的锰、铝、镍等，具有很好的塑性及流动性，故可进行碾压和铸造。青铜可分为含锡青铜和不含锡青铜两类，它们的减摩性和抗腐蚀性均较好，也可进行碾压和铸造。此外，还有轴承合金（或称巴氏合金），主要用于制作滑动轴承的轴承衬。

2）非金属材料

① 橡胶

橡胶富有弹性，能吸收较多的冲击能量，常用作联轴器或减振器的弹性元件、带传动的胶带等。硬橡胶可用于制造用水润滑的轴承衬。

② 塑料

塑料的密度小，易于制成形状复杂的零件，而且各种不同塑料具有不同的特点，如耐蚀性、绝热性、绝缘性、减摩性等，所以近年来在机械制造中其应用日益广泛。以木屑、石棉纤维等作填充物，用热固性树脂压结而成的塑料称为结合塑料，可用来制作仪表支架、手柄等受力不大的零件。以布、石棉、薄木板等层状填充物为基体，用热固性树脂压结而成的塑料称为层压塑料，可用来制作无声齿轮、轴承衬和摩擦片等。

选择合适的材料是一项复杂的技术经济问题，应根据零件的用途、工作条件和材料的物理、化学、机械和工艺性能以及经济因素等进行全面考虑。

各种材料的化学成分和力学性能可在有关的国家标准、行业标准和机械设计手册中查得。

4. 机械零件的工艺性及标准化

（1）工艺性

设计机械零件时，不仅应使其满足使用要求，即具备所要求的工作能力，同时还应当满足生产要求，否则就可能制造不出来，或虽能制造出来但费工费料很不经济。在具体生产条件下，如所设计的机械零件便于加工而加工费用又很低，则这样的零件就称为具有良好的工艺性。有关工艺性的基本要求是：

1）毛坯选择合理。机械制造中毛坯制备的方法有：直接利用型材、铸造、锻造、冲压和焊接等。毛坯的选择与具体的生产技术条件有关，一般取决于生产批量、材料性能和加工可能性等。

2）结构简单合理。设计零件的结构形状时，最好采用最简单的表面（如平面、圆柱面、螺旋面）及其组合，同时还应当尽量使加工表面数目最少和加工面积最小。

3）规定适当的制造精度及表面粗糙度。零件的加工费用随着精度的提高而增加，尤其在精度较高的情况下，这种增加极为显著。因此，在没有充分根据时，不应当追求高的精度。同理，零件的表面粗糙度也应当根据配合表面的实际需要，作出适当的规定。

（2）标准化

标准化是指以制订标准和贯彻标准为主要内容的全部活动过程。标准化的研究领域十分宽广，就工业产品标准化而言，它是指对产品的品种、规格、质量、检验或安全、卫生要求等制订标准并加以实施。

1）产品标准化本身包括三个方面的含义：

① 产品品种规格的系列化——将同一类产品的主要参数、形式、尺寸、基本结构等依次分档，制成系列化产品，以较少的品种规格满足用户的广泛需要；

② 零部件的通用化——将同一类型或不同类型产品中用途结构相近似的零部件（如螺栓、轴承座、联轴器和减速器等），经过统一后实现通用互换；

③ 产品质量标准化——产品质量是一切企业的"生命线"，要保证产品质量合格和稳定就必须做好设计、加工工艺、装配检验，甚至包装储运等环节的标准化。这样，才能在激烈的市场竞争中立于不败之地。

2）产品实行标准化具有重大的意义：

① 在制造上可以实行专业化大量生产，既可提高产品质量又能降低成本；

② 在设计方面可减少设计工作量；

③ 在管理维修方面，可减少库存量和便于更换损坏的零件。

3）机械零件——工作能力。各种机械和工程结构都是由若干个构件组成的，这些构件工作时都要承受力的作用，为确保构件在规定的工作条件和使用寿命期间能正常工作，须满足以下要求：

① 有足够的强度：保证构件在外力作用下不发生破坏，是构件能正常工作的前提条件，故构件的强度是指构件在外力作用下抵抗破坏的能力。

② 有足够的刚度：构件在外力作用下产生的变形应在允许的限度内。构件在外力作用下抵抗变形的能力，即为构件具有的刚度。

③ 有足够的稳定性：某些细长杆件（或薄壁构件）在轴向压力达到一定的数值时，会失去原来的平衡形态而表失工作能力，这种现象称为失稳。所谓稳定性是指构件维持原有形态平衡的能力。

构件的强度、刚度和稳定性与所用材料的力学性能有关，而材料的力学性能必须由实验来测定。此外，还有些实际工程问题至今无法由理论分析来解决，必须依赖于实验手段。

在实际工程结构中，许多承力构件如桥梁、汽车传动轴、房屋的梁、柱等，其长度方向的尺寸远远大于横截面尺寸，这一类构件在材料力学的研究中，通常称作杆件，杆的所有横截面形心的连线，称为杆的轴线，若轴线为直线，则称为直杆；轴线为曲线，则称为曲杆。所有横截面的形状和尺寸都相同的杆称为等截面杆；不同者称为变截面杆，材料力学主要研究等截面直杆。

5. 机械零件的变形形式

机械零件在不同的外力作用下，将产生不同形式的变形。主要的受力和变形有如下几种：

（1）拉伸与压缩

这类变形形式是由大小相等，方向相反，作用线与杆件轴线重合的一对力引起的，表现为杆件的长度发生伸长或缩短。如起吊重物的钢索，桁架的杆件，液压油缸的活塞杆等的变形，都属于拉伸或压缩变形。在工程中经常见到承受拉伸或压缩的杆件。例如紧固螺钉，当拧紧螺帽时，被压紧的工件对螺钉有反作用力，螺钉承受拉伸；千斤顶的螺杆在顶起重物时，则承受压缩。前者发生伸长变形，后者发生缩短变形，直杆沿轴线受大小相等、方向相反的外力作用，发生伸长或缩短的变形时，称为直杆的轴向拉伸或压缩。

（2）剪切

工程中经常见到承受剪切作用的构件。这类构件受力的共同特点是：在构件的两侧面上受到大小相等，方向相反，作用线相距很近而且垂直于杆轴的外力的作用。在这样的外力作用下，杆件的主要变形是：

以两力间的横截面 m-m 为分界面，构件的两部分沿该面发生相对错动。构件的这种变形形式称为剪切，截面 m-m 称为剪切面，剪切面与外力的方向平行。当外力足够大时，构件将沿剪切面被剪断。只有一个剪切面，称为单剪，同时构件受压，两侧还受到其他构件的挤压作用，这种局部表面受压的现象称为挤压。若压力较大，则接触面处的局部区域会发生显著的塑性变形，致使结构不能正常使用，这种现象称为挤压破坏。

联接件除了受剪切和挤压外，往往还伴随有其他形式的变形。例如，弯曲或拉伸变形。但由于这些变形相对剪切和挤压变形来说是次要的，故一般不予考虑。这类变形形式是由大小相等，方向相反，作用线相互平行的力引起的，表现为受剪杆件的两部分沿外力作用方向发生相对错动。机械中常用的联接件，如键、销钉、螺栓等都产生剪切变形。

（3）扭转

这类变形形式是由大小相等，方向相反，作用面都垂直于杆轴的两个力偶引起的。表现为杆件的任意两个横截面发生绕轴线的相对转动。汽车的传动轴，电机和水轮机的主轴等都是受扭杆件。在垂直于杆轴线的平面内有力偶作用时，杆件将产生扭转变形，即杆件的各横截面绕杆轴相对转动。

杆件的扭转变形具有如下特点：

1）受力：在杆件的两端垂直于杆轴线的平面内作用着两个力偶，其力偶矩相等，转向相反。

2）变形：杆件的各个横截面均绕杆的轴线发生相对转动。任意两个横截面之间相对转过的角度称为相对扭转角。

在工程中经常遇到扭转变形的构件。例如驾驶员的两手在方向盘上的平面内各施加一个大小相等，方向相反，作用线平行的力，它们形成一个力偶，作用在操纵杆的一端，而在操纵杆的一端则受到来自转向器的反力偶的作用，这样操纵杆便受到扭转作用。

（4）弯曲

这类变形形式是由垂直于杆件轴线的横向力，或由作用于包含杆轴的纵向平面内的一对大小相等，方向相反的力偶引起的，表现为杆件轴线由直线变为曲线。工程中，受弯杆件是最常遇到的情况之一。桥式起重机的大梁，各种心轴以及车刀等的变形，都属于弯曲变形。受力后这些直杆的轴线将由原来的直线弯成曲线，这种变形称为弯曲。以弯曲变形为主的杆件通常称为梁。

还有一些杆件同时发生几种基本变形，例如车床主轴工作时发生弯曲、扭转和压缩三种基本变形；钻床立柱同时发生拉伸和弯曲两种基本变形。这种情况称为组合变形。

二、联接

根据使用、结构、制造、装配、维修和运输等方面的要求，组成机器的各零件之间采用了各种不同的联接方式。

联接：指被联接件与联接件的组合。

联接件（又称紧固件）：如螺栓、螺母、键、销、铆钉等。

被联接件：指轴与轴上零件、箱体与箱盖等。

1. 联接的种类

（1）按拆开时是否损坏零件分；

（2）按机械工作时被联接件间的运动关系分；

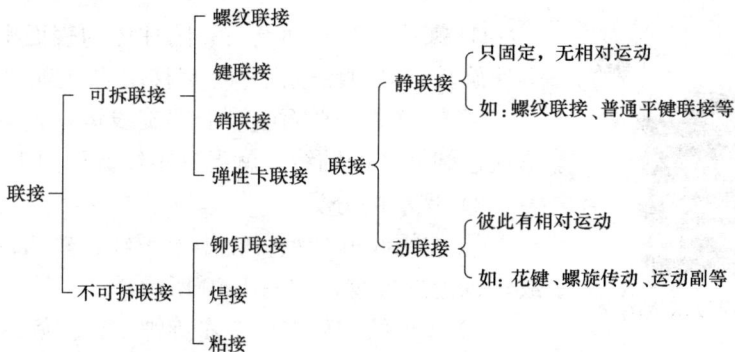

（3）按传载原理分；

（4）轴毂联接——主要用于轴上零件与轴周向固定以传递转矩。

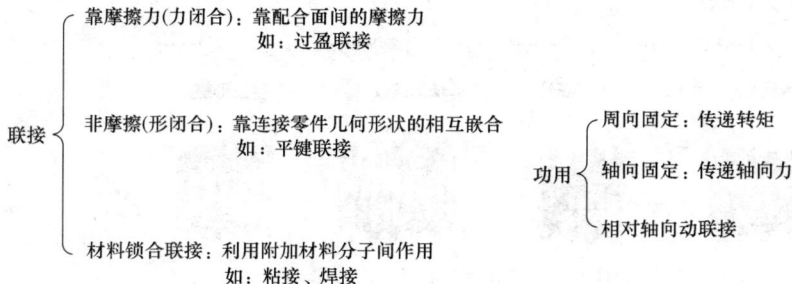

2. 螺纹联接

用螺纹件（或被联接件的螺纹部分）将被联接件联成一体的可拆联接。

常用的螺纹联接件有螺栓、螺柱、螺钉和紧定螺钉等，多为标准件（见标准紧固件）。采用螺栓联接时，无需在被联接件上切制螺纹，不受被联接件材料的限制，构造简单，装拆方便，但一般情况下需要在螺栓头部和螺母两边进行装配。螺栓联接是应用很广的联接方式，它分为紧联接和松联接。

紧联接用于载荷变化或有冲击振动，要求联接紧密或具有较大刚性的场合。根据传力方式的不同，螺栓联接分为受拉联接和受剪联接。前者制造和装拆方便，应用广泛；后者杆孔配合精密，可兼有定位作用。螺柱和螺钉联接多用于受结构限制而不能用螺栓的场合。螺钉联接不用螺母，且有光整的外露表面，但不宜用于时常装拆的场合，以免损坏被联接件的螺纹孔。用紧定螺钉联接时，紧定螺钉旋入被联接件之一的螺纹孔中，其末端顶住另一被联接件，以固定两个零件的相互位置，并可传递不大的力或扭矩。在绝大多数情况下，螺纹联接都是可拆的。

（1）螺纹联接的特点

1）螺纹拧紧时能产生很大的轴向力；

2）它能方便地实现自锁；

3）外形尺寸小；

4）制造简单，能保持较高的精度。

（2）螺纹

1）螺纹的形成

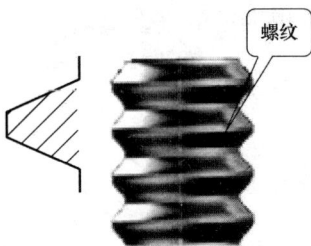

图1-49 螺纹示意图

① 螺旋线——动点在一圆柱体的表面上，一边绕轴线等速旋转，同时沿轴向作等速移动的轨迹。

② 螺纹——平面图形沿螺旋线运动，运动时保持该图形通过圆柱体的轴线，就得到螺纹。如图1-49所示。

2）螺纹的分类

① 按螺纹的牙型分：矩形螺纹；三角形螺纹；梯形螺纹；锯齿形螺纹，如图1-50所示。

② 按螺纹的旋向分：右旋螺纹，左旋螺纹。

③ 按螺旋线的根数分：单线螺纹；多线螺纹，（n线螺纹：$S=nP$，一般：$n \leqslant 4$）。

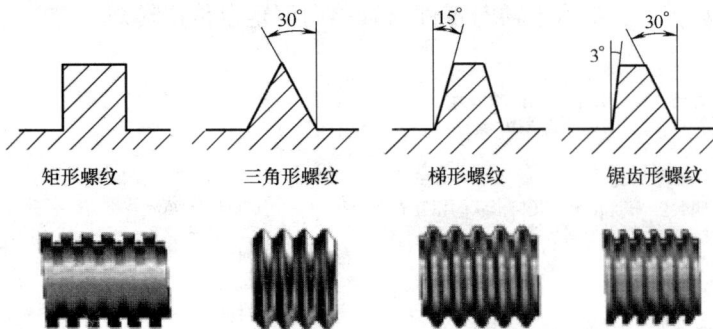

矩形螺纹　　　三角形螺纹　　　梯形螺纹　　　锯齿形螺纹

图1-50 螺纹的牙型

④ 按回转体的内外表面分：外螺纹；内螺纹（螺纹副）。

⑤ 按螺旋的作用分：联接螺纹；传动螺纹（螺旋传动）。

⑥ 按母体形状分：圆柱螺纹；圆锥螺纹。

3）螺纹的主要几何参数

① 大径 d：与外螺纹牙顶（或内螺纹牙底）相重合的假想圆柱体的直径。

② 小径 d_1：与外螺纹牙底（或内螺纹牙顶）相重合的假想圆柱体的直径。

③ 中径 d_2：也是一个假想圆柱的直径，该圆柱的母线上牙型沟槽和凸起宽度相等。

④ 螺距 P：相邻两牙在中径线上对应两点间的轴向距离。

⑤ 导程 S：同一条螺旋线上的相邻两牙在中径线上对应两点间的轴向距 P，$S＝nP$。

⑥ 螺纹升角 ψ：中径 d_2 圆柱上，螺旋线的切线与垂直于螺纹轴线的平面的夹角。

$$\tan\psi＝\frac{nP}{\pi d_2}$$

⑦ 牙型角 α：轴向截面内螺纹牙型相邻两侧边的夹角。

牙侧角 β：牙型侧边与螺纹轴线的垂线间的夹角。

⑧ 接触高度 h：内外螺纹旋合后，接触面的径向高度。

4）螺纹的精度等级

A 级：公差小，精度最高，用于配合精确、防振动等场合。

B 级：受载较大且经常拆卸，调整或承受变载荷的联接。

C 级：用于一般联接，最常用。

① 普通螺纹以大径 d 为公称直径，同一公称直径可以有多种螺距，其中螺距最大的称为粗牙螺纹，其余的统称为细牙螺纹，粗牙螺纹应用最广。

细牙螺纹的优点：升角小、小径大、自锁性好、强度高。

缺点：不耐磨、易滑扣。

应用：薄壁零件、受动载荷的联接和微调机构。

② 梯形螺纹：$\beta＝15°$；锯齿形螺纹：$\beta＝3°$，常用于传动。

为了减少摩擦和提高效率，这两种螺纹的牙侧角 β 比三角形螺纹的要小得多。用于剖分螺母时，梯形螺纹可消除因摩擦而产生的间隙，应用较广。锯齿形螺纹的效率比矩形螺纹高，但只适合单向传动。

5）螺纹的基本尺寸

① 粗牙普通螺纹、细牙普通螺纹和梯形螺纹的基本尺寸（可查阅相关机械设计手册）。

② 管螺纹

管螺纹分为：普通细牙螺纹；非螺纹密封管螺纹（圆柱管壁 $\alpha＝55°$）；用螺纹密封管螺纹（圆锥管壁 $\alpha＝55°$）；$60°$圆锥管螺纹。

公称直径——管子的公称通径，与普通螺纹不同。

3. 键、花键和销联接

（1）键联接

键联接的常见形式：平键联接、半圆键联接、花键联接。

1）平键联接

平键联接的定心精度较高，应用较广泛，其优点是结构简单、装拆方便、对中性较好。但由于这种键联接不能承受轴向力，因而对轴上的零件不能起到轴向固定的作用。

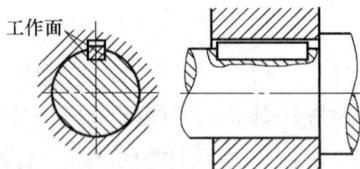

图 1-51 平键联接示意图

从图 1-51 中可看出键的上表面和轮毂的键槽底面间留有间隙，工作面是两侧面，工作时靠键与键槽侧面的挤压来传递转矩。

平键分为普通平键、薄型平键、导向平键和滑键四种。前两种键用于静联接，后两种键用于动联接。

① 普通平键：按构造分为圆头（A 型）、方头（B 型）、一端圆头一端方头（C 型），如图 1-52 所示。圆头平键宜放在轴上用键槽铣刀铣出的键槽中，键在键槽中轴向固定良好。应用最广泛。

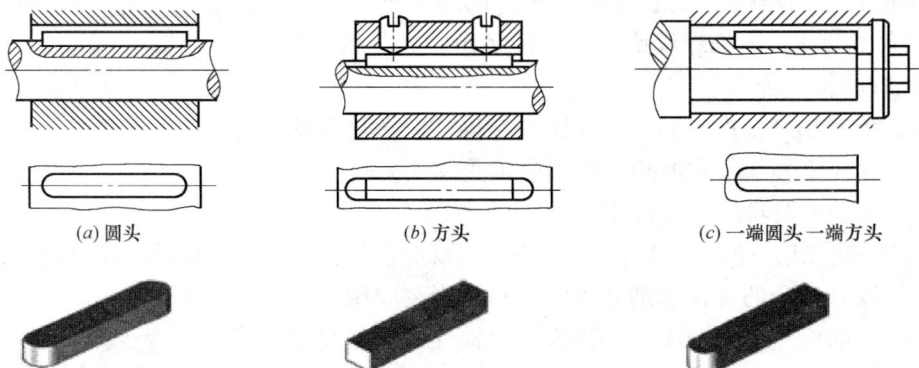

(a) 圆头   (b) 方头   (c) 一端圆头一端方头

图 1-52 普通平键的结构形式

圆头平键的缺点是键的头部侧面与轮毂上的键槽不接触，因而键的圆头部分不能充分利用，而且轴上键槽端部的应力集中较大。

a. 工作面：两侧面；工作时靠键与键槽侧面的挤压来传递转矩。

b. 承载能力：主要失效形式是压溃；重要场合需验算键剪断。

c. 结构形式：

圆头：指状铣刀，应力集中大；

方头：盘状铣刀，应力集中小，紧定螺钉固定；

一端圆头一端方头：指状铣刀，用于轴伸处。

d. 特点：静联接，周向固定，传递转矩 T；不能承受轴向力及轴向固定。

② 导向平键：采用导向平键或滑键均可满足被联接的毂类零件在工作过程中在轴上作轴向移动。由于导向平键较长，需用螺钉固定在轴上的键槽中，同时键上制有起键螺孔，可拧入螺钉使键退出键槽，以便于拆卸。导向平键适用于轴上传动零件滑移较小的情况下，如图 1-53 所示。

③ 滑键：当零件需滑移的距离较大时，宜采用滑键而不采用导向平键。这是因为导向平键的长度越大，制造越困难。当采用滑键时，滑键固定在轮毂上，轮毂带动滑键在轴上的键槽中作轴向滑移。这样，可将键做得较短，只需在轴上铣出较长的键槽即可，从而降低加工难度。动联接，键固定在毂上，一起沿键槽移动。移动距离大时，采用滑键，如

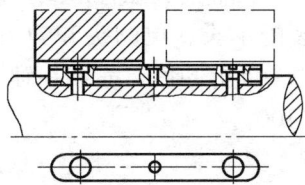

图 1-53 导向平键的结构形式

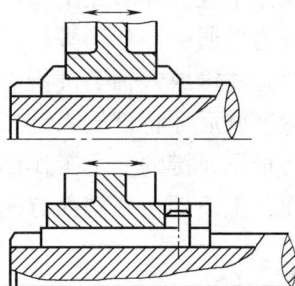

图 1-54 滑键的结构形式

图 1-54 所示。

2）半圆键联接

半圆键联接工艺性较好，装配方便，尤其适用于锥形轴端与轮毂的联接。半圆键工作时，靠其侧面来传递转矩。由于其轴上键槽较深，对轴的强度削弱较大，所以一般只用于轻载静联接中。

轴上键槽的加工方法是用尺寸与半圆键相同的半圆键槽铣刀铣出。键在槽中能绕其几何中心摆动以适应轮毂中键槽的斜度。

特性：

① 键的摆动适应毂上键槽的斜度，一般情况下不影响被联接件的定心；

② 侧面为工作面，传递转矩 T，不能承受轴向力；

③ 特别适于锥形轴端；

④ 对轴削弱大，用于轻载。

3）楔键联接

楔键联接如图 1-55 所示。键是楔紧在轴和轮毂的键槽里的，键楔紧后，轴和轮毂的配合产生偏心和偏斜，因此楔键联接主要用于毂类零件的定心精度要求不高和低转速的场合。

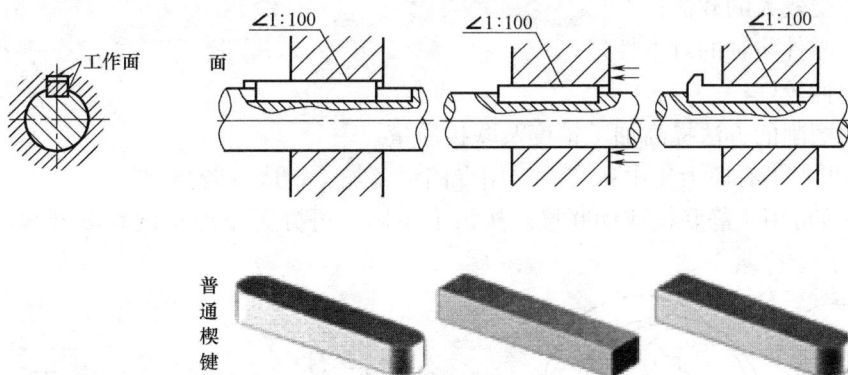

图 1-55 楔键联接示意图

键的工作面是上下两面，工作时靠键的楔紧作用来传递转矩，同时还能承受单向的轴向载荷，对轮毂起到单向的轴向固定作用。楔键联接在传递有冲击和振动的较大转矩时，可能会导致轴与轮毂发生相对转动，但由于楔键的侧面与键槽侧面间有很小的间隙，此时键的侧面能像平键那样参加工作,以保证联接的可靠性。

楔键分为普通楔键和钩头楔键,普通楔键有圆头、平头和单圆头三种形式。装配圆头楔键时,要先将键放入轴上键槽中,然后打紧轮毂,而装配平头、单圆头和钩头楔键时,则是在轮毂装好后才将键放入键槽并打紧。钩头楔键的钩头供拆卸用,安装在轴端时,应注意加装防护罩。键的一个工作面为斜面,其斜度为1∶100。

工作面:上下面,两侧面有间隙,靠摩擦和互压传载。

4)切向键联接

切向键联接如图1-56所示。将一对斜度为1∶100的楔键分别从轮毂两端打入,从而得到切向键,拼合而成的切向键就沿轴的切线方向楔紧在轴与轮毂之间。其工作面就是拼合后相互平行的两个窄面,工作时就靠这两个窄面上的挤压力和轴与轮毂间的摩擦力来传递转矩。须注意的是,用一个切向键只能传递单向转矩,若用两

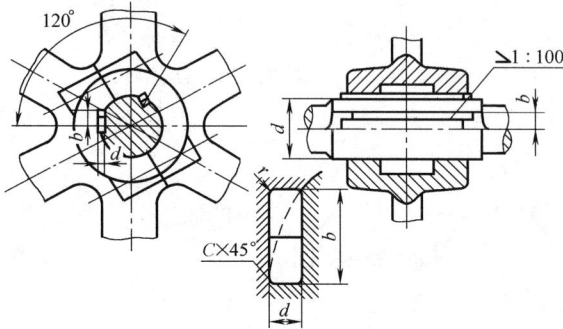

图 1-56　切向键联接示意图

个切向键则可传递双向转矩,且两者间的夹角为120°~130°。

考虑到切向键的键槽对轴的削弱较大,因此常用于直径大于100mm的轴上。

5)花键联接

花键联接适用于定心精度要求高、载荷大或经常滑移的联接。

如图1-57所示。花键联接由外花键和内花键组成。花键联接在强度、工艺和使用方面有以下优点:

① 联接受力较为均匀;

② 齿根处应力集中较小,轴与毂的强度削弱较少;

③ 可承受较大的载荷;

④ 轴上零件与轴的对中性好;

⑤ 导向性较好;

⑥ 可用磨削的方法提高加工精度及联接质量。

缺点是齿根仍有应力集中;有时需用专门设备加工;成本较高。

花键联接可用于静联接或动联接。按齿形不同,可分为矩形花键和渐开线花键两类,均已标准化。

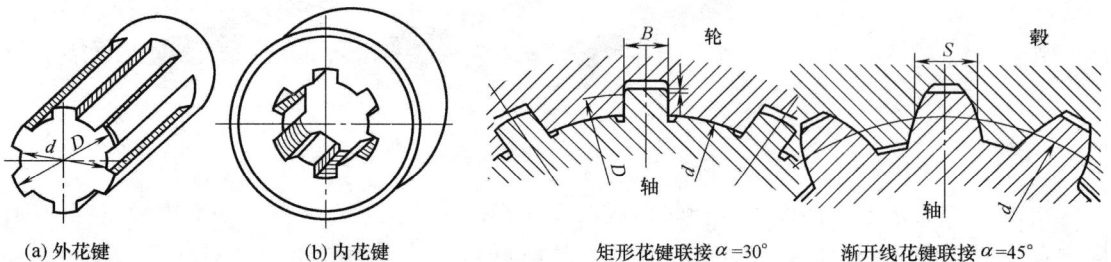

图 1-57　花键联接示意图

（2）销联接

销主要用来固定零件之间的相对位置，称为定位销，它是组合加工和装配时的重要辅助零件；也可用于联接，称为联接销，可传递不大的载荷；还可作为安全装置中的过载剪断元件，称为安全销。

销有圆柱销、圆锥销、槽销、销轴和开口销等多种类型，均已标准化。

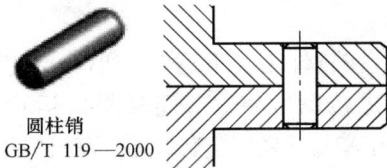

圆柱销
GB/T 119—2000

图 1-58　圆柱销联接示意图

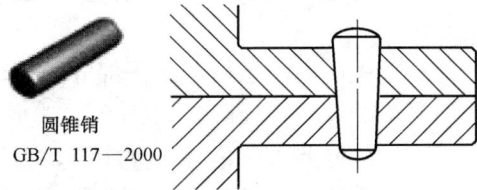

圆锥销
GB/T 117—2000

图 1-59　圆锥销联接示意图

1）圆柱销靠过盈配合固定在销孔中，经多次装拆会降低定位精度和可靠性，如图1-58所示。

2）圆锥销具有 1∶50 的锥度，安装方便，定位精度高，如图 1-59 所示。

3）开尾圆锥销在联接时的防松效果好，适用于有冲击、振动的场合的联接，如图1-60所示。

4）端部带螺纹的圆锥销可用于盲孔或拆卸困难的场合，如图 1-61 所示。

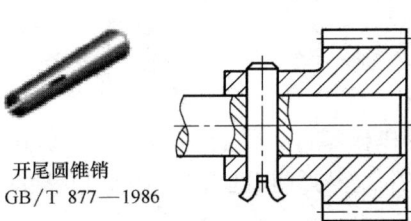

开尾圆锥销
GB/T 877—1986

图 1-60　开尾圆锥销联接示意图

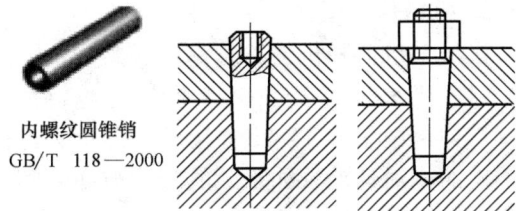

内螺纹圆锥销
GB/T 118—2000

图 1-61　内螺纹圆锥销联接示意图

5）销轴用于两零件的铰接处，构成铰链联接。销轴通常用于开口销锁定，工作可靠，装拆方便。

6）槽销上有辗压或模锻出的三条纵向沟槽，将槽销打入销孔后，由于材料的弹性使销挤压在销孔中，不易松脱，因而能承受振动和变载荷。

三、传动基本知识

1. 传动的概念及分类

传动是指机械之间的动力传递。也可以说将机械动力通过中间媒介传递给终端设备，这种传动方式包括链条传动、摩擦传动、液压传动、齿轮传动以及皮带传动等。

传动分为机械传动、流体传动、电力传动和磁力传动。其中机械传动最为常见。

机械传动是利用机件直接实现传动，其中齿轮传动和链传动属于啮合传动；摩擦传动和带传动属于摩擦传动。流体传动是以液体或气体为工作介质的传动，又可分为依靠液体静压力作用的液压传动、依靠液体动力作用的液力传动、依靠气体压力作用的气压传动。电力传动是利用电动机将电能变为机械能，以驱动机器工作部分的传动。

机械传动能适应各种动力和运动的要求，应用极广。液压传动的尺寸小，动态性能较好，但传动距离较短。气压传动大多用于小功率传动和恶劣环境中。液压和气压传动还易于输出直线往复运动。液力传动具有特殊的输入和输出特性，因而能使动力机与机器工作部分良好匹配。电力传动的功率范围大，容易实现自动控制和遥控，能远距离传递动力。

传动的基本参数是传动比。传动又可分为定传动比传动和变传动比传动两类。变传动比传动又分有级变速和无级变速两类，前者具有若干固定的传动比，后者可在一定范围内连续变化。

传动首先应当满足机器工作部分的要求，并使动力机在较佳工况下运转。小功率传动常选用简单的装置，以降低成本。大功率传动则优先考虑传动效率、节能和降低运转费用。当工作部分要求调速时，如能与动力机的调速性能相适应可采用定传动比传动；动力机的调速如不能满足工艺和经济性要求，则应采用变传动比传动。工作部分需要连续调速时，一般应尽量采用有级变速传动。无级变速传动常用来组成控制系统，对某些对象或过程进行控制，这时应根据控制系统的要求来选择传动。

在定传动比传动能满足性能要求的前提下，一般应选用结构简单的机械传动。有级变速传动常采用齿轮变速装置，小功率传动也可采用带或链的塔轮装置。无级变速传动有各种传动形式，其中机械无级变速器结构简单、维修方便，但寿命较短，常用于小功率传动；液力无级变速器传动精确，但造价甚高。选择传动装置时还应考虑启动、制动、反向、过载、空档和空载等方面的要求。

2. 机械传动概述

机械是机器和机构的总称。

（1）机构

机构是由多种实物（如齿轮、螺丝、连杆、叶片等机械零件）组合而成，各实物间具有确定的相对运动（如水泵的叶片与外壳间，内燃机的活塞与气缸间等）。组成机构的各相对运动的部分称为构件。

（2）机器

机器是根据某种使用要求而设计制造的一种能执行某种机械运动的装置，在接受外界输入能量时，能变换和传递能量、物料和信息。

（3）机械应满足的基本要求

1）必须达到预定的使用功能，工作可靠，机构精简。

2）经济合理，安全可靠，生产率高，效率高，能耗少，原材料和辅助材料节省，管理和维修费用低。

3）操作方便，操作方式符合人们的心理和习惯，尽量降低噪声，防止有毒、有害介质渗漏，机身美化等。

4）对不同用途和不同使用环境的适应性要强（如容易卸、装，容易搬动等）。

（4）机械传动的概念

一台机器（机械）制造成功后都必须能完成设计者提出的要求，即执行某种机械运动以期达到变换和传递能量、物料和信息的目的。机器一般是由多种机构或构件按一定方式彼此相联而组成的，当原动机（电动机、内燃机等）驱动机器运转时，其运动和动力是从机器的一部分逐级传递到相联的另一部分最后到达执行机构来完成机器的使命的。利用构件和机构把运动和动力从机器的一部分传递到另一部分的中间环节称为机械传动。

（5）机械传动的分类

1）摩擦传动：依靠构件的接触面的摩擦力来传递动力和运动，如带传动。

2）啮合传动：依靠构件间的相互啮合来传递动力和运动，如齿轮传动、蜗杆传动。

3）推动：螺旋推动机构、连杆机构、凸轮机构等。

3. 带传动

带传动是由两个带轮（主动轮和从动轮）和一根紧绕在两轮上的传动带组成，靠带与带轮接触面之间的摩擦力来传递运动和动力的一种挠性摩擦传动，如图 1-62 所示。

带传动属于挠性传动，传动平稳，噪声小，不需润滑，可缓冲吸振。过载时，带会在带轮上打滑，从而起到保护其他传动件免受损坏的作用。带传动允许较大的中心距，结构简单，制造、安装和维护较方便，且成本低廉。但由于带与带轮之间存在滑动，传动比严格保持不变。带传动的传动效率较低，带的寿命一般较短，不宜在易燃易爆场合下工作。

（1）带传动的分类

1）按传动原理分：摩擦带传动、啮合带传动；

2）按用途分：传动带、输送带；

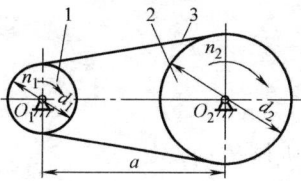

图 1-62　带传动组成

1—主动轮；2—从动轮；3—传动带

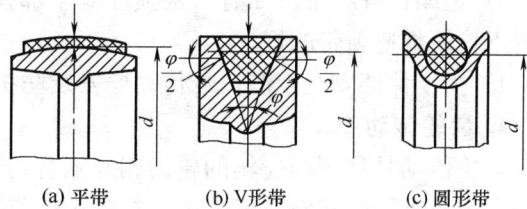

(a) 平带　　(b) V 形带　　(c) 圆形带

图 1-63　带的类型

3）按传动带的截面形状分：平带、V 形带、多楔带、圆形带、齿形带，如图 1-63 所示。

（2）带传动的工作原理

啮合带传动中主要是同步齿形带传动，依靠带内面的凸齿与带轮表面相应的齿槽相啮合来传递动力和运动，这种传动既能减轻对轴及轴承的压力，又能使主动轮节圆上与从动轮节圆上的速度同步，保证准确可靠的传动比，是一种较理想的传动方式。但由于对制造和安装的要求较高，所以限制了其应用范围。

摩擦带传动中，依靠带和带轮接触面上的摩擦力将主动轮上的运动和动力传递给从动轮。性能、使用要求等都已标准化，按其截面的大小分为 7 种。

（3）带传动的特点

1）优点

① 具有良好的弹性，能起吸振缓冲作用，因而传动平稳，噪声小；

② 过载时，带与带轮会出现打滑，防止其他零件损坏；

③ 结构简单，制造方便，成本低廉，加工和维护方便；

④ 适用于两轴中心距较大的传动。

2）缺点

① 传动的外廓尺寸较大，结构不够紧凑；

② 由于带的弹性滑动，不能保证准确的传动比；

③ 带的寿命较短，一般为 2000～3000h；

④ 摩擦损失较大，传动效率较低，一般平带传动效率为 0.94～0.98，V 型带传动效率为 0.92～0.97。

（4）带传动的失效形式

1）打滑，由于过载，带在带轮上打滑而不能正常转动。

2）带的疲劳破坏，带在变应力条件下工作，当应力的循环次数达到一定值时，带将发生损坏，如脱层、撕裂和拉断。

（5）V 型带传动的使用与维护

1）安装 V 型带前应减小两轮中心距，然后再进行调紧，不得强行撬入。工作时，带轮轴线应相互平行，各带轮相对应的 V 型槽的对称平面应重合，误差不得超过 20′。在同一平面内，以免传动时加速带的磨损或从轮槽中脱出。

2）胶带不宜与酸、碱、矿物油等介质接触，也不宜在阳光下曝晒，以防带迅速老化变质，降低带的使用寿命。

3）定期检查胶带。如有一根损坏应全部换新带，不能新旧带混合使用，否则会引起受力不均而加速新带的损坏。

4）为了保证安全生产，带传动要安装防护罩。

4. 齿轮传动

齿轮传动是利用两齿轮的轮齿相互啮合传递动力和运动的机械传动。

按齿轮轴线的相对位置分为平行轴圆柱齿轮传动、相交轴圆锥齿轮传动和交错轴螺旋齿轮传动。具有结构紧凑、效率高、寿命长等特点。

（1）齿轮传动机构的特点

1）优点

① 适用的圆周速度和功率范围广；

② 传动效率高；

③ 传动比稳定；

④ 寿命较长；

⑤ 工作可靠性较高；

⑥ 可实现平行轴、任意角相交轴和任意角交错轴之间的传动；

⑦ 结构紧凑。

2）缺点

① 要求较高的制造和安装精度，成本较高；

② 不适宜于远距离两轴之间的传动。

（2）齿轮传动机构的分类

1）按传动时两轮轴的相对位置分

① 平面齿轮传动（平行轴间传动）：直齿轮、斜齿轮、人字齿、外啮合、内啮合、齿轮与齿条传动。

② 空间齿轮传动：圆锥齿轮（相交轴间传动）、交错轴斜齿轮、蜗杆传动（交错轴间

传动）。

2）按齿轮传动的工作情况分

① 开式齿轮传动——低速、易磨损。

② 闭式齿轮传动——重要的传动、食品工业常用。

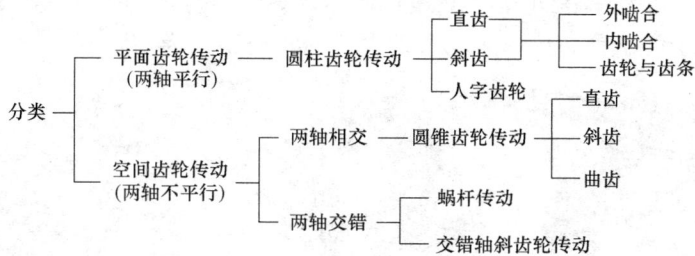

（3）齿轮结构

1）齿轮轴：齿轮与轴做成一体，一般用于直径很小的齿轮。制造工艺复杂，同时制造，同时报废。

2）实心式齿轮：齿顶圆直径 $d_a \leq 160$mm 齿轮与轴分开制造。

3）腹板式齿轮：齿顶圆直径 $d_a \leq 500$mm。

4）轮辐式齿轮：齿顶圆直径 $d_a > 500$mm。

对于单件或小批量生产的齿轮，可做成焊接齿轮结构，对于尺寸较大的圆柱齿轮，为了节约贵重金属，可做成组装齿圈式结构。

（4）基本要求

机械系统对齿轮传动的基本要求归纳起来有两项：

1）传动要准确平稳：即要求齿轮传动在工作过程中，瞬时传动比要恒定，且振动、冲击要小。

2）承载能力大：即要求齿轮传动能传递较大的动力，且体积小、重量轻、寿命长。

为了满足基本要求，需要对齿轮齿廓曲线、啮合原理和齿轮强度等问题进行研究。

（5）齿廓啮合的基本定律

齿轮传动的基本要求之一就是要保证传动平稳。所谓平稳，是指啮合过程中瞬时传动比 $i = \omega_1 / \omega_2$ 保持恒定。

1）啮合：一对轮齿相互接触并进行相对运动的状态。

2）传动比：两轮角速度之比。

3）对齿廓曲线的要求：

① 直观上——不卡不离；

② 几何学上——处处相切接触；

③ 运动学上——法线上没有相对运动。

（6）共轭齿廓

凡能满足齿廓啮合基本定律的一对齿廓称为共轭齿廓。理论上有无穷多对共轭齿廓。

（7）齿廓曲线的选择

1）满足定传动比的要求；

2）考虑设计、制造、安装和强度等方面要求。

在机械中，常用的齿廓有渐开线齿廓、摆线齿廓、圆弧齿廓。由于渐开线齿廓容易制造，也便于安装，互换性也好，因此应用最广。

5. 蜗杆传动

（1）蜗杆传动的组成

蜗杆传动由蜗杆和蜗轮组成，如图 1-64 所示。

蜗杆传动用于交错轴间传递运动和动力。通常交错角为 $90°$。

图 1-64　蜗杆、蜗轮传动示意图

一般蜗杆为主动件。蜗杆和螺纹一样有右旋和左旋之分，分别称为右旋蜗杆和左旋蜗杆。

（2）蜗杆传动特点

1）传动比大，结构紧凑。蜗杆头数用 Z_1 表示（一般 $Z_1 = 1 \sim 4$），蜗轮齿数用 Z_2 表示。从传动比公式 $I = Z_2/Z_1$ 可以看出，当 $Z_1 = 1$，即蜗杆为单头，蜗杆须转 Z_2 转蜗轮才转一转，因而可得到很大传动比，一般在动力传动中取传动比 $I = 5 \sim 83$。

2）蜗杆传动结构紧凑，体积小，重量轻。

3）发热量大，齿面容易磨损，成本高。

4）传动平稳，无噪声。因为蜗杆齿是连续不间断的螺旋齿，它与蜗轮齿啮合时是连续不断的。

5）具有自锁性。蜗杆的螺旋升角很小时，蜗杆只能带动蜗轮传动，而蜗轮不能带动蜗杆传动。

6）蜗杆传动效率低，一般认为蜗杆传动效率比齿轮传动效率低。尤其是具有自锁性的蜗杆传动，其效率在 0.5 以下，一般效率只有 $0.7 \sim 0.9$。功率在 $50 \sim 60\text{kW}$ 之间。常需要贵重的减摩性有色金属。

（3）蜗杆的类型

如图 1-65 所示。

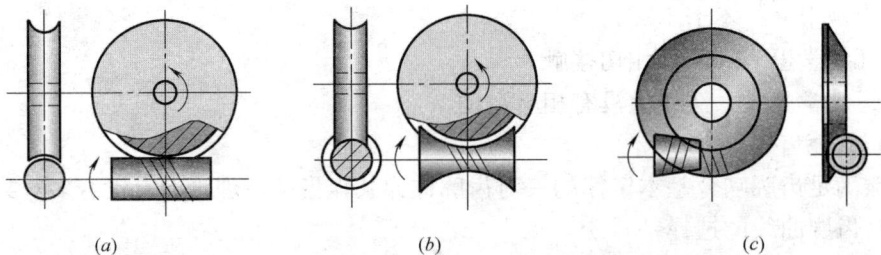

图 1-65　蜗杆的类型

(*a*) 圆柱蜗杆；(*b*) 环面蜗杆；(*c*) 锥蜗杆

1）圆柱蜗杆：渐开线蜗杆、阿基米德蜗杆（普通圆柱蜗杆）、法向直廓蜗杆；

2）锥蜗杆；

3）环面蜗杆。

6. 链传动

链传动是一种具有中间挠性件（链条）的啮合传动，它同时具有刚、柔特点，是一种应用十分广泛的机械传动形式。链传动由主动链轮、从动链轮和中间挠性件（链条）组成，通过链条的链节与链轮上的轮齿相啮合传递运动和动力，如图1-66所示。

（1）链传动的特点及应用

1）链传动的工作原理及组成

① 工作原理：两轮（至少）间以链条为中间挠性件的啮合来传递运动和动力。

② 组成：主、从动链轮、链条、封闭装置、润滑系统和张紧装置等。

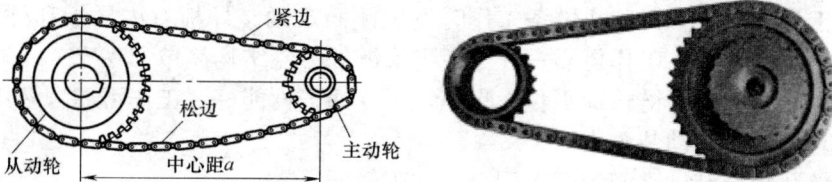

图 1-66 链传动示意图

2）链传动的特点

① 优点

a. 没有滑动和打滑，能保持准确的平均传动比；

b. 传动尺寸紧凑；

c. 不需很大张紧力，轴上载荷较小；

d. 效率较高；

e. 能在湿度大、温度高的环境工作；

f. 链传动能吸振与缓和冲击；

g. 结构简单，加工成本低廉，安装精度要求低；

h. 适合较大中心距的传动；

i. 能在恶劣环境中工作。

② 缺点

a. 只能用于平行轴间的同向回转传动；

b. 瞬时速度不均匀；

c. 高速时平稳性差；

d. 不适宜载荷变化很大和急速反转的场合；

e. 有噪声；

f. 成本高，磨损后易发生跳齿。

3）链传动的应用

适于两轴相距较远、工作条件恶劣等情况，如农业机械、建筑机械、石油机械、采矿、起重、金属切削机床、摩托车、自行车等。中低速传动：传动比≤8，P≤100kW，V

≤12～15m/s，无声链最大线速度可达 40m/s（不适于冲击与急促反向等情况）。

（2）链传动的类型：传动链；输送链；起重链。

（3）传动链的结构特点

1）滚子链

① 组成：滚子、套筒、销轴、内链板和外链板。内链板与套筒之间、外链板与销轴之间为过盈联接；滚子与套筒之间、套筒与销轴之间均为间隙配合。

② 节距 p：滚子链上相邻两滚子中心的距离。

滚子链有单排链、双排链、多排链，多排链的承载能力与排数成正比，但受精度的影响，各排的载荷不易均匀，故排数不宜过多。

2）齿形链

齿形链又称无声链，它由一组链齿板铰接而成。工作时通过链齿板与链轮轮齿相啮合来传递运动。

齿形链上设有导板，以防止链条工作时发生侧向窜动。导板有内导板和外导板之分。内导板齿形链导向性好，工作可靠；外导板齿形链的链轮结构简单。

与滚子链相比，齿形链传动平稳无噪声，承受冲击性能好，工作可靠，多用于高速或运动精度要求较高的传动装置中。

圆销式的孔板与销轴之间为间隙配合，加工简便。

轴瓦式的链板两侧有长短扇形槽各一条，并且在同一条轴线上，销孔装入销轴后，就在销轴两侧嵌入衬瓦，由于衬瓦与销轴为内接触，故压强低、磨损小。

滚柱式没有销轴，孔中嵌入摇块，变滑动摩擦为滚动摩擦。

（4）链传动的失效形式

1）链条的疲劳破坏

链条不断地由松边到紧边周而复始地运动着，在紧边拉力和松边拉力反复作用下，经过一定的循环次数后，链板首先开始出现疲劳断裂。

2）链条铰链磨损失效

在工作条件恶劣、润滑不良的开式链传动中，由于铰链中销轴与套筒间的压力较大，彼此又相对转动，因而使铰链磨损、链的实际节距变长，导致传动更不平稳，容易引起跳齿或脱链。

3）链条铰链的胶合失效

链轮转速过高而又润滑不良时，销轴和套筒间润滑膜破坏，使其两者在很高温度下直接接触，从而导致胶合。因此，胶合在一定程度上限制了链传动的极限转速。

4）过载拉断失效

在低速（V<6m/s）重载或短期过载情况下，链条所受的拉力超过了链条的静强度时，链条将被拉断。

5）滚子和套筒的冲击疲劳破坏

链节与链轮轮齿在啮合时，滚子与链轮间会产生冲击。在高速运行时，由于冲击载荷较大，使套筒与滚子表面发生冲击疲劳破坏。

四、轴、轴承、联轴器

1. 轴

轴是机械中的重要零件，其用途是支承回转零件及传递运动和动力；将轴和轴上零件进行周向固定并传递转矩的零件是键；轴承用于支承轴及轴上零件，保持轴的旋转精度和减少轴与支承间的摩擦和磨损；联轴器和离合器是联接不同机构中的两根轴，使它们一起回转并传递转矩。

（1）轴的用途与分类

1）用途：支承回转零件；传递运动和动力。

2）分类

① 按中心线形状不同分类

a. 直轴：中心线为直线的轴称为直轴。在轴的全长上直径都相等的直轴称为光轴，如图 1-67 所示，各段直径不等的直轴称为阶梯轴。

图 1-67 直轴结构示意图
(a) 光轴；(b) 阶梯轴

由于阶梯轴上零件便于拆装和固定，又利于节省材料和减轻重量，因此在机械中应用最普遍。在某些机器中也有采用空心轴的，以减轻轴的重量或利用空心轴孔输送润滑油、冷却液等。

b. 曲轴：中心线为折线的轴称为曲轴，它主要用在需要将回转运动与往复直线运动相互转换的机械中。

② 按承载情况不同分类

a. 转轴：工作中同时受弯矩和扭矩的轴称为转轴。转轴在各种机器中最常见，如减速箱中的齿轮轴。

b. 传动轴：只受扭矩不受弯矩或所受弯矩很小的轴称为传动轴。如汽车传动轴。

c. 心轴：只承受弯矩的轴称为心轴。心轴又分为转动心轴和固定心轴，前者如机车车轴，后者如自行车的前轴。

（2）轴的材料

1）碳素钢

碳素钢比合金钢价廉，对应力集中不敏感，并可用热处理的方法改善其力学性能。一般机械中常用 35、45、50 号钢等优质碳素钢，并进行正火或调质处理，其中以 45 号钢用得最为广泛。不重要的、受力较小的轴可采用 Q235、Q275 等碳素结构钢。

2）合金钢

合金钢具有较高的力学性能和良好的热处理工艺性，但对应力集中比较敏感，且价格较贵，多用于高速、重载及有特殊要求的轴材料。对于耐磨性要求较高的轴，可选用 20Cr、20CrMnTi 等低碳合金钢，进行渗碳淬火处理。对于在高温、高速和重载条件下工作的轴，可选用 38CrMoAlA、40CrNi 等合金结构钢。

由于在一般工作温度下，碳素钢和合金钢的弹性模量相差无几，因此，不能用合金钢代替碳素钢来提高轴的刚度。

轴的毛坯通常采用锻件和热轧圆钢。对于某些结构外形复杂的轴可采用铸钢或球墨铸铁，后者具有吸震性、耐磨性好，价格低廉，对应力集中敏感性差等优点。

2. 滑动轴承

（1）概述

轴承是用来支承轴并承受轴上载荷的零件。轴承的分类方法通常有以下三种：

1）根据承受载荷分：向心轴承、推力轴承、向心推力轴承。

2）根据工作时轴承内部的摩擦性质分：滑动轴承、滚动轴承。

3）按工作表面的润滑状态分：液体润滑滑动轴承、不完全液体润滑滑动轴承、无润滑滑动轴承。

（2）滑动轴承的特点、类型和应用

工作时轴套和轴颈的支承面间形成直接或间接滑动摩擦的轴承称为滑动轴承。滑动轴承工作面间一般有润滑油膜且为面接触，所以滑动轴承具有承载能力大、抗冲击、噪声低、工作平稳、回转精度高、高速性能好等独特的优点。

1）滑动轴承主要应用于以下场合

① 工作转速极高的轴承；

② 要求轴的支承位置特别精确，回转精度要求特别高的轴承；

③ 特重型轴承；

④ 承受巨大冲击和振动载荷的轴承；

⑤ 必须采用剖分结构的轴承；

⑥ 要求径向尺寸特别小以及特殊工作条件的轴承。

滑动轴承在内燃机、汽轮机、铁路机车、轧钢机、金属切削机床以及天文望远镜等设备中应用很广泛。

2）滑动轴承的类型

① 按承受载荷方向分类

a. 径向轴承：只承受径向载荷。

b. 推力轴承：只承受轴向载荷。

c. 组合轴承：同时承受径向载荷和轴向载荷。

② 按润滑状态分类

a. 流体润滑轴承：摩擦表面完全被流体膜分隔开，表面间的摩擦为流体分子间的内摩擦。

b. 非流体润滑轴承：摩擦表面间为边界润滑或混合润滑。

③ 按流体膜的形成原理分类。

常见的滑动轴承有流体动压润滑轴承、流体静压润滑轴承和流体动静压润滑轴承。

④ 按润滑材料分类

常见的滑动轴承有液体润滑轴承、气体润滑轴承、塑性体润滑轴承、固体润滑轴承和自润滑轴承。和滚动轴承相比，在某些工作条件下，滑动轴承有着显著的优越性，不能为滚动轴承所代替。

（3）滑动轴承的润滑

润滑对减少滑动轴承的摩擦和磨损以及保证轴承正常工作具有重要意义。它除了可以降低功耗外，还具有冷却、防尘、防锈和缓冲吸振等作用，直接影响轴承的工作能力和使用寿命。因此，设计滑动轴承时，必须注意合理选择润滑剂及润滑装置。

常用的润滑剂一般为润滑油、润滑脂，在特殊工况下，还可采用固体润滑剂及水和空气等。

1）润滑油

润滑油是最常用的润滑剂，有动、植物油，矿物油和合成油，其中以矿物油应用最广。黏度是润滑油最主要的性能指标。黏度是润滑油抵抗变形的能力，表征液体流动的内摩擦性能，黏度大的液体内摩擦阻力大，承载后油不易被挤出，有利于油膜形成。通常黏度随温度升高而减小。

除黏度之外，润滑油的性能指标还有凝点、闪点等。选用润滑油时，通常以黏度为主要指标，具体选用略。

2）润滑脂

润滑脂是由润滑油添加各种稠化剂（如钙、钠、铝、锂等金属皂）和稳定剂而形成的膏状润滑剂。其特点是稠度大不易流失，密封简单，不需经常添加，但摩擦损耗大，故高速不宜用。按所用金属皂的不同，润滑脂主要有：

① 钙基润滑脂：有较好的耐水性，但不耐热（使用温度不超过 60℃）；

② 钠基润滑脂：耐热性较好（使用温度可达 115～145℃），但抗水性差；

③ 铝基润滑脂：具有良好的抗水性；

④ 锂基润滑脂：性能良好，既耐水又耐热，在-20～150℃范围内广泛应用。

3. 滚动轴承

轴承是支承轴及轴上零件的重要零件，主要用来减轻轴与支承间的摩擦与磨损，并保持轴的回转精度和安装位置。

轴承根据工作的摩擦性质，可分为滑动摩擦轴承（简称滑动轴承）和滚动摩擦轴承（简称滚动轴承）两类。

滚动轴承具有摩擦系数小，已标准化，设计、使用、润滑、维护方便等一系列优点，因此在一般机械中广泛应用。

滚动轴承是标准化产品，在一般机械设计中主要是根据具体的载荷、转速、旋转精度和工作条件等要求，选择类型和尺寸合适的滚动轴承，并进行轴承的组合设计。

（1）滚动轴承的结构

滚动轴承的典型结构，通常由外圈、内圈、滚动体和保持架组成。内圈装在轴颈上，外圈装在轴承座孔内，多数情况下内圈与轴一起转动，外圈保持不动。工作时，滚动体在内外圈间滚动，保持架将滚动体均匀地隔开，以减少滚动体之间的摩擦和磨损。

滚动体有球、圆锥滚子、圆柱滚子、鼓形滚子和滚针等几种形状。滚动轴承的内、外圈和滚动体采用强度高、耐磨性好的含铬合金钢制造，保持架多用软钢冲压而成，也有采用铜合金或塑料保持架的。

（2）滚动轴承的类型

滚动轴承中，滚动体与外圈接触处的法线与垂直于轴承轴心线的径向平面之间的夹角

α 称为接触角，它是滚动轴承的一个重要参数。

1) 按滚动轴承承载方向分类

① 向心轴承：主要承受或只承受径向载荷，其接触角 α 为 $0°\sim45°$；

② 推力轴承：主要承受或只承受轴向载荷，其接触角 α 为 $45°\sim90°$。

2) 按滚动轴承滚动体形状分类

滚动轴承可分为球轴承和滚子轴承，而滚子轴承又分为圆锥滚子轴承、圆柱滚子轴承等。

3) 按滚动轴承工作时能否调心分类

滚动轴承可分为刚性轴承和调心轴承。

(3) 滚动轴承类型的选择

在设计滚动轴承时，首先遇到的问题是选择适当的轴承类型。选择轴承类型时，除根据经验选型并参照类似机器中的轴承外，应参考以下主要因素。

1) 载荷条件

轴承所承受载荷的大小、方向和性质是选择轴承类型的主要依据。

① 载荷方向：当轴承承受纯轴向载荷时，选用推力轴承；主要受径向载荷时，选用向心球轴承；同时承受径向载荷和轴向载荷时，可选用角接触球轴承。

② 载荷大小：在其他条件相同的情况下，滚子轴承一般比球轴承的承载能力大。因此承受较大载荷时，应选用滚子轴承。

③ 载荷性质：当载荷平稳时，可选用球轴承；有冲击和振动时，应选用滚子轴承。

2) 转速条件

滚动轴承在一定的载荷和润滑条件下允许的最高转速称为极限转速。球轴承比滚子轴承有更高的极限转速。高速或要求旋转精度高时，应优先选用球轴承。

3) 调心性质

轴承内、外圈轴线间的角偏差应控制在极限值内，否则会增加轴承的附加载荷而使其寿命缩短。当角偏差值较大时，应选用调心轴承。

4) 安装和调整性能

安装和调整也是选择轴承主要考虑的因素。例如，当安装尺寸受到限制，必须要减小轴承径向尺寸时，宜选用轻系列和特轻系列的轴承或滚针轴承；当轴向尺寸受到限制时，宜选用窄系列的轴承；当轴承座没有剖分面而必须沿轴向安装和拆卸轴承部件时，应优先选用内、外圈可分离的轴承。

5) 经济性

在满足使用要求的情况下，尽量选用价格低廉的轴承，以降低成本。一般普通结构的轴承比特殊结构的轴承便宜，球轴承比滚子轴承便宜，精度低的轴承比精度高的轴承便宜。

4. 联轴器

联轴器：主要用作轴与轴之间的联接，以传递运动和转矩。

(1) 联轴器的类型

1) 联轴器分为：机械式联轴器、液力联轴器、电磁式联轴器。

2) 机械式联轴器分为：刚性联轴器（无补偿能力）挠性联轴器（有补偿能力）。

3）挠性联轴器（有补偿能力）分为：无弹性元件、有弹性元件。

（2）联轴器的选择

1）传递载荷的大小、性质及对缓冲功能的要求。

① 载荷平稳、传递转矩大、同轴度好、无相对位移的选用刚性联轴器。

② 载荷变化大，要求缓冲、吸振或同轴度不易保证时应选用弹性联轴器。

2）工作转速的高低与正、反转变化多的要求。

高速运转的轴应选动平衡精度较高的联轴器；动载荷大的机器选用重量轻、转动惯量小的联轴器；正、反转变化多，启动频繁，有较大冲击载荷，安装不易对中的场合考虑采用可移式刚性联轴器。

3）联接两轴相对位移的大小。

安装调整后难以保证两轴精确对中，或工作中有较大位移量的两轴联接，要选用弹性联轴器。

第四节　互换性与测量技术知识

一、互换性、公差、配合概述

1. 互换性的定义

互换性是指同一规格的一批零件或部件中，任取其一，不需要任何挑选或附加修配（如钳工修配）直接装在机器上，达到规定的功能要求。

互换性简单的说就是同一规格的零件或部件具有能够彼此互相替换的性能。

互换性原则是机械工业生产的基本技术经济原则，是我们在设计、制造中必须遵循的。即便是采用修配法保证装配精度的单件或小批量生产的产品（此时零部件没有互换性）也必须遵循互换性原则。

（1）互换性的内容

1）几何参数互换性：包括尺寸、形状、位置、表面微观形状误差的互换性。

2）功能互换性（保证使用）：零件的物理、化学和力学性能。

（2）互换性的类别

1）完全互换性

完全互换是指零部件在装配或更换时，无需挑选、辅助加工或修配就能顺利装在机器上并满足使用的性能。

特点：零件无需选择修整，即可达到装配要求。装配过程简单，生产率高，对工人要求不高，便于组织自动化装配，在各种生产类型中都应优先采用。

2）不完全互换性

指一批零件有选择地进行互换。通常采用概率法、分组法或调整法等工艺措施，实现顺利装配并在功能上达到使用性能要求。

优点：在保证装配、配合功能要求的前提下，能适当放宽制造公差，使得加工容易，降低制造成本。

缺点：降低了互换水平，不利于部件、机器的装配和维修。

（3）公差：允许零件尺寸和几何参数的变动量，用于控制加工中的误差。

公差和误差的区别和联系：

1）区别：误差在加工过程中产生，公差由设计人员确定。

2）联系：公差是误差的最大允许值。

（4）实现互换性的前提

标准化是实现互换性的前提。只有按一定的公差标准进行设计和制造，并按一定的标准进行检验，互换性才能实现。

2. 孔与轴的公差与配合

（1）公差与配合的作用

1）"公差"用于协调机器零件的使用要求与制造经济性之间的矛盾。

2）"配合"反映机器零件之间有关功能要求的相互关系。

3）"公差与配合"的标准化，有利于机器的设计、制造、使用和维修，直接影响产品的精度、性能和使用寿命，是评定产品质量的重要技术指标。

（2）"公差与偏差"的术语、定义

1）尺寸偏差（偏差）：某一尺寸减去基本尺寸的代数差。

① 实际偏差：实际尺寸－基本尺寸（孔 E_a、轴 e_a），公式如下：

$$E_a=D_a-D \qquad e_a=d_a-d$$

实际偏差是零件上实际存在的偏差，能测出大小，对于一批零件而言，是一个随机变量。

② 极限偏差：极限尺寸－基本尺寸。

上偏差：最大极限尺寸－基本尺寸（孔 E_S、轴 e_s）；

下偏差：最小极限尺寸－基本尺寸（孔 E_I、轴 e_i）。

上下偏差由设计者给定。

当 $E_I<E_a<E_S$，$e_i<e_a<e_s$ 时，零件才是合格的。

对于孔：$E_S=D_{max}-D$；$E_I=D_{min}-D$。

对于轴：$e_s=d_{max}-d$；$e_i=d_{min}-d$。

③ 尺寸公差（公差）：允许尺寸的变动量，用 T 表示。

公差＝最大极限尺寸－最小极限尺寸＝上偏差－下偏差

注：公差是绝对值，且不为零。

$$对于孔：T_D=|D_{max}-D_{min}|=|E_S-E_I|$$

$$对于轴：T_d=|d_{max}-d_{min}|=|e_s-e_i|$$

2）零线与公差带

① 零线：确定偏差的一条基准直线。

② 公差带：由代表上、下偏差或最大极限尺寸和最小极限尺寸的两条直线所确定的区域。

基本偏差一般为靠近零线的偏差。

（3）"配合"的术语、定义

1）间隙与过盈：孔的尺寸－轴的尺寸＝代数差。

2）配合

基本尺寸相同、相互结合的孔和轴公差带之间的关系。对一批零件而言，配合反映了机器上相互结合的零件间的松紧程度。

① 间隙配合

孔的公差带在轴的公差带上方，即具有间隙的配合（包括 $X_{min}=0$ 的配合）。对一批零件而言，所有孔的尺寸≥轴的尺寸。

配合公差：$T_f=|X_{max}-X_{min}|$＝孔公差＋轴公差。

② 过盈配合

孔的公差带在轴的公差带之下，对一批零件而言，所有轴的尺寸≥孔的尺寸。

配合公差：$T_f=|Y_{min}-Y_{max}|$＝孔公差＋轴公差。

③ 过渡配合

孔的公差带与轴的公差带相互交叠，可能具有间隙或过盈的配合。

配合公差：$T_f=|X_{max}-Y_{max}|$＝孔公差＋轴公差。

3. 公差与配合的选用

（1）基准制的选用

1）一般情况下应优先选用基孔制。

2）基轴制的选择

① 直接使用具有一定公差等级（IT8～IT11）而不再进行机械加工的冷拔钢材（这种钢材是按基准轴的公差带制造的）制作轴。

② 加工尺寸小于 1mm 的精密轴比同级孔要困难，因此在仪器制造、钟表生产、无线电工程中，常使用经过光轧成形的钢丝直接作轴，这时采用基轴制较经济。

③ 根据结构上的需要，在同一基本尺寸的轴上装配有不同配合要求的几个孔件时应采用基轴制。

3）与标准件配合的基准制选择

若与标准件（零件或部件）配合，应以标准件为基准件，来确定采用基孔制还是基轴制。

（2）公差等级的选用

选择公差等级的基本原则是在满足使用要求的前提下，尽量选取较低的公差等级。

1）应满足工艺等价原则

当基本尺寸≤500mm，标准公差≤IT8 时，孔比轴低一级配合；当标准公差＞IT8 级或基本尺寸＞500mm 时，推荐采用同级孔、轴配合。

2）选择公差等级既要满足设计要求，又要考虑工艺的可能性和经济性。

① IT0、IT1 用于高精度量块和其他精密标准块的公差；

② IT2～IT4 用于特别精密零件的配合；

③ IT5 用于配合尺寸公差；

④ IT6（孔到 IT7）用于要求精密配合的情况；

⑤ IT7、IT8 用于一般精度要求的配合；

⑥ IT9、IT10 用于一般要求的地方，或精度要求较高的槽宽的配合；

⑦ IT11、IT12 用于不重要的配合；

⑧ IT13～IT18 用于未注尺寸公差的尺寸精度。

（3）配合的选用

1）原则

① 根据使用要求——配合公差（间隙或过盈）的大小，确定与基准件相配的孔、轴的基本偏差代号，同时确定基准件及配合件的公差等级。

② 尽可能选用国标推荐的优先配合。

2）根据使用要求确定配合的类别。

二、形状和位置公差及检测

1. 形状公差和误差的概述

（1）形位误差对零件使用性能的影响如下：

1）影响零件的功能要求；

2）影响零件的配合性质；

3）影响零件的互换性。

（2）现行国家标准主要有：

1）GB/T 1182—2008《产品几何技术规范（GPS）几何公差形状、方向、位置和跳动公差标注》；

2）GB/T 1184—1996《形状和位置公差 未注公差值》；

3）GB/T 4249—2009《产品几何技术规范（GPS）公差原则》；

4）GB/T 16671—2009《产品几何技术规范（GPS）几何公差 最大实体要求、最小实体要求和可逆要求》；

5）GB/T 13319—2003《产品几何量技术规范（GPS）几何公差 位置度公差注法》。

（3）形位公差的研究对象如图1-68所示。

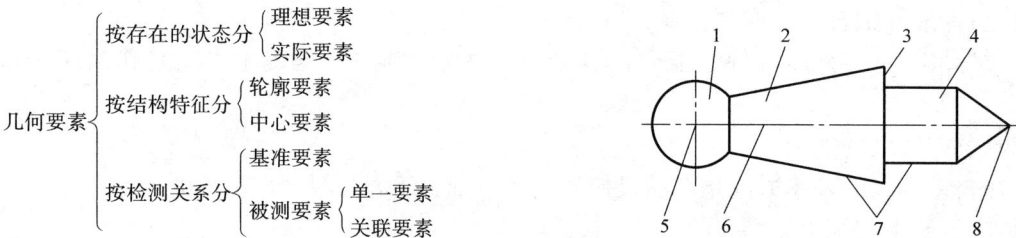

图1-68 零件的几何要素

1—球面；2—圆锥面；3—端平面；4—圆柱面；5—球心；6—轴线；7—素线；8—锥顶

（4）形位公差的特征和符号见表1-3。

形位公差的特征和符号 表1-3

公差		特征项目	符号	基准要求	公差		特征项目	符号	基准要求
形状	形状	直线度	—	无	位置	定向	平行度	//	有
		平面度	▱	无			垂直度	⊥	有
		圆度	○	无			倾斜度	∠	有
		圆柱度	⌀	无		定位	位置度	⊕	有
							同轴度	◎	有
形状或位置	轮廓	线轮廓度	⌒	有或无			对称度	═	有
		面轮廓度	⌓	有或无		跳动	圆跳动	↗	有
							全跳动	↗↗	有

2. 形位公差的标注

国家标准规定，在技术图样中形位公差应采用框格代号标注。无法采用框格代号标注时，才允许在技术要求中用文字加以说明，但应做到内容完整，用词严谨。

公差框格，如图 1-69 所示。

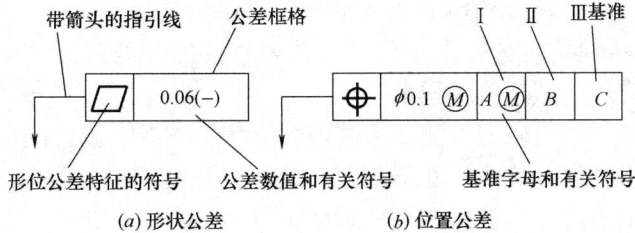

(a) 形状公差　　　　　　　　(b) 位置公差
图 1-69　公差框格标注说明

（1）第一格：形位公差特征的符号。

（2）第二格：公差数值和有关符号。

（3）第三格和以后各格：基准字母和有关符号。规定不得采用 E、F、I、J、L、M、O、P 和 R 九个字母，见表 1-4。

形位公差标注中的部分附加符号　　　　　　　　　　　　表 1-4

符号	含　义	符号	含　义
（＋）	被测要素只许中间向材料外凸起	Ⓔ	包容要求
（－）	被测要素只许中间向材料内凹下	Ⓜ	最大实体要求
（▷）	被测要素只许按符号的方向从左至右减小	Ⓛ	最小实体要求
		Ⓡ	可逆要求
（◁）	被测要素只许按符号的方向从右至左减小	Ⓟ	延伸公差带
		Ⓕ	自由状态条件（非刚性）

3. 形状公差

（1）形状公差

形状公差：是指单一实际要素的形状所允许的变动全量。

形状公差带：是限制单一实际被测要素变动的区域，零件实际要素在该区域内为合格。

被测要素：直线、平面、圆和圆柱面。

形状公差带的特点：不涉及基准，它的方向和位置均是浮动的，只能控制被测要素形状误差的大小。

（2）各项形状公差及其公差带

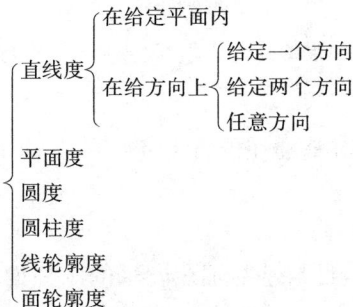

1）直线度：用以限制被测要素实际直线对理想直线变动量的一项指标。其被测要素是直线要素。

2）平面度：平面度公差带是距离为公差值 t 的两平行平面之间的区域。

3）圆度：垂直于轴线的任一正截面上，半径差为公差值 t 的两同心圆之间的区域。

4）圆柱度：半径差为公差值 t 的两同轴圆柱面之间的区域。

5）线轮廓度：线轮廓度公差带是包络一系列直径为公差值 t 的圆的两包络线之间的区域，诸圆的圆心应位于理想轮廓线上。

理论正确尺寸——用以确定被测要素的理想形状、方向、位置的尺寸。它仅表达设计时对被测要素的理想要求，故该尺寸不附带公差，标注时应围以框格，而该要素的形状、方向和位置误差则由给定的形位公差来控制。

6）面轮廓度：面轮廓度公差带是包络一系列直径为公差值 t 的球的两包络面之间的区域，诸球的球心应位于理想轮廓面上。

4. 位置公差

位置公差：是指关联实际要素的位置对基准所允许的变动全量。

位置公差带：是限制关联实际要素变动的区域，被测实际要素位于此区域内为合格，区域的大小由公差值决定。

位置公差的分类：

定向公差：平行度、垂直度、倾斜度；定位公差：同轴度、对称度、位置度；跳动公差：圆跳动公差、全跳动公差。

（1）基准

基准是确定被测要素的方向、位置的参考对象。

1）单一基准——由一个要素建立的基准称为单一基准。

2）组合基准（公共基准）——由两个或两个以上要素所建立的一个独立基准称为组合基准或公共基准，如图 1-70 所示。

3）基准体系（三基面体系）

由三个相互垂直的平面所构成的基准体系，如图 1-71 所示。

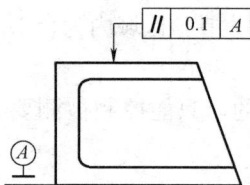
单一基准

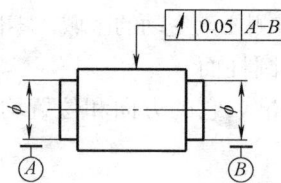
组合基准

图 1-70 被测要素的基准

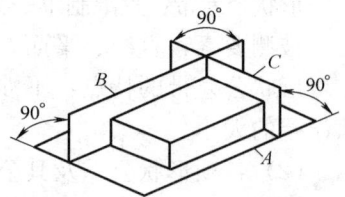

图 1-71 三基面体系示意图

（2）定位公差与公差带

定位公差是关联实际要素对基准在位置上允许的变动全量。定位公差包括同轴度、对称度和位置度三项。

1）同轴度

公差带是直径为公差值 t，且与基准轴线同轴的圆柱面内的区域。

2）对称度

公差带是距离为公差值 t，且相对基准中心平面（或中心线、轴线）对称配置的两平行平面或直线之间的区域。

3）位置度

① 线的位置度（任意方向）：以轴线的理想位置为轴线，直径为公差值 t 的圆柱面内的区域。

② 面的位置度：公差带是距离为公差值 t，且以面的理想位置为中心对称配置的两平行平面之间的区域，面的理想位置由相对于三基面体系的理论正确尺寸确定。

4）定位公差带的特点如下：

① 定位公差相对于基准具有确定位置。其中，位置度公差带的位置由理论正确尺寸确定，同轴度和对称度的理论正确尺寸为零，图上可省略不注。

② 定位公差带具有综合控制被测要素位置、方向和形状的功能。

在满足使用要求的前提下，对被测要素给出定位公差后，通常对该要素不再给出定向公差和形状公差。如果对方向和形状有进一步要求，则可另行给出定向或形状公差，但其数值应小于定位公差值。

（3）跳动公差与公差带

跳动公差是关联实际要素绕基准轴线回转一周或连续回转时所允许的最大跳动量。被测要素为圆柱面、端平面和圆锥面等轮廓要素，基准要素为轴线。

跳动是指实际被测要素在无轴向移动的条件下绕基准轴线回转的过程中（回转一周或连续回转），由指示计在给定的测量方向上对该实际被测要素测得的最大与最小示值之差。

5. 形位公差的选择

（1）形位公差特征的选择

总原则：在保证零件功能要求的前提下，应尽量使形位公差项目减少，检测方法简便，以获得较好的经济效益。

1）考虑零件的几何特征；

2）考虑零件的使用要求；

3）考虑形位公差的控制功能；

4）考虑检测的方便性。

（2）基准要素的选择

1）基准部位的选择

选择基准部位时，主要应根据设计和使用要求，零件的结构特征，并兼顾基准统一等原则进行。

2）基准数量的确定

一般来说，应根据公差项目的定向、定位几何功能要求来确定基准的数量。

3）基准要素顺序的安排

当选用两个或三个基准要素时，就要明确基准要素的次序，并按顺序填入公差框格中。

（3）形位公差等级（公差值）的选择

形位公差等级的选择原则与尺寸公差选用原则相同，即在满足零件使用要求的前提下，尽量选用低的公差等级。

1）形位公差和尺寸公差的关系

一般满足关系式：$T_{形状} < T_{位置} < T_{尺寸}$。

2）有配合要求时形状公差与尺寸公差的关系：$T_{形状} = KT_{尺寸}$。

尺寸在常用尺寸公差等级 IT5～IT8 的范围内，通常取 $K = 25\% \sim 65\%$。

3）形状公差与表面粗糙度的关系

一般情况下，表面粗糙度 Ra 值约占形状公差值的 $20\% \sim 25\%$。

4）考虑零件的结构特点

对于结构复杂、刚性较差或不易加工和测量的零件，在满足零件功能要求的前提下，可适当选用低一些的公差等级。

5）凡有关标准已对形位公差作出规定的，如与滚动轴承相配的轴和壳体孔的圆柱度公差、机床导轨的直线度公差、齿轮箱体孔的轴线的平行度公差等，都应按相应的标准确定。

除线轮廓度、面轮廓度以及位置度未规定公差等级外，其余 11 项均有规定。一般划分为 12 级，即 1～12 级，精度依次降低，仅圆度和圆柱度划分为 13 级，即增加了一个 0 级，以便适应精密零件的需要。

位置度常用于控制螺栓或螺钉联接中孔距的位置精度要求，其公差值取决于螺栓与光孔之间的间隙。位置度公差值 T（公差带的直径或宽度）按下式计算：

螺栓联接：$T \leqslant KZ$；

螺钉联接：$T \leqslant 0.5KZ$

式中　Z——孔与紧固件之间的间隙；$Z = D_{min} - d_{max}$；

D_{min}——最小孔径（光孔的最小直径）；

d_{max}——最大轴径（螺栓或螺钉的最大直径）；

K——间隙利用系数。

推荐值为：不需调整的固定联接，$K = 1$；需要调整的固定联接，$K = 0.6 \sim 0.8$。

（4）公差原则的选择

1）独立原则：主要用于尺寸精度和形位精度要求都较严，且需要分别满足要求；或尺寸精度与形位精度要求相差较大的情况。或用于保证运动精度、密封性等特殊要求，常提出与尺寸精度无关的形位公差要求。

2）包容要求：主要用于需严格保证配合性质的场合。

3）最大实体要求：主要用于中心要素，保证可装配性（无配合性质要求）的场合。

（5）未注形位公差的规定

应用未注公差的总原则是：实际要素的功能允许形位公差等于或大于未注公差值，一般不需要单独注出，而采用未注公差。如功能要求允许大于未注公差值，而这个较大的公差值会给工厂带来经济效益，则可将这个较大的公差值单独标注在要素上，因此，未注公差值是一般机床或中等制造精度就能保证的形位精度，为了简化标注，不必在图样上注出的形位公差。

三、表面粗糙度

表面粗糙度是指加工表面上所具有的较小间距和峰谷所组成的微观几何形状特性，这种特性，一般是在零件加工过程中，由于机床—刀具—工件系统的振动等原因引起的。表面粗糙度与机械零件的配合性质、耐磨性、工作精度和抗腐蚀性有着密切的关系，它影响到机器的工作可靠性和使用寿命。为了提高产品质量，促进互换性生产，并与世界产业标准接轨，我国制定了表面粗糙度国家标准，它们主要有：

（1）GB/T 7220—2004《产品几何量技术规范（GPS）表面结构 轮廓法 表面粗糙度 术语 参数测量》；

（2）GB/T 10610—2009《产品几何技术规范（GPS）表面结构 轮廓法 评定表面结构的规则和方法》；

（3）GB/T 131—2006《产品几何技术规范（GPS）技术产品文件中表面结构的表示法》；

（4）GB/T 1031—2009《产品几何技术规范（GPS）表面结构轮廓法 表面粗糙度参数及其数值》；

（5）GB/T 3505—2009《产品几何技术规范（GPS）表面结构 轮廓法 术语 定义及表面结构参数》。

1. 表面粗糙度概述

（1）表面粗糙度的实质

表面粗糙度是一种微观的几何形状误差，目前还没有划分表面粗糙度、表面波度和形状误差的统一标准。通常是按照波距来划分，波距小于1mm属于表面粗糙度（微观几何形状误差）；波距在1~10mm之间属于表面波度（中间几何形状误差）；波距大于10mm属于形状误差（宏观几何形状误差）。

（2）表面粗糙度对零件使用性能的影响

1）对配合性质的影响

① 间隙配合——表面粗糙度过大则易磨损，使间隙很快地增大，引起配合性质的改变，特别是在尺寸小、公差小的情况下，对配合性质的影响更大。

② 过盈配合——表面粗糙度增大会减小实际有效过盈量，降低联接强度。因此，提高零件表面质量，可以提高间隙配合的稳定性，并可提高过盈配合的联接强度。

2）对摩擦、磨损的影响

摩擦会增加能量的耗损，主要是由零件表面峰谷的阻力造成的，而此阻力来自凸峰的弹性、塑性变形和切割作用。表面越粗糙，摩擦系数就越大，因摩擦而消耗的能量也就越大。此外，表面越粗糙，则两配合表面的实际有效接触面积越小，单位面积压力越大，故更易磨损。但是，在某些场合，如表面过于光洁，则不利于润滑油的贮存，使之形成半干摩擦甚至干摩擦，反而使摩擦系数增大，而加剧磨损；有时还会增加零件接触面间的吸附力，也会使摩擦系数增大，加速磨损。

3）对抗腐蚀性的影响

表面越粗糙，它的凹谷处越容易积聚腐蚀性物质，然后逐渐渗透到金属材料的内层，造成表面锈蚀，凹谷深度越大，锈蚀作用越厉害。

4）对零件强度的影响

零件表面越粗糙，表面上凹痕产生的应力集中现象越严重。特别是零件受交变载荷时，零件因应力集中产生疲劳断裂而损坏。因此，特别要提高零件沟槽或圆角处的表面质量，以增加零件的抗疲劳强度。

综上所述，表面粗糙度将直接影响机械零件的使用性能和寿命，因此，应对零件的表面粗糙度加以合理的确定。

2. 表面粗糙度代号及其标注方法

确定了表面粗糙度的评定参数及其数值后，还应按国标的有关规定，把对表面粗糙度的要求正确的标注在零件图上。

（1）表面粗糙度的符号

表面粗糙度符号有三种形式，见表1-5。

表面粗糙度符号及标注意义　　　　　　　　　　　　　　　　　表 1-5

符号	意　义	符号	意　义
∨	基本符号，表示用任何方法获得表面粗糙度。当不加注参数值或有关说明（表面处理、局部热处理状况等）时，仅适用于简化代号标注	∨	表示用任何方法获得表面粗糙度，小圆表示所有表面具有相同的表面粗糙度
∨	表示用去除材料的方法获得表面粗糙度。如车、刨、铣、镗、磨、拉、刮、压等	∨	表示用去除材料的方法获得表面粗糙度，且所有表面具有相同的表面粗糙度
∨	表示用不去除材料的方法获得表面粗糙度。如铸造、锻压、冲压变形、热轧、冷轧等或是用于保持原供应状态的表面粗糙度（包括保持上道工序的状况），Ra 的上限值为 3.2	∨	表示用不去除材料的方法获得表面粗糙度，且所有表面具有相同的表面粗糙度

（2）表面粗糙度的代号

表面粗糙度的代号由表面粗糙度符号和表面粗糙度参数字母代号及数值和各种有关规定注写内容组成，见表1-6。

表面粗糙度代号注法解释　　　　　　　　　　　　　　　　　表 1-6

表面粗糙度代号		参数代号及数值和各种有关规定注写位置解释
$(e)\ \dfrac{a\ \ b}{df}\ d$	a	表面粗糙度高度参数及其数值，单位为 μm，Ra 可省略
	b	加工方法、镀覆、涂覆、表面处理或其他说明等
	c	取样长度（单位为 mm）或波纹度（单位为 μm）
	d	加工纹理方向符号
	e	加工余量（单位为 mm）
	f	表面粗糙度间距参数代号及数值（单位为 μm）或轮廓支承长度率

四、尺寸链

机械零件无论在设计或制造中，一个重要的问题就是如何保证产品的质量。也就是说，设计一部机器，除了要正确选择材料，进行强度、刚度、运动精度计算外，还必须进行几何精度计算，合理地确定机器零件的尺寸、几何形状和相互位置公差，在满足产品设计预定技术要求的前提下，能使零件、机器获得经济地加工和顺利地装配。为此，需对设计图样上要素与要素之间，零件与零件之间有相互尺寸、位置关系要求，且对能构成首尾衔接、形成封闭形式的尺寸组加以分析，研究它们之间的变化；计算各个尺寸的极限偏差及公差；以便选择保证达到产品规定公差要求的设计方案与经济的工艺方法。

1. 尺寸链的定义、特点及作用

（1）定义

在机器装配或零件加工过程中，由相互连接的尺寸形成的封闭尺寸组，称为尺寸链。

零件加工依次得到 A_1、A_2、A_3，而 A_0 随之得到。"A_0 在零件图上是根据加工顺序来确定的，故图纸不标出"，如图 1-72 所示。

（2）特点

1）尺寸链的封闭性：相关联的尺寸排列成为封闭的形式。

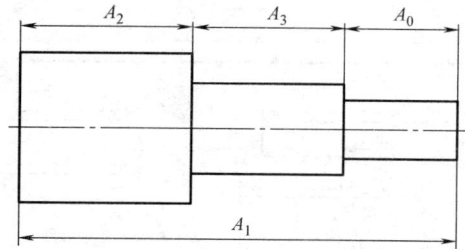

图 1-72　尺寸链示意图

2）尺寸链的制约性：其中某一尺寸的变化将影响其他尺寸的变化，如图 1-73 所示。

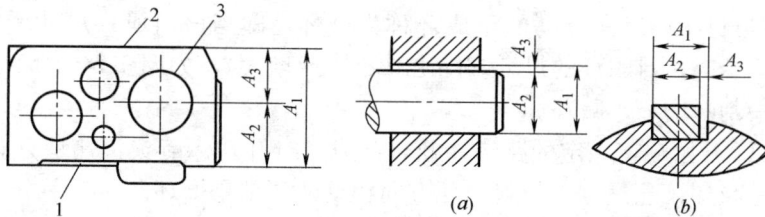

图 1-73　尺寸链的尺寸排列成为封闭的形式（$A_0 = A_1 - A_2$）

1—键槽；2—轴；3—孔

（3）作用

1）合理地分配公差

按封闭环的公差与极限偏差，合理地分配各组成环的公差与极限偏差。

2）分析结构设计的合理性

在机器、机构或部件设计中，通过对各种方案的装配尺寸链的分析比较，可确定较合理的结构。

3）校验图样

检查校核零件图尺寸、公差及偏差是否合理。

4）合理地标注尺寸

装配图上的尺寸标注，反映零部件的装配关系及要求，应按装配尺寸链分析计算封闭环的公差（装配技术要求）及各组成环的基本尺寸。零件图上的尺寸标注反映零件的加工要求，应按零件尺寸链分析计算。

5）基面换算

当按零件图上的尺寸和公差标注不便于加工和测量时，应按零件尺寸链进行基面换算。

（4）代号规定

根据《尺寸链计算方法》GB/T 5847—2004 的规定，长度环用大写拉丁字母 A、B、C 等表示；角度环用小写希腊字母 α、β、γ 等表示；封闭环加下角标 "0" 表示；组成环加下角标阿拉伯数字表示；数字表示各组成环相应序号。

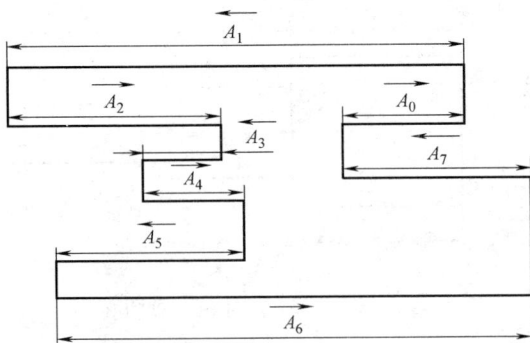

图 1-74 尺寸链各环组成及代号

1）环：构成尺寸链的各个尺寸称为环。尺寸链的环分为封闭环和组成环。

2）封闭环：加工或装配过程中最后自然形成的那个尺寸，如图 1-74 中 A_0 所示。

3）组成环：尺寸链中除封闭环以外的其他环。根据它们对封闭环影响的不同，又分为增环和减环。

4）增环：与封闭环同向变动的组成环称为增环，即当该组成环尺寸增大（或减小）而其他组成环不变时，封闭环也随之增大（或减小），如图 1-74 A_1、A_3、A_5、A_7 所示。

5）减环：与封闭环反向变动的组成环称为减环，即当该组成环尺寸增大（或减小）而其他组成环不变时，封闭环的尺寸却随之减小（或增大），如图 1-74 中 A_2、A_4、A_6 所示。采用回路法判断增环、减环。

从封闭环 A_0 开始顺着一定的路线（顺时针或逆时针）标箭头，凡是方向与封闭环方向相同的环都是减环；凡是方向与封闭环方向相反的环都是增环。

A_0 为封闭环；A_1、A_3、A_5、A_7 为增环；A_2、A_4、A_6 为减环。

6）补偿环：预先选定的组成环中的某一环，通过改变该环的尺寸大小和位置使封闭环达到规定的要求。

2. 尺寸链的分类

（1）按应用情况分类

1）零件尺寸链，如图 1-75 所示。

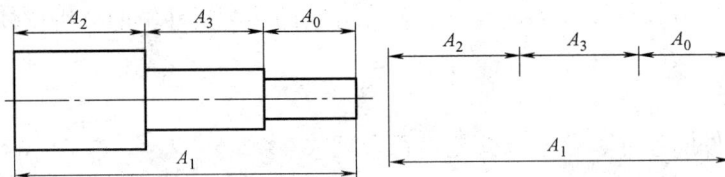

图 1-75 零件尺寸链的组成及代号

2）工艺尺寸链：零件在加工过程中形成的尺寸链，如图 1-76 所示。

3）装配尺寸链，如图 1-77 所示。

（2）按各环所在的空间位置分类

1）直线尺寸链

全部组成环都平行于封闭环的尺寸链，如图 1-78 所示。

2）平面尺寸链

全部组成环位于一个或几个平行平面内，但某些组成环方向不平行于封闭环方向，如图 1-79

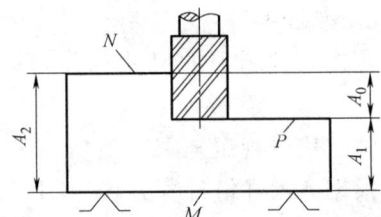

图 1-76 工艺尺寸链的组成及代号

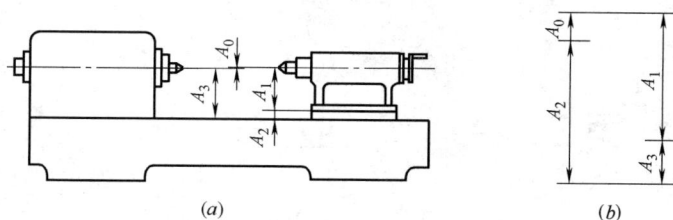

图 1-77 装配尺寸链的组成及代号

所示。

3）空间尺寸链

全部组成环位于几个不平行平面内，且有的组成环方向不平行于封闭环方向。

3. 尺寸链的基本计算

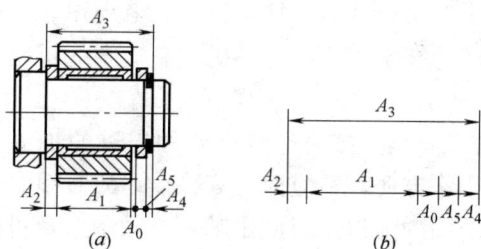

图 1-78 直线尺寸链的组成及代号

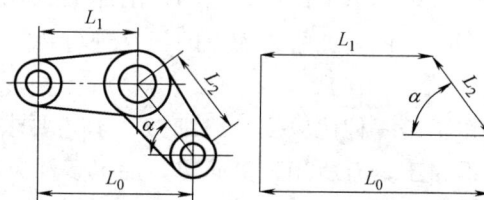

图 1-79 平面尺寸链的组成及代号

（1）尺寸链的计算分类

1）正计算

已知各组成环的极限尺寸，求封闭环的极限尺寸。这类计算主要用来验算设计的正确性，故又叫校核计算。

2）反计算

已知封闭环的极限尺寸和各组成环的基本尺寸，求各组成环的极限偏差。这类计算主要用在设计上，即根据机器的使用要求来分配各零件的公差。

3）中间计算

已知封闭环和部分组成环的极限尺寸，求某一组成环的极限尺寸。这类计算常用在工艺上。反计算和中间计算通常称为设计计算。

（2）尺寸链的计算方法

1）完全互换法（极值法）；

2）概率法（大数互换法）；

3）其他方法。

第二章 专业知识

第一节 钳工常用机具、量具知识

一、概念

1. 钳工定义

钳工是以手工操作为主的切削加工的方法，主要是以锉刀、钻、铰刀、老虎钳、台虎钳、车床、铣床、磨床为主的工具进行装配和维修的技术工人，它是机械制造中的重要工种之一。

钳工是一种比较复杂、细微、工艺要求较高的工作。目前虽然有各种先进的加工方法，但钳工具有所用工具简单，加工多样灵活、操作方便，适应面广等特点，故有很多工作仍需要由钳工来完成。如前面所讲的钳工应用范围的工作。因此钳工在机械制造及机械维修中有着特殊的、不可取代的作用。但钳工操作的劳动强度大、生产效率低、对工人技术水平要求较高。

钳工技艺性强，具有"万能"和灵活的优势，可以完成机械加工不方便或无法完成的工作，所以在机械制造工程中仍起着十分重要的作用。钳工劳动强度大，生产率低，但设备简单，一般只需钳工工作台、台虎钳及简单工具即能工作，因此应用很广。

钳工的工作无处不在，小到修理自行车和打个洋铁桶，大到航天飞机，工作性质不单纯指手工操作，先进的操作工艺和线切割、电火花以及简单的热处理等都是钳工的工作范畴，无法用一个明确的定义说清楚，现在机械加工中工种划分越来越模糊，根据工作性质和工位不同钳工的叫法千差万别。因此，广义的说钳工是个很大的概念，社会上对钳工有一个美誉"万能工种"。

2. 钳工特点

（1）加工灵活：在不适于机械加工的场合，尤其是在机械设备的维修工作中，钳工加工可获得满意的效果。

（2）可加工形状复杂和高精度的零件。

（3）技术熟练的钳工可加工出比现代化机床加工的零件还要精密和光洁的零件，可以加工出连现代化机床也无法加工的形状非常复杂的零件，如高精度量具、样板、开头复杂的模具等。

（4）投资小：钳工加工所用工具和设备价格低廉，携带方便。

（5）手工操作，生产效率低，劳动强度大。

（6）加工质量不稳定，加工质量的高低受工人技术熟练程度的影响。

3、钳工分类

（1）按用途分类

1）普通钳工：对零件进行装配、修整、加工的人员。

2）维修钳工：主要从事各种机械设备的维修、修理工作。

3）工具钳工：主要从事工具、模具、刀具的制造和修理工作。

4）装配钳工：按机械设备的装配技术要求进行组件、部件装配和总装配，并经过调整、检验和试车。

（2）按行业分类：机修钳工、安装钳工、划线钳工、工具钳工、模具钳工、板金钳工、电气钳工。

（3）按职业等级分类：初级（职业资格五级）、中级（职业资格四级）、高级（职业资格三级）、技师（职业资格二级）、高级技师（职业资格一级）。

二、常用机具

1. 扳手

扳手是利用杠杆原理拧转螺栓、螺钉、螺母和其他螺纹紧持螺栓或螺母的开口或套孔固件的手工工具。扳手通常在柄部的一端或两端制有夹柄，对柄部施加外力就能拧转螺栓或螺母持螺栓或螺母的开口或套孔。使用时沿螺纹旋转方向在柄部施加外力，就能拧转螺栓或螺母。

扳手通常用碳素结构钢或合金结构钢制造，如图 2-1 所示。

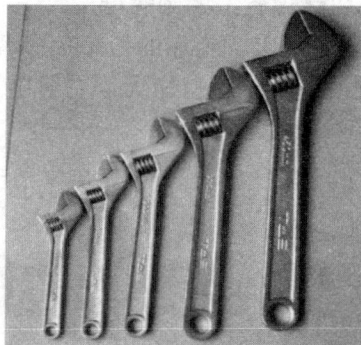

(a) 一端制有夹柄　　　　　　　　　(b) 两端制有夹柄

图 2-1　扳手

（1）扳手工具类型

1）呆扳手：一端或两端制有固定尺寸的开口，用以拧转一定尺寸的螺母或螺栓，如图 2-2 所示。

2）梅花扳手：两端具有带六角孔或十二角孔的工作端，适用于工作空间狭小，不能使用普通扳手的场合，如图 2-3 所示。

图 2-2　呆扳手

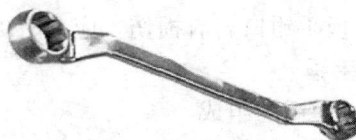

图 2-3　梅花扳手

3）两用扳手：一端与单头呆扳手相同，另一端与梅花扳手相同，两端拧转相同规格的螺栓或螺母，如图 2-4 所示。

4）活扳手：开口宽度可在一定尺寸范围内进行调节，能拧转不同规格的螺栓或螺母，如图 2-5 所示。

图 2-4　两用扳手　　　　　　　　　　　图 2-5　活扳手

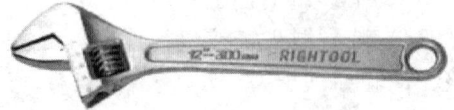

5）钩形扳手：又称月牙形扳手，用于拧转厚度受限制的扁螺母等，如图 2-6 所示。

6）套筒扳手：它是由多个带六角孔或十二角孔的套筒并配有手柄、接杆等多种附件组成，特别适用于拧转空间十分狭小或凹陷很深处的螺栓或螺母，如图 2-7 所示。

图 2-6　钩形扳手　　　　　　　　　　　图 2-7　套筒扳手

7）内六角扳手：成 L 形的六角棒状扳手，专用于拧转内六角螺钉。内六角扳手的型号是按照六方的对边尺寸来说的，螺栓的尺寸有国家标准，如图 2-8 所示。

内六角扳手专供紧固或拆卸机床、车辆、机械设备上的圆螺母用。

8）扭力扳手：它在拧转螺栓或螺母时，能显示出所施加的扭矩；或者当施加的扭矩到达规定值后，会发出光或声响信号。扭力扳手适用于对扭矩大小有明确地规定的装配，如图 2-9 所示。

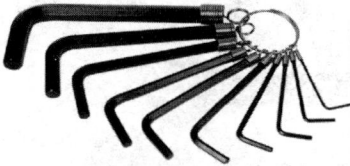

图 2-8　内六角扳手　　　　　　　　　　图 2-9　扭力扳手

（2）扳手使用注意事项

1）根据工作性质选用适当的扳手，尽量使用呆扳手，少用活扳手。

2）各种扳手的钳口宽度与钳柄长度有一定的比例，故不可加套管或用不正当的方法延长钳柄的长度，以增加使用时的扭力。

3）选用呆扳手时，钳口宽度应与螺母宽度相当，以免损伤螺母。

4）使用活扳手时，应向活动钳口方向旋转，使固定钳口受主要的力。

5）扳手钳口若有损伤，应及时更换，以保证安全。

2. 手锤

（1）手锤的组成

手锤由锤头、木柄和楔子（斜楔铁）组成；锤头錾削用的手锤是硬头手锤，锤头用碳素工具钢 T7 制成，并经热处理淬硬，如图 2-10 所示。

常用的 1kg 手锤的柄长约为 350mm 左右。木柄用硬而不脆，比较坚韧的木材制成，如檀木等。手握处的断面应为椭圆形，以便锤头定向，准确敲击。

手锤木柄安装在锤头中，必须稳固可靠，木柄的孔做成椭圆形，且两端大，中间小。锤柄的粗细和强度要适当，要和锤头大小相称。

手锤楔子木柄敲紧装入锤孔后，再在端部打入带倒刺的铁楔子，用楔子楔紧，就不易松动，可以防止锤头脱落造成事故。

图 2-10　手锤

（2）手锤使用注意事项

1）精制工件表面或硬化处理后的工件表面，应使用软面锤，以避免损伤工件表面。

2）手锤使用前应仔细检查锤头与锤柄是否紧密连接，以免使用时锤头与锤柄脱离，造成意外事故，如图 2-11 所示。

3）手锤锤头边缘若有毛边，应先磨除，以免破裂时对工件及人员造成伤害。使用手锤时应配合工作性质，合理选择手锤的材质、规格和形状。

3. 砂轮机

砂轮机是用来刃磨刀具、工具和进行工件打光去薄的机具。主要由砂轮、电动机和机体组成，分手提式和固定式两种，如图 2-12 所示。

砂轮机主要由砂轮、机架和电动机组成。工作时，砂轮的转速很高，很容易因系统不平衡而造成砂轮机的振动，因此要做好平衡调整工作，使其在工作中平稳旋转。

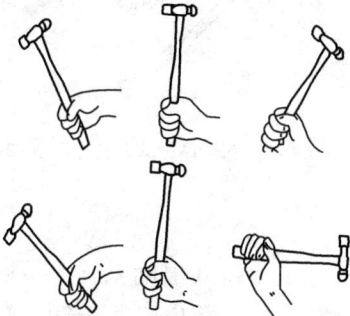

图 2-11　手锤的使用手法

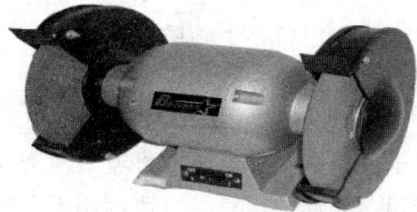

图 2-12　砂轮机

由于砂轮质硬且脆，如使用不当容易产生砂轮碎裂而造成事故。因此，使用砂轮机时要严格遵守以下的安全操作注意事项：

（1）砂轮机应安装安全防护罩，以防砂轮片断裂伤人。

（2）在砂轮机上磨削刀具和工件时，用力要适当，不能过猛。

（3）新装砂轮片应符合砂轮片质量要求，两面夹板不小于砂轮直径的一半。砂轮片眼孔与轴配合应紧密，宜用双螺母固定，拧紧螺母时用力要适当。新装砂轮片要空转几分钟，完好后再投入使用。

（4）不准两人同时使用一个砂轮，操作时，人站立的位置应与砂轮机中心线成 45°角，并用砂轮的外圆表面磨削。

4. 钳工工作台

钳工工作台用于安装台虎钳，存放工、夹、量具，如图 2-13 所示。

5. 台虎钳

台虎钳是用来夹持工件的通用夹具。由固定部分、活动部分和钳口三部分组成，分固定式和回转式，如图 2-14 所示。台虎钳使用时，应注意下列要求：

（1）虎钳的大小用钳口的宽度来表示。虎钳夹持工件的松、紧用力应根据工件的要求和虎钳的大小决定，不能盲目用力，更不能使用套管、锤击等方法旋紧手柄，以防损坏虎钳。虎钳超过所能夹持的工件过大，不能勉强夹持。若工件宽度超过钳口宽度过多，需用其他支持物支撑时，不应使钳口受力过大。

（2）虎钳的螺杆要经常加油，保持良好的润滑，以便活动夹脚移动自由。

（3）工件应夹在虎钳中间，否则要在另一边放上等厚的木块或金属块，以便夹持力均匀，不损坏虎钳。

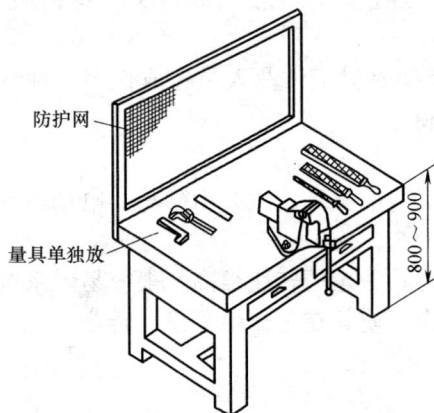

图 2-13　钳工工作台

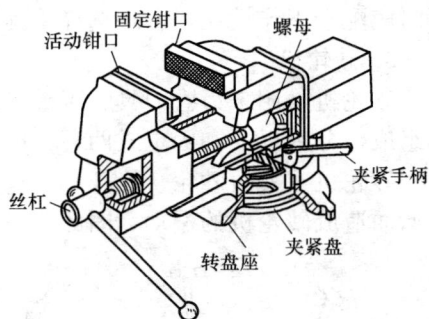

图 2-14　台虎钳

（4）由于钳口是由硬质钢制成的，当夹持精制工件或软金属时，要用铜、铝或铅作护口来保护，避免工件损坏。

6. 手电钻

手电钻是以交流电源或直流电池为动力的钻孔工具，是手持式电动工具的一种。广泛用于建筑、装修、家具等行业，用于在物件上开孔或洞穿物体，手电钻用于钻小孔，由电机、钻轴、钻头组成。使用手电钻时，保持钻头与被加工孔的表面垂直。

7. 钻床

（1）钻床的分类

钻床有台式钻床、摇臂钻床。台钻属于小型钻床，置于桌面使用，一般用于钻直径 12mm 以下的小孔，主要由底座面、工作台、立柱和头架等组成。台钻在累计运转满 500h 后应进行一级保养，其具体步骤为：保持外表清洁，无锈蚀，无污秽；清洁工作台和底座面；联接配合处应清洁润滑，工作灵敏；钻孔时若温度过高，应加冷却液；排屑应畅通，避免刮伤台钻。

（2）钻床操作注意事项

1）操作钻床时不可戴手套，袖口必须扎紧，戴好安全帽。

2）工件必须夹紧，特别是在小工件上钻较大直径的孔时装夹必须牢固，孔即将钻穿时要减小进给力。

3）开动钻床前，应检查是否有紧固扳手或斜铁插在转轴上。

4）钻孔时，不可用手和棉纱或用嘴吹来清除切屑，必须用短毛刷清除切屑。

5）操作者的头部不可与旋转着的主轴靠得太近，停车时应让主轴自然停止，不可用手接触还在旋转着的部位，也不能用反转来制动。

6）严禁在开车状态下装拆工件、检验工件和变换主轴转速。

7）清洁钻床或加注润滑油时，必须切断电源。

三、常用量具和测量仪器及使用方法

1. 钢直尺

钢直尺是最简单的长度量具，它的长度有 150、300、500 和 1000mm 四种规格，图 2-15 所示为常用的 150mm 钢直尺。

图 2-15 150mm 钢直尺

钢直尺用于测量零件的长度尺寸，它的测量结果不太准确。这是由于钢直尺的刻线间距为 1mm，而刻线本身的宽度就有 0.1～0.2mm，所以测量时读数误差比较大，只能读出毫米数，即它的最小读数值为 1mm，比 1mm 小的数值，只能估计而得。

2. 内外卡钳

常见的有两种内外卡钳，内外卡钳是最简单的比较量具。外卡钳是用来测量外径和平面的，内卡钳是用来测量内径和凹槽的。它们本身都不能直接读出测量结果，而是把测量的长度尺寸（直径也属于长度尺寸），在钢直尺上进行读数，或在钢直尺上先取下所需尺寸，再去检验零件的直径是否符合。

3. 塞尺

塞尺又称厚薄规或间隙片。主要用来检验机床特别是紧固面和紧固面、活塞与气缸、活塞环槽和活塞环、十字头滑板和导板、进排气阀顶端和摇臂、齿轮啮合间隙等两个结合面之间的间隙大小。

塞尺由许多层厚薄不一的薄钢片组成，按照塞尺的组别制成一把一把的塞尺，每把塞尺中的每片具有两个平行的测量平面，且都有厚度标记，以供组合使用测量时，根据结合面间隙的大小，用一片或数片重叠在一起塞进间隙内。例如用 0.03mm 的一片能插入间隙，而 0.04mm 的一片不能插入间隙，这说明间隙在 0.03～0.04mm 之间，所以塞尺也是一种界限量规。

4. 游标卡尺

应用游标读数原理制成的量具有：游标卡尺、高度游标卡尺、深度游标卡尺、游标量角尺（如万能量角尺）和齿厚游标卡尺等，用以测量零件的外径、内径、长度、宽度、厚度、高度、深度、角度以及齿轮的齿厚等，应用范围非常广泛。

（1）游标卡尺的结构形式

游标卡尺是一种常用的量具，具有结构简单、使用方便、精度中等和测量的尺寸范围大等特点，可以用它来测量零件的外径、内径、长度、宽度、厚度、深度和孔距等，应用

范围很广。

游标卡尺有以下三种结构形式：

1）测量范围为 0～125mm 的游标卡尺，制成带有刀口形的上下量爪和带有深度尺的形式，如图 2-16 所示。

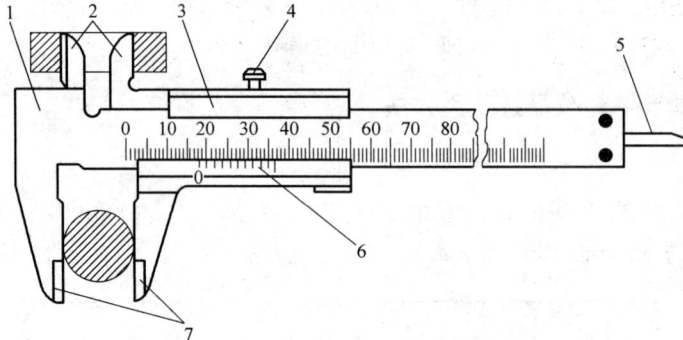

图 2-16　游标卡尺的结构形式之一

1—尺身；2—上量爪；3—尺框；4—紧固螺钉；5—深度尺；6—游标；7—下量爪

2）测量范围为 0～200mm 和 0～300mm 的游标卡尺，可制成带有内外测量面的下量爪和带有刀口形的上量爪的形式，如图 2-17 所示。

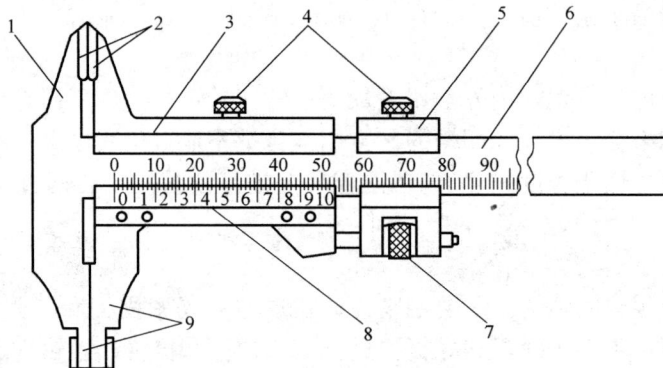

图 2-17　游标卡尺的结构形式之二

1—尺身；2—上量爪；3—尺框；4—紧固螺钉；5—微动装置；
6—主尺；7—微动螺母；8—游标；9—下量爪

3）测量范围为 0～200mm 和 0～300mm 的游标卡尺，也可制成只带有内外测量面的下量爪的形式，如图 2-18 所示。而测量范围大于 300mm 的游标卡尺，只能制成这种仅带

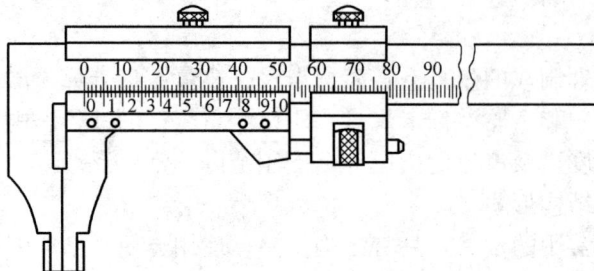

图 2-18　游标卡尺的结构形式之三

有下量爪的形式。

（2）高度游标卡尺

高度游标卡尺如图2-19所示，用于测量零件的高度和精密划线。它的结构特点是用质量较大的基座4代替固定量爪5，而动的尺框3则通过横臂装有测量高度和划线用的量爪，量爪的测量面上镶有硬质合金，以提高量爪使用寿命。高度游标卡尺的测量工作，应在平台上进行。当量爪的测量面与基座的底平面位于同一平面时，如在同一平台平面上，主尺1与游标6的零线相互对准。所以在测量高度时，量爪测量面的高度，就是被测量零件的高度尺寸，它的具体数值，与游标卡尺一样可在主尺（整数部分）和游标（小数部分）上读出。应用高度游标卡尺划线时，调好划线高度，用紧固螺钉2把尺框3锁紧后，也应在平台上先进行调整再进行划线。如图2-20所示为高度游标卡尺的应用。

（3）深度游标卡尺

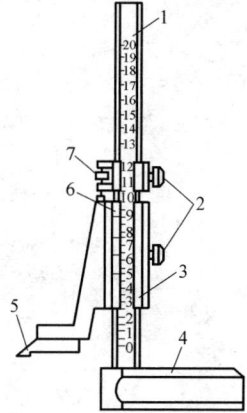

图 2-19　高度游标卡尺
1—主尺；2—紧固螺钉；
3—尺框；4—基座；
5—量爪；6—游标；
7—微动装置

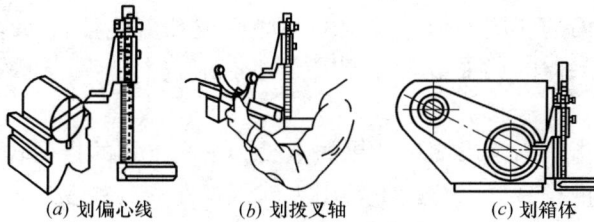

(a) 划偏心线　　(b) 划拨叉轴　　(c) 划箱体

图 2-20　高度游标卡尺的应用

深度游标卡尺如图2-21所示，用于测量零件的深度尺寸或台阶高低和槽的深度。它的结构特点是尺框3的两个量爪连在一起成为一个带游标测量基座1的物体，基座的端面和尺身4的端面就是它的两个测量面。如测量内孔深度时应把基座的端面紧靠在被测孔的端面上，使尺身与被测孔的中心线平行，伸入尺身，则尺身端面至基座端面之间的距离，就是被测零件的深度尺寸。它的读数方法和游标卡尺完全一样。

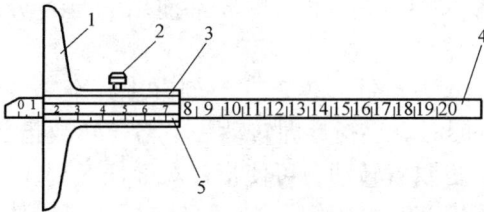

图 2-21　深度游标卡尺
1—测量基座；2—紧固螺钉；
3—尺框；4—尺身；5—游标

5. 螺旋测微量具

应用螺旋测微原理制成的量具，称为螺旋测微量具。它们的测量精度比游标卡尺高，并且测量比较灵活，因此，当加工精度要求较高时多被应用。常用的螺旋读数量具有百分尺和千分尺。百分尺的读数值为0.01mm，千分尺的读数值为0.001mm。工厂习惯上把百分尺和千分尺统称为百分尺或分厘卡。目前车间里大量使用的是读数值为0.01mm的百分尺，现主要介绍这种百分尺，并适当介绍千分尺的使用知识。

百分尺的种类很多，机械加工车间常用的有：外径百分尺、内径百分尺、深度百分尺以及螺纹百分尺和公法线百分尺等，并分别测量或检验零件的外径、内径、深度、厚度以及螺纹的中径和齿轮的公法线长度等。

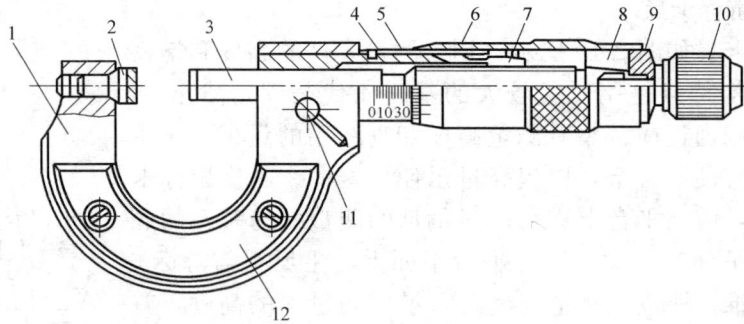

图 2-22　0～25mm 外径百分尺
1—尺架；2—固定测砧；3—测微螺杆；4—螺纹轴套；5—固定刻度套筒；6—微分筒；
7—调节螺母；8—接头；9—垫片；10—测力装置；11—锁紧螺钉；12—绝热板

各种百分尺的结构大同小异，常用外径百分尺用以测量或检验零件的外径、凸肩厚度以及板厚或壁厚等（测量孔壁厚度的百分尺，其量面呈球弧形）。百分尺由尺架、测微头、测力装置和制动器等组成。如图 2-22 所示，是测量范围为 0～25mm 的外径百分尺。尺架 1 的一端装着固定测砧 2，另一端装着测微头。固定测砧和测微螺杆的测量面上都镶有硬质合金，以提高测量面的使用寿命。尺架的两侧面覆盖着绝热板 12，使用百分尺时，手拿在绝热板上，防止人体的热量影响百分尺的测量精度。

6. 指示式量具

指示式量具是以指针指示出测量结果的量具。车间常用的指示式量具有：百分表、千分表、杠杆百分表和内径百分表等。主要用于校正零件的安装位置，检验零件的形状精度和相互位置精度，以及测量零件的内径等。

百分表和千分表，都是用来校正零件或夹具的安装位置，检验零件的形状精度或相互位置精度的。它们的结构原理没有什么大的不同，就是千分表的读数精度比较高，即千分表的读数值为 0.001mm，而百分表的读数值为 0.01mm。车间里经常使用的是百分表，因此，本节主要介绍百分表。

百分表的外形如图 2-23 所示，8 为测量杆，6 为指针，表盘 3 上刻有 100 个等分格，其刻度值（即读数值）为 0.01mm。当指针转一圈时，小指针即转动一小格，转数指示盘 5 的刻度值为 1mm。用手转动表圈 4 时，表盘 3 也跟着转动，可使指针对准任一刻线。测量杆 8 是沿着套筒 7 上下移动的，套筒 8 可作为安装百分表用。9 是测量头，1 是表体，2 是手提测量杆用的圆头。

如图 2-24 所示，是百分表的内部结构示意图。带有齿条的测量杆 1 的直线移动，通过齿轮传动（Z_1、Z_2、Z_3），转变为指针 2 的回转运动。齿轮 Z_4 和弹簧 3 使齿轮传动的间隙始终在一个方向，起着稳定指针位置的作用。弹簧 4 用于控制百分表的测量压力。百分表内的齿轮传动机构，使测量杆直线移动 1mm 时，指针正好回转一圈。由于百分表和千分表的测量杆是作直线移动的，可用来测量长度尺寸，所以它们也是长度测量工具。目前，国产百分表的测量范围（即测量杆的最大移动量）有 0～3mm、0～5mm 和 0～10mm 三种。读数值为 0.001mm 的千分表，测量范围为 0～1mm。

7. 水平仪

水平仪是测量角度变化的一种常用量具，主要用于测量机件相互位置的水平位置和设

68

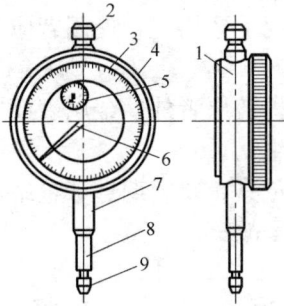

图 2-23 百分表

1—表体；2—档帽；3—表盘上刻度值；
4—手转动表圈；5—转数指示器；6—指针；
7—套筒；8—测量杆；9—测量头

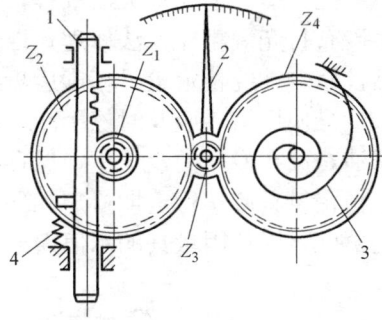

图 2-24 百分表的内部结构

1—带有齿条的测量杆的直线移动；2—齿轮转动
(Z_1、Z_2、Z_3)；3—指针的回转运动（Z_4 齿轮）；
4—弹簧使齿轮传动起着稳定指针位置的作用

备安装时的平面度、直线度和垂直度，也可测量零件的微小倾角。

常用的水平仪有条式水平仪、框式水平仪和数字式光学合像水平仪等。

8. 量具的维护和保养

正确地使用精密量具是保证产品质量的重要条件之一。要保持量具的精度及其工作的可靠性，除了在使用中要按照合理的使用方法进行操作以外，还必须做好量具的维护和保养工作。

（1）在机床上测量零件时，要等零件完全停稳后进行，否则不但使量具的测量面过早磨损而失去精度，且会造成事故。尤其是车工使用外卡时，不要以为卡钳简单，磨损一点无所谓，要注意铸件内常有气孔和缩孔，一旦钳脚落入气孔内，可把操作者的手也拉进去，造成严重事故。

（2）测量前应把量具的测量面和零件的被测量表面擦干净，以免因有脏物存在而影响测量精度。用精密量具如游标卡尺、百分尺和百分表等，去测量锻铸件毛坯，或带有研磨剂（如金刚砂等）的表面是错误的，这样易使测量面很快磨损而失去精度。

（3）量具在使用过程中，不要和工具、刀具如锉刀、榔头、车刀和钻头等堆放在一起，免碰伤量具。也不要随便放在机床上，以免因机床振动而使量具掉下来损坏。尤其是游标卡尺等，应平放在专用盒子里，以免使尺身变形。

（4）量具是测量工具，绝对不能作为其他工具的代用品。例如拿游标卡尺划线，拿百分尺当小榔头，拿钢直尺当起子旋螺钉，以及用钢直尺清理切屑等都是错误的。把量具当玩具，如把百分尺等拿在手中任意挥动或摇转等也是错误的，都是易使量具失去精度的。

（5）温度对测量结果影响很大，零件的精密测量一定要使零件和量具都在 20℃ 的情况下进行。一般可在室温下进行测量，但必须使工件与量具的温度一致，否则，由于金属材料的热胀冷缩的特性，会使测量结果不准确。

温度对量具精度的影响亦很大，量具不应放在阳光下或床头箱上，因为量具温度升高后，也量不出正确尺寸。更不要把精密量具放在热源（如电炉、热交换器等）附近，以免使量具受热变形而失去精度。

（6）不要把精密量具放在磁场附近，例如磨床的磁性工作台上，以免使量具感磁。

（7）发现精密量具有不正常现象时，如量具表面不平、有毛刺、有锈斑以及刻度不准、尺身弯曲变形、活动不灵活等等，使用者不应当自行拆修，更不允许自行用榔头敲、锉刀锉、砂布打光等粗糙办法修理，以免增大量具误差。发现上述情况，使用者应当主动送计量站检修，并经检定量具精度后再继续使用。

（8）量具使用后，应及时擦干净，除不锈钢量具或有保护镀层者外，金属表面应涂上一层防锈油，放在专用的盒子里，保存在干燥的地方，以免生锈。

（9）精密量具应实行定期检定和保养，长期使用的精密量具，要定期送计量站进行保养和检定精度，以免因量具的示值误差超差而造成产品质量事故。

第二节　机械原理基础知识

一、概述

机械是人类用以转换能量和借以减轻人类劳动、提高生产率的主要工具，也是社会生产力发展水平的重要标志。机械工业是国民经济的支柱工业之一。当今社会高度的物质文明是以近代机械工业的飞速发展为基础建立起来的，人类生活的不断改善也与机械工业的发展紧密相连。机械原理是机器和机构理论的简称。它以机器和机构为研究对象，是一门研究机器和机构的运动设计和动力设计，以及机械运动方案设计的技术基础课。

机器的种类繁多，如内燃机、汽车、机床、缝纫机、机器人、包装机等，它们的组成、功用、性能和运动特点各不相同。机械原理是研究机器的共性理论的，必须对机器进行概括和抽象，内燃机与送料机械手的构造、用途和性能虽不相同，但是从它们的组成、运动确定性及功能关系看，都具有一些共同特征：

（1）人为的实物（机件）的组合体。

（2）组成它们的各部分之间都具有确定的相对运动。

（3）能完成有用机械功或转换机械能。

凡同时具备上述 3 个特征的实物组合体就称为机器。

内燃机和送料机械手等机器结构较复杂，如何分析和设计这类复杂的机器呢？我们可以采取"化整为零"的思想，即首先将机器分成几个部分，对其局部进行分析。机构是传递运动和动力的实物组合体。最常见的机构有连杆机构、凸轮机构、齿轮机构、间歇运动机构、螺旋机构、开式链机构等。它们的共同特征是：

（1）人为的实物（机件）的组合体。

（2）组成它们的各部分之间都具有确定的相对运动。

可以看出，机构具有机器的前两个特征。机器是由各种机构组成的，它可以完成能量的转换或做有用的机械功；而机构则仅仅起着运动传递和运动形式转换的作用。在开发设计新型机器时，我们采用"积零为整"的设计思想，根据机器要完成的工艺动作和工作性能，选择已有机构或创新设计新机构，构造新型机器。内燃机就是由曲柄滑块机构（由活塞、连杆、曲轴和机架组成）、凸轮机构（由凸轮、顶杆和机架组成）和齿轮机构等组成的。

二、平面机构

1. 平面机构的结构

（1）机构的组成

1) 构件与零件

① 构件：从运动的观点分析机械时，构件是参加运动的最小单元体。构件可以是一个零件，也可以是由多个零件组成的刚性系统。

② 零件：从制造的观点分析机械时，零件是组成机械的最小单元体。任何机械都是由许多零件组合而成的。

2) 运动副及其分类

运动副：两构件直接接触所形成的可动联接；

运动副元素：两构件直接接触而构成运动副的点、线、面部分；

构件的自由度：构件所具有的独立运动的数目；

两个构件构成运动副后，构件的某些独立运动受到限制，这种限制称为约束；

约束：运动副对构件的独立运动所加的限制，运动副每引入一个约束，构件就失去一个自由度。

① 按运动副的接触形式分类

a. 低副：构件与构件之间为面接触，其接触部分的压强较低；

b. 高副：构件与构件之间为点、线接触，其接触部分的压强较高。

② 按相对运动的形式分类

a. 平面运动副：两构件之间的相对运动为平面运动；

b. 空间运动副：两构件之间的相对运动为空间运动。

③ 按运动副引入的约束数分类

引入1个约束的运动副称为1级副，引入2个约束的运动副称为2级副，引入3个约束的运动副称为3级副，引入4个约束的运动副称为4级副，引入5个约束的运动副称为5级副。

3) 运动链

运动链是指两个或两个以上的构件通过运动副联接而构成的系统。

① 闭式运动链（闭链）：运动链的各构件构成首末封闭的系统，如图2-25所示。

② 开式运动链（开链）：运动链的各构件未构成首末封闭的系统，如图2-26所示。

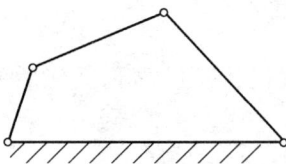

图 2-25　闭式运动链

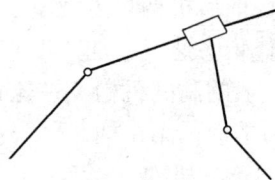

图 2-26　开式运动链

在运动链中，如果将某一个构件加以固定，而让另一个或几个构件按给定运动规律相对固定构件运动时，如果运动链中其余各构件都有确定的相对运动，则此运动链称为机构。

a. 机构：具有确定运动的运动链；

b. 机架：机构中固定不动的构件；

c. 原动件：按照给定运动规律独立运动的构件；

d. 从动件：其余活动构件；

e. 平面机构：组成机构的各构件的相对运动均在同一平面内或在相互平行的平面内；

f. 空间机构：组成机构的各构件的相对运动不在同一平面内或不在平行的平面内。

（2）平面机构的组成原理

任何机构中都包含原动件、机架和从动件系统三部分。由于机架的自由度为零，每个原动件的自由度为1，而机构的自由度等于原动件数目，所以，从动件系统的自由度必然为零。

1）杆组：自由度为零的从动件系统。

2）基本杆组：不可再分的自由度为零的构件组合称为基本杆组，简称基本组。

3）杆组的结构式为：$3n=2p_i$。

4）机构的组成原理：把若干个自由度为零的基本杆组依次联接到原动件和机架上，就可组成新的机构，其自由度数目与原动件的数目相等。

在进行新机械方案设计时，可以按设计要求根据机构的组成原理，创新设计新机构。在设计中必须遵循的原则：在满足相同工作要求的前提下，机构的结构越简单、杆组的级别越低、构件和运动副的数目越少越好。

（3）平面机构的结构分析

对已有机构或已设计完的机构进行运动分析和力分析时，首先需要对机构进行结构分析，即将机构分解为基本杆组、原动件和机架，结构分析的过程与由杆组依次组成机构的过程正好相反。通常称此过程为拆杆组。

拆杆组时应遵循的原则：从传动关系离原动件最远的部分开始试拆；每拆除一个杆组后，机构的剩余部分仍应是一个完整的机构；试拆时，按二级组试拆，若无法拆除，再试拆高一级别的杆组。

（4）平面机构的高副低代法

1）目的：使平面低副机构结构分析和运动分析的方法适用于含有高副的平面机构。

2）概念：用低副代替高副。

3）方法：用含两个低副的虚拟构件代替高副。

4）高副低代必须满足的条件：

① 替代前后机构自由度不变；

② 替代瞬时速度、加速度不变。

对于一般的高副机构，在不同位置有不同的瞬时替代机构。经高副低代后的平面机构，可视为平面低副机构。

2. 平面连杆机构

（1）连杆机构是由若干个刚性构件用低副联接所组成的。

平面连杆机构：若各运动构件均在相互平行的平面内运动，则称为平面连杆机构。

空间连杆机构：若各运动构件不都在相互平行的平面内运动，则称为空间连杆机构。

平面连杆机构较空间连杆机构应用更为广泛，故着重介绍平面连杆机构。

在平面连杆机构中，结构最简单且应用最广泛的是由4个构件所组成的平面四杆机构，其他多杆机构可看成在此基础上依次增加杆组而组成。

（2）平面四杆机构的基本类型

所有运动副均为转动副的四杆机构称为铰链四杆机构。它是平面四杆机构的基本形式。在铰链四杆机构中，按连架杆能否作整周转动，可将四杆机构分为 3 种基本类型。

1）曲柄摇杆机构

定义：在铰链四杆机构中，若两连架杆中有一个为曲柄，另一个为摇杆，则称为曲柄摇杆机构。

2）双曲柄机构

① 定义：在铰链四杆机构中，若两连架杆均为曲柄，则称为双曲柄机构。

② 传动特点：当主动曲柄连续等速转动时，从动曲柄一般不等速转动。

双曲柄机构中有两种特殊机构：平行四边形机构和反平行四边形机构。

在双曲柄机构中，若两对边构件长度相等且平行，则称为平行四边形机构；

其传动特点是主动曲柄和从动曲柄均以相同角速度转动。

两曲柄长度相同，但连杆与机架不平行的铰链四杆机构，称为反平行四边形机构。

3）双摇杆机构

定义：在铰链四杆机构中，若两连架杆均为摇杆，则称为双摇杆机构。

三、凸轮机构

1. 凸轮机构的应用和分类

（1）凸轮机构的应用

凸轮机构是由具有曲线轮廓或凹槽的构件，通过高副接触带动从动件实现预期运动规律的一种高副机构。它广泛地应用于各种机械，特别是自动机械、自动控制装置和装配生产线中。在设计机械时，当需要其从动件必须准确地实现某种预期的运动规律时，常采用凸轮机构。

当凸轮运动时，通过其上的曲线轮廓与从动件的高副接触，可使从动件获得预期的运动。凸轮机构是由凸轮、从动件和机架这三个基本构件所组成的一种高副机构。

（2）凸轮机构的分类

工程实际中所使用的凸轮机构形式多种多样，常用的分类方法有以下几种：

1）按照凸轮的形状分类

① 盘形凸轮

这种凸轮是一个绕固定轴转动并且具有变化向径的盘形零件，当其绕固定轴转动时，可推动从动件在垂直于凸轮转轴的平面内运动。它是凸轮的最基本形式，结构简单，应用最广。

② 移动凸轮

当盘形凸轮的转轴位于无穷远处时，就演化成了移动凸轮（或楔形凸轮）。凸轮呈板状，相对于机架作直线移动，如图 2-27 所示。

在以上两种凸轮机构中，凸轮与从动件之间的相对运动均为平面运动，故又统称为平面凸轮机构。

③ 圆柱凸轮

如果将移动凸轮卷成圆柱体即演化成圆柱凸轮。在这种凸轮机构中凸轮与从动件之间的相对运动是空间运动，故属于空间凸轮机构，如图 2-28 所示。

2）按照从动件的形状分类

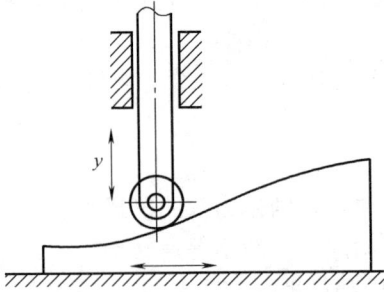

图 2-27 移动凸轮

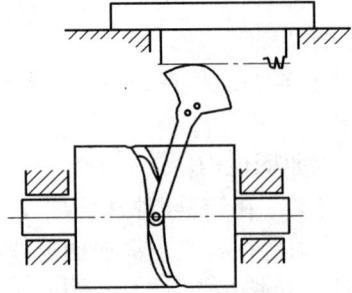

图 2-28 圆柱凸轮

① 尖端从动件

从动件的尖端能够与任意复杂的凸轮轮廓保持接触，从而使从动件实现任意的运动规律。这种从动件结构最简单，但尖端处易磨损，故只适用于速度较低和传力不大的场合。

② 曲面从动件

为了克服尖端从动件的缺点，可以把从动件的端部做成曲面，称为曲面从动件。这种结构形式的从动件在生产中应用较多。

③ 滚子从动件

为减小摩擦磨损，在从动件端部安装一个滚轮，把从动件与凸轮之间的滑动摩擦变成滚动摩擦，由于摩擦磨损较小，因此可用来传递较大的动力，故这种形式的从动件应用很广。

④ 平底从动件

从动件与凸轮轮廓之间为线接触，接触处易形成油膜，润滑状况好。此外，在不计摩擦时，凸轮对从动件的作用力始终垂直于从动件的平底，受力平稳，传动效率高，常用于高速场合。缺点是与之配合的凸轮轮廓必须全部为外凸形状。

（3）按照从动件的运动形式分类

按照从动件的运动形式分为移动从动件凸轮机构和摆动从动件凸轮机构。移动从动件凸轮机构又可根据其从动件轴线与凸轮回转轴心的相对位置分成对心和偏置两种。

（4）按照凸轮与从动件维持高副接触的方法分类

① 力封闭型凸轮机构：所谓力封闭型，是指利用重力、弹簧力或其他外力使从动件与凸轮轮廓始终保持接触。

② 形封闭型凸轮机构：所谓形封闭型，是指利用高副元素本身的几何形状使从动件与凸轮轮廓始终保持接触。

以上介绍了凸轮机构的几种分类方法。将不同类型的凸轮和从动件组合起来，就可以得到各种不同形式的凸轮机构。设计时，可根据工作要求和使用场合的不同加以选择。

四、齿轮机构

1. 齿轮机构的应用和分类

齿轮机构是现代机械中应用最为广泛的一种传动机构。它可以用来传递空间任意两轴之间的运动和动力，而且传动准确、平稳、机械效率高、使用寿命长、工作安全可靠。按照一对齿轮传动的传动比是否恒定，齿轮机构可分为两大类：

定传动比
　圆形齿轮机构
　　平面齿轮机构 —— 传递平行轴运动
　　　　直齿轮外啮合齿轮传动
　　　　直齿轮内啮合齿轮传动
　　　　直齿轮齿轮齿条传动
　　　　平行轴斜齿圆柱齿轮传动
　　　　人字齿轮传动
　　空间齿轮机构
　　　传递相交轴运动 —— 圆锥齿轮传动
　　　传递交错轴运动
　　　　交错轴斜齿圆柱齿轮传动
　　　　蜗杆蜗轮传动

变传动比 —— 非圆齿轮机构

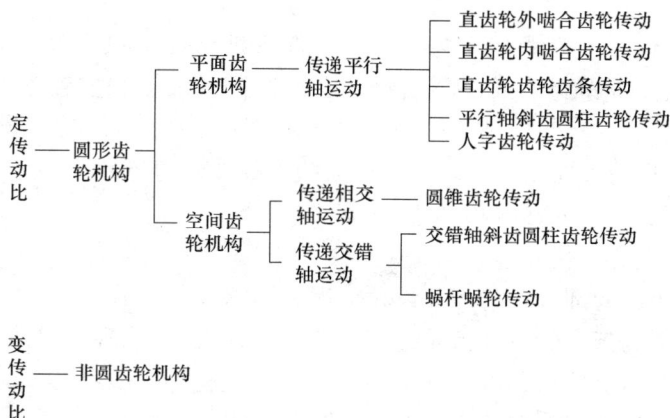

2. 齿轮的共轭齿廓曲线

共轭齿廓：指两齿轮相互接触传动并能实现预定传动比规律的一对齿廓。

在给定工作要求的传动比的情况下，只要给出一条齿廓曲线，就可以根据齿廓啮合基本定律求出与其共轭的另一条齿廓曲线。因此，理论上满足一定传动比规律的共轭曲线有很多。但在生产实践中，选择齿廓曲线时，还必须综合考虑设计、制造、安装、使用等方面的因素。目前常用的齿廓曲线有渐开线、摆线、变态摆线、圆弧曲线、抛物线等。其中以渐开线作为齿廓曲线的齿轮（称为渐开线齿轮）应用最为广泛。

3. 渐开线及其齿廓啮合特性

（1）渐开线的特性

1）发生线沿基圆滚过的长度等于基圆上被滚过的圆弧长度。

由于发生线 BK 在基圆上作纯滚动，故：$\overline{KB}=\overset{\frown}{AB}$。

2）渐开线上任一点的法线恒与基圆相切。

发生线 BK 沿基圆作纯滚动，它与基圆的切点 B 即为其速度瞬心，所以发生线 BK 即为渐开线在 K 点的法线。又由于发生线恒切于基圆，故渐开线上任一点的法线恒与基圆相切。

3）渐开线上愈远离基圆的点，其曲率半径愈大，渐开线愈平直。

发生线 BK 与基圆的切点 B 是渐开线在点 K 的曲率中心，而线段 KB 是相应的曲率半径，故渐开线上离基圆愈远的部分，其曲率半径愈大，渐开线愈平直；渐开线初始点 A 处的曲率半径为零。

4）基圆内无渐开线。

5）渐开线的形状取决于基圆的大小。

基圆愈小，渐开线愈弯曲；基圆愈大，渐开线愈平直。当基圆半径为无穷大时，其渐开线将成为一条直线。说明中心距变化后，只要一对渐开线仍能啮合传动，就能保持原来的传动比不变，这一特性称为中心距可变性。优点：对渐开线齿轮的加工、安装和使用十分有利。

一对渐开线齿廓在点 K 相啮合。由渐开线的性质可知，这对齿廓在点 K 的法线 N_1K 和 N_2K 分别切于各自的基圆。由于这对齿廓在 K 点相切接触构成高副，则必有一条过点 K 的公法线。因此 N_1K 和 N_2K 必与此公法线重合而成为一条直线 N_1N_2，成为两基圆的一条内公切线。

无论两齿廓在什么位置啮合，啮合点都在两基圆的内公切线 N_1N_2 上，这条内公切线就是啮合点 K 走过的轨迹，称为啮合线。在两基圆的大小和位置都确定的情况下，在同一方向上只有一条内公切线，所以，啮合线为一条定直线。优点：在渐开线齿轮传动过程中，齿廓间的正压力方向始终不变，对传动的平稳性极为有利。

（2）渐开线标准齿轮的参数和尺寸

齿轮各部分的名称和代号如下：

1）齿轮上每个凸起部分称为齿，齿轮的齿数用 z 表示。

2）分度圆：人为选定的设计齿轮的基准圆。半径用 r、直径用 d 表示。

3）齿顶圆：过所有轮齿顶端的圆。半径用 r_a、直径用 d_a 表示。

4）齿顶高：分度圆与齿顶圆之间的径向距离。用 h_a 表示。

5）齿根圆：过所有齿槽底部的圆。半径用 r_f、直径用 d_f 表示。

6）齿根高：分度圆与齿根圆之间的径向距离。用 h_f 表示。

7）全齿高：齿顶圆与齿根圆之间的径向距离。用 h 表示。

8）基圆：产生渐开线的圆。半径用 r_b、直径用 d_b 表示。

9）齿厚：每个轮齿上的圆周弧长。在半径为 r_k 的圆上度量的弧长称为该半径上的齿厚，用 s_k 表示；在分度圆上度量的弧长称为分度圆齿厚，用 s 表示。

10）槽宽：两个轮齿间槽上的圆周弧长。在半径为 r_k 的圆周上度量的弧长称为该半径上的槽宽，用 e_k 表示；在分度圆上度量的弧长称为分度圆槽宽，用 e 表示。

11）齿距：相邻两个轮齿同侧齿廓之间的圆周弧长。在半径为 r_k 的圆周上度量的弧长称为该半径的齿距，用 p_k 表示，显然 $p_k=s_k+e_k$；在分度圆上度量的弧长称为分度圆齿距，用 p 表示，$p=s+e$。在基圆上度量的弧长称为基圆齿距，用 p_b 表示，$p_b=s_b+e_b$。

12）法向齿距：相邻两个轮齿同侧齿廓之间在法线方向上的距离，用 p_n 表示；由渐开线性质可知：$p_n=p_b$。

4. 斜齿圆柱齿轮机构

（1）齿面形成及啮合特点

斜齿圆柱齿轮齿面的形成原理与直齿圆柱齿轮相似，所不同的是，发生面上展成渐开面的直线 KK 不再与基圆柱母线 NN 平行，而是相对于 NN 偏斜一个角度 β_b。β_b 称为斜齿轮基圆柱上的螺旋角。显然，β_b 越大，轮齿的齿向越偏斜，而当 $\beta_b=0$ 时，斜齿轮就变成了直齿轮。因此可以认为直齿圆柱齿轮是斜齿圆柱齿轮的一个特例。

（2）斜齿轮的基本参数：斜齿轮的法面参数为标准值。

（3）斜齿轮的几何尺寸及传动中心距。

（4）斜齿圆柱齿轮的当量齿数。

（5）斜齿圆柱齿轮的啮合传动及其特点。

1）正确啮合条件：

$$\beta_1=-\beta_2（外啮合）\qquad\qquad \beta_1=-\beta_2（内啮合）$$

$$m_{n1}=m_{n2}=m_n \qquad\qquad m_{t1}=m_{t2}=m_t$$

$$\alpha_{n1}=\alpha_{n2}=\alpha_n \qquad\qquad \alpha_{t1}=\alpha_{t2}=\alpha_t$$

2）连续传动条件：

要保证一对平行轴斜齿圆柱齿轮能够连续传动，其重合度必须大于等于1。

5. 蜗轮蜗杆机构

蜗杆蜗轮机构是用来传递两交错轴之间运动的一种齿轮机构，通常取其交错角＝90°。

（1）蜗轮蜗杆机构的形成及传动特点

蜗杆蜗轮机构是由交错轴斜齿圆柱齿轮机构演变而来的，交错角＝90°、螺旋角旋向相同，小齿轮螺旋角很大，分度圆柱直径较小、轴向长度较长、齿数很少，外形像一根螺杆，称为蜗杆。蜗轮实际上是一个斜齿轮。

蜗轮蜗杆机构的传动特点如下：

1）传动比大，结构紧凑；

2）传动平稳，无噪声；

3）具有自锁性；

4）传动效率较低，磨损较严重；

5）蜗杆轴向力较大，致使轴承摩擦损失较大。

常用于两轴交错、传动比较大、传递功率不太大或间歇工作的场合。当要求传递功率较大时，为提高传动效率，常取 $Z_1＝2～4$。此外，由于当 r_1 较小时机构具有自锁性，故常用于卷扬机等起重机构中。

（2）蜗轮蜗杆传动的类型

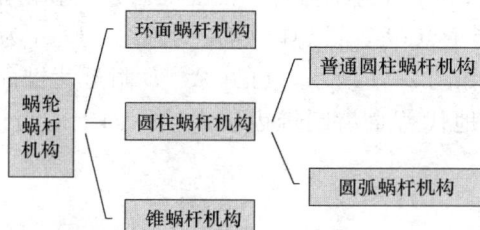

本节着重介绍普通圆柱蜗杆机构中最简单的阿基米德蜗杆机构。阿基米德蜗杆的端面齿形为阿基米德螺线。

（3）蜗轮蜗杆的啮合传动

1）蜗杆传动的中间平面

过蜗杆轴线作一垂直于蜗轮轴线的平面。

在该平面内蜗杆与蜗轮的啮合传动相当于齿条与齿轮的传动。

2）正确啮合条件

$$m_{x1}＝m_{t2}＝m \qquad \alpha_{x1}＝\alpha_{t2}＝\alpha$$

式中 m_{x1}、α_{x1}——分别为蜗杆的轴面模数和压力角；

m_{t2}、α_{t2}——分别为蜗轮的端面模数和压力角。

还必须满足 $\gamma_1＝\beta_2$，且蜗杆与蜗轮旋向相同，如图2-29所示。

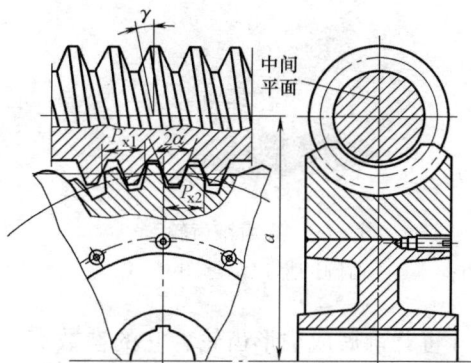

图 2-29 蜗轮蜗杆的啮合传动示意图

（4）蜗轮蜗杆传动的基本参数与几何尺寸

1）模数：参照国标。

2）压力角：阿基米德蜗杆压力角 $\alpha = 20°$。此外，在动力传动中，允许 $\alpha = 25°$；在分度传动中，允许 $\alpha = 15°$ 或 $12°$。

3）导程角：螺旋线导程 $p_z = z_1 p_x = z_1 \pi m$。$Z_1$ 表示蜗杆头数，p_x 表示轴向齿距，其导程角 γ 由下式求出：$\tan\gamma = \dfrac{p_z}{\pi d_1} = \dfrac{z_1 \pi m}{\pi d_1} = \dfrac{z_1 m}{d}$。

4）蜗杆头数和蜗轮齿数：z_1 一般取 $1 \sim 10$，推荐 $z_1 = 1$，2，4，6；z_2 根据 z_1 确定，推荐 $z_2 = 29 \sim 70$。

5）蜗杆直径系数：蜗杆分度圆直径 d_1 与模数 m 的比值，用 q 表示。

6. 锥齿轮机构

（1）直齿锥齿轮齿廓的形成

如图 2-30 所示，一个圆平面 S 与一个基圆锥切于直线 OC，圆平面半径与基圆锥锥距 R 相等，且圆心与锥顶重合。当圆平面绕圆锥作纯滚动时，该平面上任一点 B 将在空间展出一条渐开线 AB。渐开线必在以 O 为中心、锥距 R 为半径的球面上，称为球面渐开线。

为了便于设计和加工，需要用平面曲线来近似球面曲线。

（2）背锥及当量齿数

OAB 为分度圆锥，$e\overset{\frown}{A}$ 和 $f\overset{\frown}{A}$ 为轮齿在球面上的齿顶高和齿根高，过点 A 作直线 AO_1 $\perp AO$，与圆锥齿轮轴线交于点 O_1，设想以 OO_1 为轴线，O_1A 为母线作一圆锥 O_1AB，称为直齿圆锥齿轮的背锥。如图 2-31 所示，可见 A、B 附近背锥面与球面非常接近。因此，可以用背锥上的齿形近似地代替直齿圆锥齿轮大端球面上的齿形。从而实现了平面近似球面。

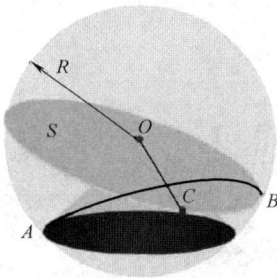

图 2-30 直齿锥齿轮
齿廓的形成示意图

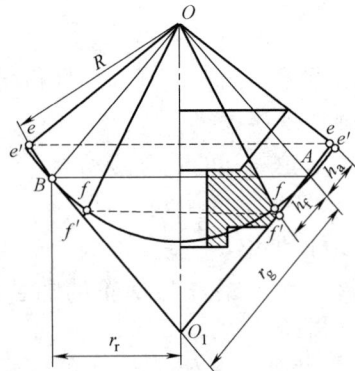

图 2-31 背锥及当量齿数示意图

将背锥展成扇形齿轮，它的参数等于圆锥齿轮大端的参数，齿数就是圆锥齿轮的实际齿数 z。将扇形齿轮补足，则齿数增加为 z_v。这个补足后的直齿圆柱齿轮称为当量齿轮，齿数称为当量齿数。其中：$z_v = \dfrac{z}{\cos\delta}$。

当量齿数的用途：

1) 仿形法加工直齿圆锥齿轮时，选择铣刀的号码；
2) 计算圆锥齿轮的齿根弯曲疲劳强度时查取齿形系数。

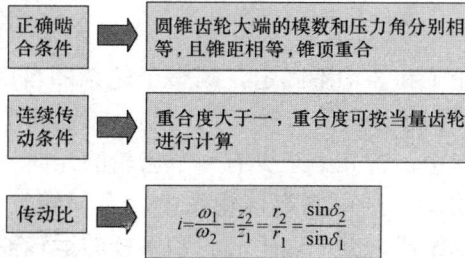

（3）直齿锥齿轮的啮合传动

正确啮合条件	➡	圆锥齿轮大端的模数和压力角分别相等，且锥距相等，锥顶重合
连续传动条件	➡	重合度大于一，重合度可按当量齿轮进行计算
传动比	➡	$i=\dfrac{\omega_1}{\omega_2}=\dfrac{z_2}{z_1}=\dfrac{r_2}{r_1}=\dfrac{\sin\delta_2}{\sin\delta_1}$

（4）直齿锥齿轮传动的参数与几何尺寸。直齿圆锥齿轮大端模数 m 的值为标准值，压力角 $\alpha=20°$。

五、轮系

轮系是由一系列齿轮所组成的传动装置，它通常介于原动机和执行机构之间，把原动机的运动和动力传给执行机构。工程实际中常用其实现变速、换向和大功率传动等，具有非常广泛的应用。

1. 轮系及其分类

（1）定轴轮系

如图 2-32 所示轮系中，运动由齿轮 1 输入，通过一系列齿轮传动，带动从动齿轮 5 转动。运转过程中，每个齿轮几何轴线的位置都是固定不变的。

定义：这种所有齿轮几何轴线的位置在运转过程中均固定不变的轮系，称为定轴轮系，又称为普通轮系。

（2）周转轮系

如图 2-33 所示轮系中，齿轮 1、3 的轴线相重合，它们均为定轴齿轮，而齿轮 2 的转轴装在构件 H 的端部，在构件 H 的带动下，它可以绕齿轮 1、3 的轴线作周转。

定义：这种在运转过程中至少有一个齿轮几何轴线的位置并不固定，而是绕着其他定轴齿轮轴线回转的轮系，称为周转轮系。由于中心轮 1、3 和系杆 H 的回转轴线的位置均固定且重合，通常以它们作为运动的输入或输出构件，故称其为周转轮系的基本构件。

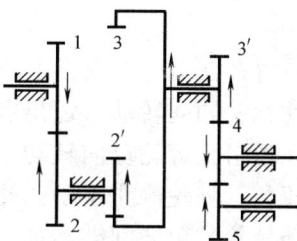

图 2-32　定轴轮系示意图

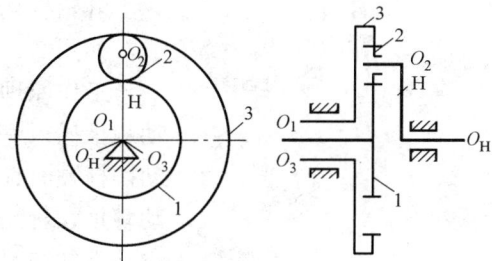

图 2-33　周转轮系示意图

根据周转轮系所具有的自由度数目不同，可将其分为：

1）行星轮系

周转轮系中，若将中心轮3（或1）固定，则整个轮系的自由度为1。这种自由度为1的周转轮系称为行星轮系。为了确定该轮系的运动，只需要给定轮系中一个构件以独立的运动规律即可。

2）差动轮系

周转轮系中，若中心轮1和3均不固定，则整个轮系的自由度为2。这种自由度为2的周转轮系称为差动轮系。为了使其具有确定的运动，需要两个原动件。

在一个轮系运转的过程中，若其中至少有一个齿轮的几何轴线的位置不固定，而是绕着其他齿轮的轴线作周转运动，则可判定该轮系中含有周转轮系。一个周转轮系由行星轮、系杆和中心轮等几部分组成，其中，中心轮和系杆的运转轴线重合。

（3）混合轮系

在工程实际中，除了采用单一的定轴轮系和单一的周转轮系外，还经常采用既含定轴轮系部分又含周转轮系部分，或由几部分周转轮系所组成的复杂轮系，称为混合轮系或复合轮系。

2. 轮系的功能

工程实际中轮系应用广泛。其功能可概括为以下几个方面：

（1）实现大传动比传动；

（2）实现变速与换向传动；

（3）实现结构紧凑的大功率传动；

（4）实现分路传动；

（5）实现运动的合成与分解；

（6）实现执行构件的复杂运动。

3. 行星轮系的齿数条件

（1）保证轮系的齿数条件；

（2）保证满足同心条件；

（3）保证满足均布安装条件；

（4）保证满足邻接条件。

六、间歇机构与其他机构

1. 棘轮机构

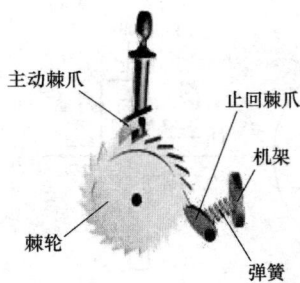

图 2-34　棘轮机构示意图

棘轮机构主要由棘轮、主动棘爪、止回棘爪和机架组成，如图 2-34 所示。

工作原理：当主动摆杆逆时针摆动时，摆杆上铰接的主动棘爪插入棘轮的齿内，推动棘轮同向转动一定角度。当主动摆杆顺时针摆动时，止回棘爪阻止棘轮反向转动，此时主动棘爪在棘轮的齿背上滑回原位，棘轮静止不动。此机构将主动件的往复摆动转换为从动棘轮的单向间歇转动。利用弹簧使棘爪紧压齿面，保证止回棘爪工作可靠。棘轮机构的分类见表 2-1。

棘轮机构的分类   表 2-1

按结构分类	齿式棘轮机构	摩擦式棘轮机构
按啮合方式分类	外啮合式	内啮合式
按运动形式分类	单向间歇转动	单向间歇移动
	双动式棘轮机构	双向式棘轮机构

棘轮机构种类繁多，运动形式多样，在工程实际中得到了广泛的应用。其主要功能如下：

（1）间歇送进（牛头刨床的间歇送进机构）；

（2）制动（卷扬机制动机构）；

（3）转位、分度（手枪盘分度机构）；

（4）超越离合（钻床的自动进给机构）。

2. 槽轮机构

槽轮机构由具有圆柱销的主动销轮、具有直槽的从动槽轮及机架组成。从动槽轮实际上是由多个径向导槽所组成的构件，各个导槽依次间歇地工作，如图 2-35 所示。

工作原理：由主动销轮利用圆柱销带动从动槽轮转动，完成间歇转动。主动销轮顺时针作等速连续转动，当圆销未进入径向槽时，槽轮因内凹的锁止弧被销轮外凸的锁止弧锁住而静止；当圆销进入径向槽时，两弧脱开，槽轮在圆销的驱动下转动；当圆销再次脱离径向槽时，槽轮另一圆弧又被锁住，从而实现了槽轮的单向间歇运动。

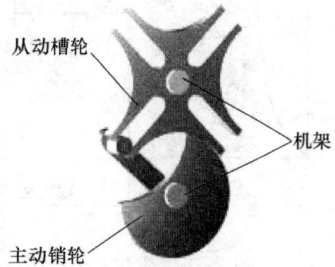

图 2-35　槽轮机构示意图

槽轮机构主要分为传递平行轴运动的平面槽轮机构和传递相交轴运动的空间槽轮机构两大类。平面槽轮机构又分为外槽轮机构和内槽轮机构，上述两种槽轮机构都用于传递平行轴运动。与外槽轮机构相比，内槽轮机构传动较平稳、停歇时间较短、所占空间小。空间槽轮机构结构比较复杂，设计和制造难度较大。

槽轮机构能准确控制转角、工作可靠、机械效率高，与棘轮机构相比，工作平稳性较好，但其槽轮机构动程不可调节、转角不可太小，销轮和槽轮的主从动关系不能互换、起停有冲击。槽轮机构的结构要比棘轮机构复杂，加工精度要求较高，因此制造成本上升。

槽轮机构一般应用于转速不高和要求间歇转动的机械当中，如自动机械、轻工机械或仪器仪表等。

3. 其他机构

（1）星轮机构；

（2）不完全齿轮机构；

（3）凸轮间歇机构；

（4）万向铰链机构；

（5）非圆齿轮机构。

4. 组合机构

在工程实际中，对于比较复杂的运动变换，单一的基本机构往往由于其本身所固有的局限性而无法满足多方面的要求。由此，人们把若干种基本机构用一定方式连接起来成为组合机构，以便得到单个基本机构所不能有的运动性能。机构的组合是发展新机构的重要途径之一。机构的组合方式有多种。在机构组合系统中，单个的基本机构称为组合系统的子机构。常见的机构组合方式主要有以下几种：

（1）串联式组合；

（2）并联式组合；

（3）反馈式组合；

（4）复合式组合。

七、机械运转过程及作用力

1. 机械运转过程及特征

机械系统的运转从开始到停止的全过程可以分为三个阶段，如图 2-36 所示。

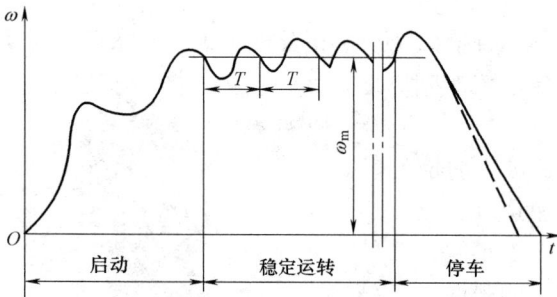

图 2-36　机械的运转阶段及特征示意图

（1）启动阶段：原动件的速度从零逐渐上升到开始稳定的过程。

（2）稳定运转阶段：原动件速度保持常数（称匀速稳定运转）或在正常工作速度的平均值上下作周期性的速度波动（称变速稳定运转）。图中 T 为稳定运转阶段速度波动的周期，ω_m 为原动件的平均角速度。经过一个周期后，原动件以及机械各构件的运动均回到原来的状态。

（3）停车阶段：原动件速度从正常工作速度值下降到零。

在启动阶段，根据能量守恒定律，作用在机械系统上的力在任一时间间隔内所作的功，应等于机械系统动能的增量。用机械系统的动能方程式可表示为：

$$W_d-(W_r+W_f)=W_d-W_c=E_2-E_1$$

式中，W_d 为驱动力所作的功，即输入功；W_r、W_f 分别为克服工作阻力和有害阻力（主要是摩擦力）所需的功，两者之和为总耗功 W_c；E_1、E_2 分别为机械系统在该时间间隔开始和结束时的动能。$W_d-W_c=E_2-E_1>0$。

在稳定运转阶段，若机械作变速稳定运转，则每一个运动周期的末速度等于初速度，于是：$W_d-W_c=E_2-E_1=0$。

即在一个运动循环以及整个稳定运转阶段中，输入功等于总耗功。但在一个周期内任一时间间隔中，输入功与总耗功不一定相等。

若机械系统作匀速稳定运转，由于该阶段的速度是常数。故在任一时间间隔中输入功总是等于总耗功。

在停车阶段，机械系统的动能逐渐减小，即：$W_d-W_c=E_2-E_1<0$。

在此阶段，由于驱动力通常已经撤去，即：$W_d=0$。故当总耗功逐渐将机械具有的动能消耗始尽时，机械便停止运转。

启动阶段和停车阶段统称为机械的过渡过程。为了缩短这一过程，在启动阶段，一般常使机械在空载下启动，或者另加一个启动马达来加大输入功，以达到快速启动的目的；在停车阶段，通常依靠机械上安装的制动装置，用增加摩擦阻力的方法来缩短停车时间。

2. 作用在机械上的力

当忽略机械中各构件的重力以及运动副中的摩擦力时，作用在机械上的力可分为工作阻力和驱动力两大类。

机械特性的定义：力（或力矩）与运动参数（位移、速度、时间等）之间的关系。

（1）工作阻力

指机械工作时需要克服的工作负荷，它决定于机械的工艺特点。有些机械在某段工作过程中，工作阻力近似为常数（如车床）；有些机械的工作阻力是执行构件位置的函数（如曲柄压力机）；还有一些机械的工作阻力是执行构件速度的函数（如鼓风机、搅拌机等）；也有极少数机械，其工作阻力是时间的函数（如揉面机、球磨机等）。

（2）驱动力

指驱使原动件运动的力，其变化规律决定于原动机的机械特性。如蒸汽机、内燃机等原动机输出的驱动力是活塞位置的函数；机械中应用最广泛的电动机，其输出的驱动力矩是转子角速度的函数。

八、机械平衡知识

1. 机械平衡的目的和内容

机械平衡的目的是尽可能地消除或减小惯性力对机械的不良影响。机械平衡大致可分为三类：

（1）刚性转子的平衡；

（2）挠性转子的平衡；

（3）机械的平衡。

2. 刚性转子的平衡原理

若只要求转子惯性力达到平衡，称为静平衡；若要求转子惯性力及其引起的惯性力矩同时达到平衡，称为动平衡。

静平衡设计：为了消除惯性力的不利影响，在设计时需要首先根据转子结构定出偏心质量的大小和方位，然后计算出为平衡偏心质量需添加的平衡质量的大小及方位，最后在转子设计图上加上该平衡质量，以便使设计出来的转子在理论上达到平衡。这一过程称为转子的静平衡设计。

动平衡设计：为了消除动不平衡现象，在设计时需要首先根据转子结构确定出各个不同回转平面内偏心质量的大小和位置，然后计算出为使转子达到动平衡所需增加的平衡质量的数目、大小及方位，并在转子设计图上加上这些平衡质量，以便使设计出来的转子在理论上达到动平衡，这一过程称为转子的动平衡设计。

3. 刚性转子的平衡试验

经过平衡设计的机械，虽然在理论上已达到平衡，但由于制造不精确、材料不均匀及安装不准确等非设计方面的原因，实际制造出来后往往达不到原来的设计要求，还会有不平衡现象。这种不平衡在设计阶段是无法确定和消除的，需要通过试验的方法加以平衡。平衡试验有静平衡试验和动平衡试验。

4. 平面机构的平衡原理

对于存在往复运动或平面复合运动构件的机构，其惯性力和惯性力矩不可能在构件内部消除，但所有构件上的惯性力矩可合成为一个通过机构质心并作用于机架上的总惯性力和惯性力矩。因此，这类平衡问题必须就整个机构加以研究，应设法使其总惯性力和总惯性力矩在机架上得到完全或部分平衡，所以这类平衡又称为机构在机架上的平衡。

第三节　常用金属材料与热处理知识

一、金属材料的力学性能

金属材料的性能一般分为工艺性能和使用性能两类。所谓工艺性能是指机械零件在加工制造过程中，金属材料在所定的冷、热加工条件下表现出来的性能。金属材料工艺性能的好坏，决定了它在制造过程中加工成形的适应能力。由于加工条件不同，要求的工艺性能也就不同，如铸造性能、可焊性、可锻性、热处理性能、切削加工性等。所谓使用性能是指机械零件在使用条件下，金属材料表现出来的性能，它包括机械性能、物理性能、化学性能等。金属材料使用性能的好坏，决定了它的使用范围与使用寿命。

在机械制造业中，一般机械零件都是在常温、常压和非强烈腐蚀性介质中使用的，且在使用过程中各机械零件都将承受不同载荷的作用。金属材料在载荷作用下抵抗破坏的性能，称为机械性能（或称为力学性能）。

金属材料的机械性能是进行零件设计和选材时的主要依据。外加载荷性质不同（例如拉伸、压缩、扭转、冲击、循环载荷等），对金属材料要求的机械性能也将不同。常用的机械性能包括：强度、塑性、硬度、冲击韧性、多次冲击抗力和疲劳极限等。下面将分别讨论各种机械性能。

1. 强度

（1）概念：金属在静载荷作用下，抵抗塑性变形或断裂的能力称为强度。强度的大小用应力来表示。

根据载荷作用方式不同，强度可分为：抗拉强度、抗压强度、抗弯强度、抗剪强度和抗扭强度等。

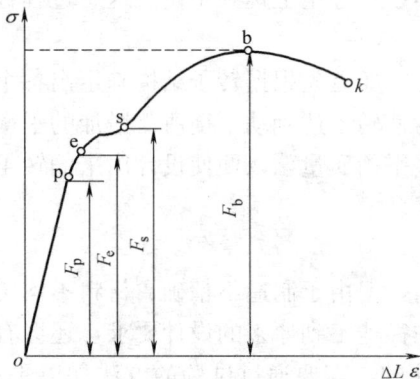

图 2-37　力-伸长曲线

一般情况下多以抗拉强度作为判别金属强度高低的指标。

（2）拉伸试样：拉伸试样的形状一般有圆形和矩形。

d_0：直径；L_0：标距长度；长试样：$L_0 = 10d_0$；短试样：$L_0 = 5d_0$。以低碳钢为例，如图2-37所示。

纵坐标表示力 F，单位 N；横坐标表示伸长量 ΔL，单位为 mm。

1）oe：弹性变形阶段

试样变形完全是弹性的，这种随载荷的存在

而产生，随载荷的去除而消失的变形称为弹性变形。F_e 为试样能恢复到原始形状和尺寸的最大拉伸力。

2）es：屈服阶段

不能随载荷的去除而消失的变形称为塑性变形。在载荷不增加或略有减小的情况下，试样还继续伸长的现象叫做屈服。屈服后，材料开始出现明显的塑性变形，F_s 称为屈服载荷。

3）sb：强化阶段

随塑性变形增大，试样变形抗力也逐渐增加，这种现象称为形变强化（或称加工硬化），F_b 为试样拉伸的最大载荷。

4）bz：缩颈阶段（局部塑性变形阶段）

当载荷达到最大值 F_b 后，试样的直径发生局部收缩，称为"缩颈"。

工程上使用的金属材料，多数没有明显的屈服现象，有些脆性材料不但没有屈服现象，而且也不产生"缩颈"。如铸铁等。

（3）强度指标

工程上常用的金属材料的强度指标有：屈服点（σ_s）或规定残余伸长应力（σ_r）；抗拉强度（σ_b）。

1）屈服点

在拉伸试验过程中，载荷不增加（保持恒定），试样仍能继续伸长时的应力称为屈服点。用符号 σ_s 表示，单位 MPa（兆帕），计算公式如下：

$$\sigma_s = \frac{F_s}{A_0}$$

式中　σ_s——屈服点的屈服极限，MPa；

　　　F_s——材料屈服时的拉力，N；

　　　A_0——材料屈服时的截面积，mm^2。

对于无明显屈服现象的金属材料可用规定残余伸长应力表示，$\sigma_{r0.2}$ 表示规定残余伸长率为 0.2％时的应力。

屈服点 σ_s 和规定残余伸长应力 $\sigma_{r0.2}$ 都是衡量金属材料塑性变形抗力的指标。

材料的屈服点或规定残余伸长应力是机械零件设计的主要依据，也是评定金属材料性能的重要指标。

2）抗拉强度：材料在拉伸条件下所能承受最大力的应力值，用符号 σ_b 表示，单位 MPa，计算公式如下：

$$\sigma_b = \frac{F_b}{A_0}$$

注：零件在工作中所受的应力，不允许超过 σ_b，否则会断裂。所以它也是零件设计/选材的重要依据。

（4）强度的意义

1）强度是指金属材料抵抗塑性变形和断裂的能力，一般钢材的屈服强度在 200～1000MPa 之间。

2）强度越高，表明材料在工作时越可以承受较高的载荷。当载荷一定时，选用高强度的材料，可以减小构件或零件的尺寸，从而减小其自重。

3）因此，提高材料的强度是材料科学中的重要课题，称之为材料的强化。

2. 塑性

在外力作用下金属材料在断裂前产生不可逆永久变形的能力称为塑性。塑性由拉伸试验测得，如图 2-38 所示。常用拉伸时的断后伸长率和断面收缩率表示。

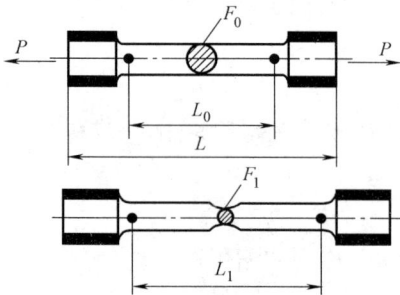

图 2-38　拉伸试验

（1）断后伸长率

试样拉断后，标距的伸长与原始标距的百分比称为伸长率，用 δ 表示。计算公式如下：

$$\delta = \frac{L_1 - L_0}{L_0} \times 100\%$$

式中　L_1——试样拉断后的标距，mm；

　　　L_0——试样原始标距，mm。

由于同一材料用不同长度的试样测得的断后伸长率 δ 数值不同，因此应注明试样尺寸比例。如：δ_{10} 表示试样 $L_0 = 10d_0$；δ_5 表示试样 $L_0 = 5d_0$。

（2）断面收缩率

试样拉断后，缩颈处横截面积的缩减量与原始横截面积的百分比称为断面收缩率，用 ψ 表示。计算公式如下：

$$\psi = \frac{A_0 - A_1}{A_0} = \times 100\%$$

式中　A_1——试样断裂后缩颈处的最小横截面积，mm^2；

　　　A_0——试样原始横截面积，mm^2。

δ 和 ψ 用来判断材料在断裂前所能产生的最大塑性变形量大小。金属材料的伸长率（δ）和断面收缩率（ψ）数值越大，表示材料的塑性越好。

一般认为 $\psi > 5\%$ 的材料为塑性材料，如低碳钢；$\psi < 5\%$ 的材料为脆性材料，如灰铸铁。

（3）塑性对材料的意义

1）是金属材料进行压力加工的必要条件；

2）提高安全性：因为零件在工作时万一超载，也会由于塑性变形使材料强化而避免突然断裂。

（4）超塑性

通常情况下金属的伸长率不超过 90%，而有些金属及其合金在某些特定的条件下，最大伸长率可高达 $1000\% \sim 2000\%$，个别的可达 6000%，这种现象称为超塑性。

由于超塑性状态具有异常高的塑性，极小的流动应力，极大的活性及扩散能力，在压力加工、热处理、焊接、铸造，甚至切削加工等很多领域中被应用。

3. 硬度

材料抵抗局部变形特别是塑性变形压痕或划痕的能力称为硬度（是衡量材料软硬程度的指标）。

根据硬度的试验方法可以把硬度分为：布氏硬度、洛氏硬度、维氏硬度。

（1）布氏硬度

1）测试原理：用一定直径的球体（钢球或硬质合金），以规定的试验力压入试样表面，经规定保持时间后卸除试验力，然后用测量的表面压痕直径来计算硬度，如图 2-39 所示。

用 HBS（HBW）表示布氏硬度，S 表示钢球、W 表示硬质合金球。

$$HB = \frac{F}{A_凹} (N/mm^2 或 kgf/mm^2)$$

当 F、D 一定时，布氏硬度与 d 有关，d 越小，布氏硬度值越大，硬度越高。

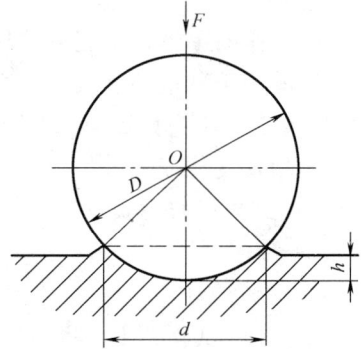

图 2-39　布氏硬度试验原理图

2）表示方法：符号 HBS 之前的数字为硬度值符号，后面按以下顺序用数字表示条件：①球体直径；②试验力；③试验力保持的时间（10～15s 不标注）。

应用范围：主要适于灰铸铁、有色金属、各种软钢等硬度不高的材料。

3）说明

① 压头为淬火钢球用 HBS 表示，数值∠450 用于测量有色金属、退火或正火钢件、灰铸铁材料。

② 压头为硬质合金用 HBW 表示，数值 450～650，生产中一般不用 HBW 来测量材料的硬度。

③ 表示法：数字在前、字母在后。如 200HBS、I50HBS～175HBS；标注时不要写成 HBS＝200，或 HBS＝150～175，或 500HBS N/mm²，不要出现单位；数值差不要超过 30。

④ 不宜测量薄件、成品件，因压痕大。

（2）洛氏硬度

1）测试原理：用 120°的金刚石圆锥或尺寸很小的淬火钢球作为压头，在一定的压力作用下，压入金属表面后，经规定保持时间后卸除主试验力，以测量的压痕深度来计算洛氏硬度值，如图 2-40 所示。

常用符号 HRC 表示。没有单位。

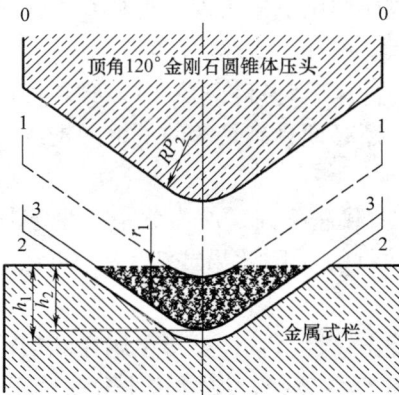

图 2-40　洛氏硬度试验原理图

2）标尺及其适用范围

GB/T 230.1—2009《金属材料　洛氏硬度试验　第 1 部分：试验方法（A、B、C、D、E、F、G、H、K、N、T 标尺）》规定有 11 种表示硬度的方法，常见的有 A、B、C 三种，如 HRA、HRB、HRC、HRD、HRE 等，其中 C 标尺应用最为广泛。因施加压力和压头材料不同而出现了不同的标尺 A、B、C、D、E 等。

不同标尺的洛氏硬度值不能直接进行比较，可换算。

表示方法：符号 HR 前面的数字表示硬度值，HR 后面的字母表示不同洛氏硬度的标尺。

3）优缺点

优点：

① 操作简单迅速，能直接从刻度盘上读出硬度值；

② 适用于测量硬度较高的材料，如淬火钢件；测量成品件或半成品件及较薄工件，因压痕较小，压头直径为 1.587mm；

③ 测硬度范围大。

缺点：数值波动大。

（3）维氏硬度

1）测试原理

用一定的试验力 F，将顶角为 136°的金刚石四棱锥压入金属表面，保持一定时间后卸去试验力，然后测出压痕对角线长度 d_1、d_2（mm），并求出压痕对角线的平均值 d。

2）计算公式

$$HV = 0.1891 \frac{F}{d^2}$$

3）表示方法

硬度值＋HV＋试验力/保持时间。

如：640HV30/20，表示用 294.2N 试验力，保持 10～20s 测定的维氏硬度值为 640。

4）适用范围

可测较薄的材料，也可测量表面渗碳、渗透层的硬度，可测定很软到很硬的各种金属材料的硬度，测定结果准确。

4. 冲击韧性

强度、硬度、塑性等力学性能指标都是材料在静载荷作用下的表现。材料在工作时还经常受到动载荷的作用，冲击载荷就是常见的一种。

在设计和制造受冲击载荷的零件和工具（如锻锤、冲床、铆钉枪等）时，必须考虑所用材料除具有足够的静载荷作用下的力学性能指标外，还必须具有足够的抵抗冲击载荷的能力。

冲击载荷与静载荷的主要区别在于加载时间短、加载速率高、应力集中。由于加载速率提高，金属形变速率也随之增加。冲击载荷对材料的作用效果或破坏效应大于静载荷。

金属材料抵抗冲击载荷作用而不破坏的能力称为冲击韧性。韧性是指金属在断裂前吸收变形能量的能力。例如：玻璃在冲击载荷作用下非常容易破裂，说明其冲击韧性很低。韧性的判据通过冲击试验来测定。

（1）冲击试验原理

冲击韧性可以通过一次摆锤冲击试验来测定，试验时将带有 U 型或 V 型缺口的冲击试样放在试验机架的支座上，将摆锤升至高度 H_1，使其具有势能 mgH_1；然后使摆锤由此高度自由下落将试样冲断，并向另一方向升高至 H_2，这时摆锤的势能为 mgH_2。

所以，摆锤用于冲断试样的能量 $A_K = mg(H_1 - H_2)$，即为冲击功（焦耳/J）。

（2）材料冲击韧性的表示方法

《金属材料夏比摆锤冲击试验方法》GB/T 229—2007 规定：表征金属材料冲击韧性高低的指标是冲击吸收能量。

$$k = mg(H_1 - H_2)$$

按照 GB/T 229—2007，U 型缺口试样和 V 型缺口试样的冲击能量分别表示为 K_U 和 K_V，并用下角标数字 2 或 8 表示摆锤刀刃半径，如 K_{U2}，其单位是焦耳（J）。冲击吸收能量的大小直接从试验机的刻度盘上读出。

冲击吸收能量值 K 或冲击韧性值 K 越大，材料的韧性越大，越可以承受较大的冲击载荷。一般把冲击吸收能量低的材料称为脆性材料，冲击吸收能量高的材料称为韧性材料。

（3）冲击试验的应用

缺口冲击试验最大的优点就是测量迅速简便，用于控制材料的冶金质量和铸造、锻造、焊接及热处理等热加工工艺的质量。

用来评定材料的冷脆倾向（测定韧脆转变温度）。设计时要求机件的服役温度高于材料的韧脆转变温度。

缺口冲击试验由于其本身反映一次或少数几次大能量冲击破断抗力，因此对某些特殊服役条件下的零件，如弹壳、装甲板、石油射孔枪等，有一定的参考价值。

通过一次摆锤冲击试验测定的冲击吸收能量 K 是一个由强度和塑性共同决定的综合性力学性能指标，不能直接用于零件和构件的设计计算，但它是一个重要参考，所以将材料的冲击韧性列为金属材料的常规力学性能，R_{eL}（$R_{r0.2}$）、R_m、A、Z 和 K 被称为金属材料常规力学性能的五大指标。

（4）低温脆性

1）低温脆性：随温度降低，材料由韧性状态转变为脆性状态的现象。

2）冷脆：材料因温度降低导致冲击韧性的急剧下降并引起脆性破坏的现象。

3）对压力容器、桥梁、汽车、船舶的影响较大。体心立方金属具有韧脆转变温度，而大多数面心立方金属没有，如图 2-41 所示。

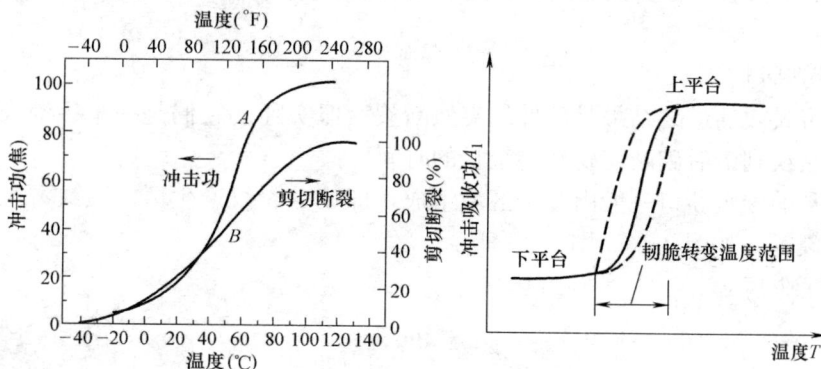

图 2-41　韧脆转变温度曲线

冲击韧性与温度有密切的关系，温度降低，冲击韧性随之降低。当低于某一温度时材料的韧性急剧下降，材料将由韧性状态转变为脆性状态。这一温度称为转变温度（T_t）。

转变温度（T_t）越低，表明材料的低温韧性越好，对于在寒冷地区使用的材料十分重要。

5. 疲劳强度

金属材料在受到交变应力或重复循环应力时，往往在工作应力小于屈服强度的情况下突然断裂，这种现象称为疲劳。

1998 年 6 月 3 日，德国发生了战后最惨重的一起铁路交通事故。一列高速列车脱轨，造成 100 多人遇难。

事故的原因已经查清，是因为一节车厢的车轮"内部疲劳断裂"引起的。首先是一个车轮的轮箍发生断裂，导致车轮脱轨，进而造成车厢横摆，此时列车正好过桥，横摆的车厢以其巨大的力量将桥墩撞断，造成桥梁坍塌，压住了通过的列车车厢，并使已通过桥洞的车头及前 5 节车厢断开，而后面的几节车厢则在巨大惯性的推动下接二连三地撞在坍塌的桥体上，从而导致了这场近 50 年来德国最惨重的铁路事故。

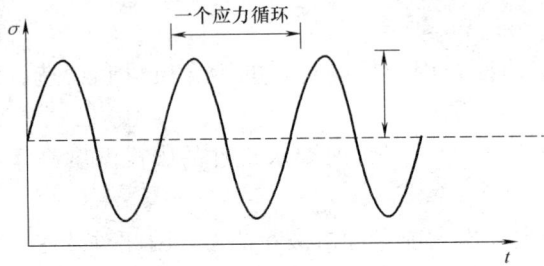

（1）变动载荷和循环应力

变动载荷：引起疲劳破坏的外力，指载荷大小，甚至方向均随时间变化的载荷，其在单位面积上的平均值即为变动应力。变动应力可分为规则周期变动应力（也称循环应力）和无规则随机变动应力两种，如图 2-42 所示。

图 2-42　变动应力周期图

1）平均应力
$$\sigma_m = \frac{\sigma_{max} + \sigma_{min}}{2}$$

2）应力幅
$$\sigma_a = \frac{\sigma_{max} - \sigma_{min}}{2}$$

（2）疲劳断裂

零件在循环应力作用下，在一处或几处产生局部永久性累积损伤，经一定循环次数后突然产生断裂的过程，称为疲劳断裂。疲劳断裂由疲劳裂纹产生、扩展、瞬时断裂三个阶段组成。

（3）疲劳断口

尽管疲劳失效的最终结果是部件的突然断裂，但实际上它们是一个逐渐失效的过程，从开始出现裂纹到最后破断需要经过很长的时间。

疲劳断裂的宏观断口一般由三个区域组成，即疲劳裂纹产生区（裂纹源）、裂纹扩展区和最后断裂区，如图 2-43～图 2-45 所示。

（4）疲劳强度

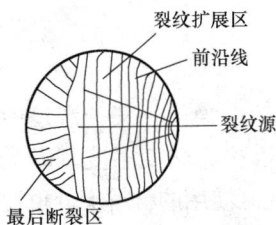

图 2-43　疲劳断裂区域组成

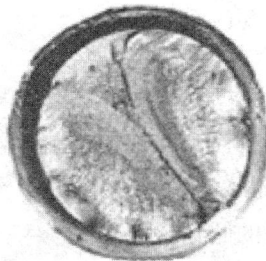

图 2-44　轴的疲劳断口

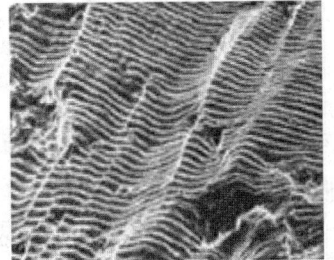

图 2-45　疲劳辉纹

当应力低于某值时，材料经受无限次循环应力也不发生疲劳断裂，此应力称为材料的疲劳极限，记作 σ_R（R 为应力比），就是 S-N 曲线中的平台位置对应的应力，如图 2-46 所示。

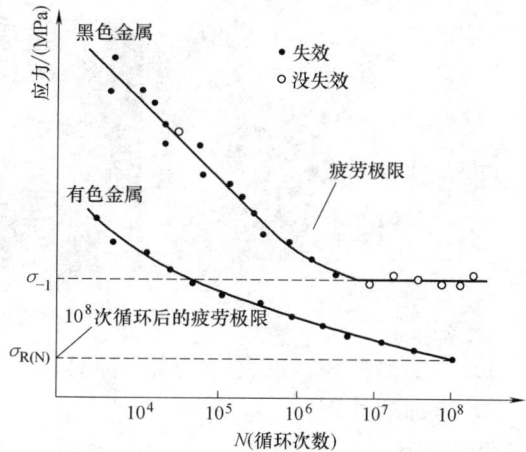

图 2-46　S-N 疲劳曲线

通常，材料的疲劳极限是在对称弯曲疲劳条件下（$R=-1$）测定的，对称弯曲疲劳极限记作 σ_{-1}。

若疲劳曲线上没有水平部分，常以规定断裂循环次数对应的应力为条件疲劳极限。

对一般低、中强度钢：107 周次；

对高强度钢：108 周次；

对铝合金、不锈钢：108 周次；

对钛合金：107 周次。

在工程中，有时根据零件寿命的要求，在规定的某一循环周次下，测出 σ_{max}，并称之为疲劳强度，实际上就是条件疲劳极限。

（5）提高疲劳极限的途径

1）在零件结构设计中尽量避免尖角、缺口和截面突变；

2）提高零件表面加工质量；

3）对材料表面进行强化处理。

二、钢的热处理

1. 概述

（1）热处理：是指将金属在固态下加热、保温和冷却，以改变钢的组织结构，获得所需要性能的一种工艺。为简明表示热处理的基本工艺过程，通常用温度-时间坐标绘出热处理工艺曲线，如图 2-47 所示。

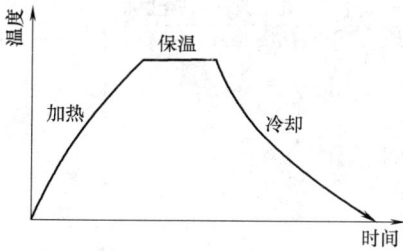

图 2-47　热处理工艺曲线

热处理是一种重要的热加工工艺，在制造业被广泛应用。在机床制造中约 $60\%\sim70\%$ 的零件要经过热处理。在汽车、拖拉机制造业中需热处理的零件达 $70\%\sim80\%$。至于模具、滚动轴承则要 100% 经过热处理。总之，重要的零件都要经过适当的热处理才能使用，如图 2-48 所示。

（2）热处理特点：热处理区别于其他加工工艺如铸造、压力加工等的特点是只通过改变工件的组织来改变其性能，但不改变其形状。

（3）热处理适用范围：只适用于固态下发生相变的材料，不发生固态相变的材料不能用热处理强化。

（4）根据加热、冷却方式及钢组织性能变化特点不同，热处理工艺有：

图 2-48 热处理的应用

1) 普通热处理：退火、正火、淬火、回火。

2) 表面热处理

① 表面淬火——火焰加热、感应加热、激光加热等；

② 表面工程技术——热喷涂、电镀等。

3) 其他热处理

① 化学热处理——渗碳、氮化、碳氮、共渗、渗其他元素等；

② 可控气氛热处理；

③ 真空热处理。

2. 钢的退火与正火

机械零件的一般加工工艺为：毛坯（铸、锻）→预备热处理→机加工→最终热处理。退火与正火工艺主要用于预备热处理，只有当工件性能要求不高时才作为最终热处理，如图 2-49 所示。

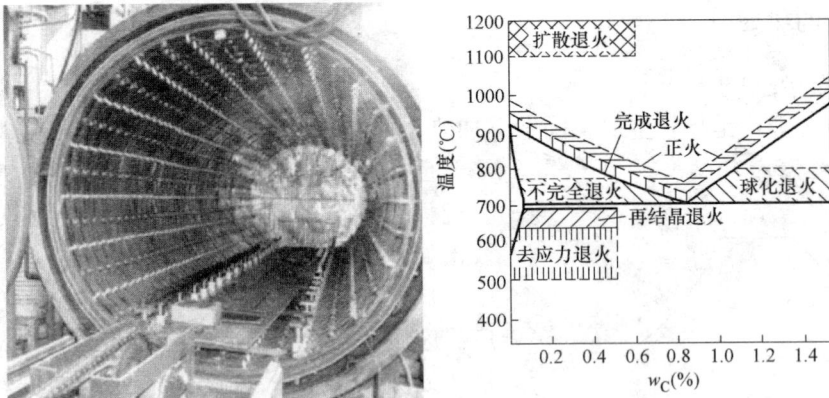

图 2-49　真空退火炉及退火曲线

（1）钢的退火

将钢加热至适当温度保温，然后缓慢冷却（炉冷）的热处理工艺叫做退火。

1) 退火目的

① 调整硬度，便于切削加工。适合加工的硬度为 170～250HB。

② 消除内应力，防止加工中变形。

③ 细化晶粒，为最终热处理作组织准备。

2）退火工艺

退火的种类很多，常用的有完全退火、等温退火、球化退火、扩散退火、去应力退火、再结晶退火。

① 完全退火：主要用于亚共析钢，加热温度为 $A_{c3}+(30\sim50)℃$，组织：F+P。

② 等温退火：保温后快冷到略低于 A_{r1} 的温度停留，待相变完成后出炉空冷。对合金钢，等温退火可缩短工艺周期。亚共析钢加热温度为 $A_{c3}+(30\sim50)℃$ 共析、过共析钢加热温度为 $A_{c1}+(30\sim50)℃$，如图 2-50 所示。

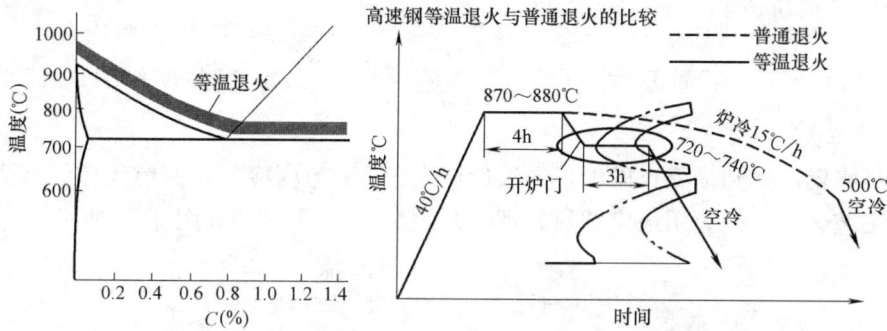

图 2-50　等温退火曲线

③ 球化退火：又称不完全退火。球化退火是将钢中渗碳体球状化的退火工艺。主要用于过共析钢和合金工具钢。加热温度为 $A_{c1}+(30\sim50)℃$。通过缓冷或者冷却到略低于 A_{r1} 的温度下保温，使珠光体中的渗碳体球化后出炉空冷。

球化退火的组织：

a. 在铁素体基体上分布着颗粒状渗碳体，称球状珠光体。

b. 对于有网状二次渗碳体的过共析钢，球化退火前应先进行正火，以消除网状。

④ 去应力退火：是将钢加热至低于 A_1 的某一温度，保温后随炉缓冷。常用于消除铸、锻、焊件的残余应力。

⑤ 再结晶退火：为消除加工硬化，将工件加热到 T 以上 $150\sim250℃$ 退火。

⑥ 扩散退火：又称均匀化退火，为减少钢锭、铸件等化学成分的偏析和组织的不均匀，将其加热到 A_{c3} 以上 $150\sim200℃$，长时间（$10\sim15h$）保温后缓冷的工艺。扩散退火后晶粒粗大，通常还要进行完全退火或正火细化。

（2）正火

正火是将亚共析钢加热到 $A_{c3}+(30\sim50)℃$，共析钢加热到 $A_{c1}+(30\sim50)℃$，过共析钢加热到 $A_{ccm}+(30\sim50)℃$，保温后空冷的工艺。正火比退火冷却速度大，生产周期短，效率高。

1）正火后的组织：$<0.6\%C$ 时组织 F+S；$\geqslant0.6\%C$ 时组织 S。

2）正火的目的

① 对于低、中碳钢（$\leqslant0.6\%C$），目的与退火相同。

② 对于过共析钢，用于消除网状二次渗碳体，为球化退火作组织准备。

③ 普通件最终热处理。要改善切削性能：低碳钢用正火；中碳钢用退火或正火；高碳钢用球化退火，如图 2-51 和图 2-52 所示。

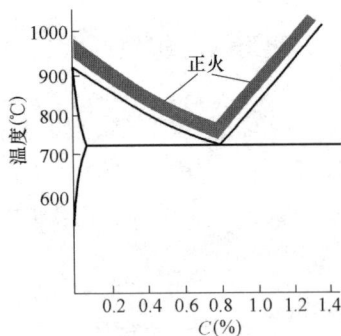

图 2-51　正火温度

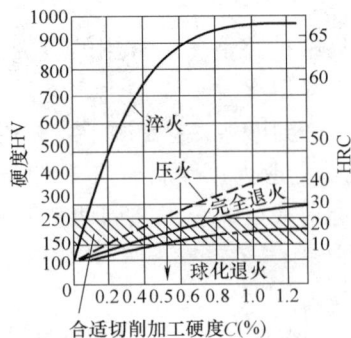

图 2-52　热处理与硬度关系

3. 钢的淬火

淬火是将钢加热到临界点以上，保温后以大于 V_k 速度冷却，使奥氏体转变为马氏体的热处理工艺。淬火是应用最广的热处理工艺之一，如图 2-53 和图 2-54 所示。

图 2-53　真空淬火炉

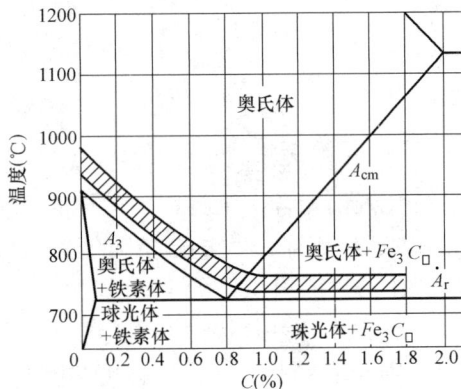

图 2-54　淬火温度

淬火的目的：获得马氏体组织，提高钢的性能。

（1）淬火温度

1）碳钢

① 亚共析钢淬火温度：$A_{c3}+(30\sim50)℃$；预备热处理组织：退火（F＋P）或正火（F＋S 或 S）。亚共析钢淬火组织：$\leqslant0.5\%C$ 时为 M；$>0.5\%C$ 时为 M＋AR，如图 2-55 和图 2-56 所示。

图 2-55　45 钢正常淬火组织

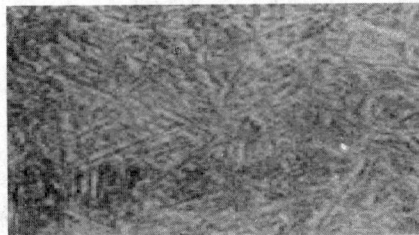

图 2-56　65MnV 钢淬火组织

在 A_{c1}～A_{c3} 之间的加热淬火称亚温淬火，亚温淬火组织为 F＋M，硬度低，但塑韧性好。

② 过共析钢淬火温度：A_{c1}＋（30～50）℃；淬火组织：M＋颗粒状 Fe_3C＋AR。

温度高于 A_{ccm}，奥氏体晶粒粗大，淬火后马氏体晶粒粗大；M 含碳量高，AR 量增多，使钢硬度、耐磨性下降，脆性、变形开裂倾向增加，如图 2-57 和图 2-58 所示。

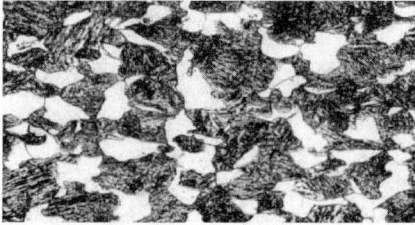

图 2-57　35 钢亚温淬火组织

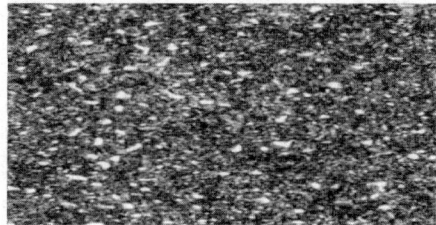

图 2-58　T12 钢正常淬火组织

2）合金钢

由于多数合金元素（Mn、P 除外）对奥氏体晶粒长大有阻碍作用，因而合金钢淬火温度比碳钢高。

① 亚共析钢淬火温度　A_{c3}＋（50～100）℃；

② 共析钢、过共析钢淬火温度　A_{c1}＋（50～100）℃。

（2）加热时间（升温、保温）

原则：保证热透和内部组织充分转变的前提下尽量短。方法：经验公式或者试验。

（3）淬火介质

理想的冷却曲线应只在 C 曲线鼻尖处快冷，而在 M_s 附近尽量缓冷，以达到既获得马氏体组织，又减小内应力的目的，如图 2-59 所示。但目前还没有找到理想的淬火介质。

常用淬火介质的冷却能力　　　　表 2-2

淬火冷却介质	冷却能力(C/s)	
	650～550℃	300～200℃
水(18℃)	600	270
10%NaCl 水溶液(18℃)	1100	100
10%NaOH 水溶液(18℃)	1200	300
10%Na_2CO_3 水溶液(18℃)	800	270
矿物机油	150	30
菜籽油	200	35

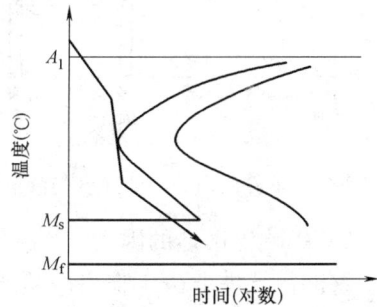

图 2-59　理想淬火曲线示意图

常用淬火介质是水和油。水的冷却能力强，但低温冷却能力太大，只适用于形状简单截面较大的碳钢件。油在低温区冷却能力较理想，但高温区冷却能力太小，适用于合金钢和小尺寸的碳钢件。熔盐作为淬火介质称盐浴，冷却能力在水和油之间，用于形状复杂件的分级淬火和等温淬火。其他淬火介质如聚乙烯醇、硝盐水溶液等也是工业上常用的介质，如表 2-2 所示。

（4）淬火方法

采用不同的淬火方法可弥补介质的不足。

1）单液淬火法：加热工件在一种介质中连续冷却到室温的淬火方法。操作简单，易实现自动化。

2）双液淬火法

工件先在一种冷却能力强的介质中冷却，躲过鼻尖后，再在另一种冷却能力较弱的介质中发生马氏体转变的方法。如水淬油冷、油淬空冷。

优点是冷却理想，缺点是不易掌握。适用于形状复杂的碳钢件及大型合金钢件。

3）分级淬火法

在 M_s 附近的盐浴或碱浴中淬火，待内外温度均匀后再取出缓冷。可减少内应力，适用于小尺寸工件。

4）等温淬火法

将工件在稍高于 M_s 的盐浴或碱浴中保温足够长时间，从而获得下贝氏体组织的淬火方法。经等温淬火零件具有良好的综合力学性能，淬火应力小。适用于形状复杂及要求较高的小型件。

（5）钢的淬透性与淬硬性

1）淬透性的概念

淬透性是指钢在淬火时获得淬硬层深度。其大小是用规定条件下淬硬层深度来表示。淬硬层深度是指由工件表面到半马氏体区（50%M+50%P）的深度，如图 2-60 和图 2-61 所示。

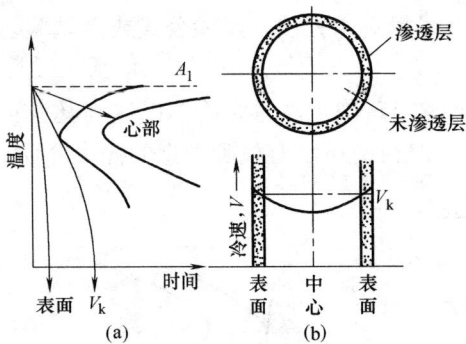

图 2-60　工件截面的冷却速度与渗透性示意图

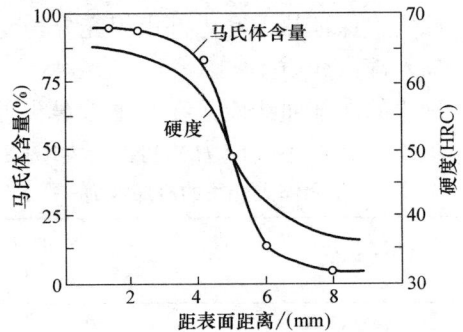

图 2-61　M 量和硬度随深度的变化

2）影响淬透性的因素

钢的淬透性取决于临界冷却速度 V_k，V_k 越小，淬透性越高。因而凡是影响 C 曲线的因素都是影响淬透性的因素。

① C%：共析钢淬透性最高。

② 合金元素：除 Co 外，凡溶入奥氏体的合金元素都使钢的淬透性提高。

③ 奥氏体化温度高、保温时间长，使钢的淬透性提高。

④ 钢中未溶第二相：使淬透性降低。

⑤ 淬透性的应用：淬透性是选材和制定热处理工艺的重要依据。

⑥ 对于截面承载均匀的重要件，要全部淬透。如螺栓、连杆、模具等。

⑦ 对于承受弯曲、扭转的零件可不必淬透（淬硬层深度一般为半径的1/2～1/3），如轴类、齿轮等。

⑧ 淬硬层深度与工件尺寸有关，设计时应注意尺寸效应、工件截面的冷却速度。如图 2-62 所示。

高强螺栓　　　　　　　　　　　　　　　　　　　　齿轮

图 2-62　淬透性的应用示意图

3）淬硬性

① 淬硬性是指钢淬火后马氏体所能达到的最高硬度。

② 钢的淬硬性主要取决于马氏体中 $C\%$。

4. 钢的回火

回火是指将淬火钢加热到 A_{c1} 以下的某温度保温后冷却的工艺。

（1）回火的目的

1）减少或消除淬火内应力，防止变形或开裂。

2）获得所需要的力学性能，满足各类使用要求。

3）稳定尺寸。回火可使非平衡 M 与 AR 转变为平衡或接近平衡的组织，防止使用时变形。

4）高淬透性钢的软化：这类钢空冷即可淬火，如采用回火软化既能降低硬度，又能缩短软化周期。

未经淬火的钢回火无意义，而淬火钢不回火在放置或使用过程中易变形或开裂。

钢经淬火后应立即进行回火。

（2）回火时组织和性能的变化

1）马氏体的分解（<200℃）

① 组织：M 中析出极细片状的 ε-碳化物；形成 M回（在过饱和度降低的 F 基体上分布着细片状碳化物的组织）。

② 性能：内应力有所减小，总的力学性能变化不大。

2）残留奥氏体的转变（200～300℃）

① 组织：AR→B下。

② 性能：总体性能变化不大，屈服强度略有上升。

3）回火托氏体的形成（250～400℃）

① 组织：过饱和的 F→针状 F，片状 ε-碳化物→粒状 Fe_3C；形成 T回。

② 性能：内应力消除，硬度、强度下降，塑性、韧性提高。

4）碳化物的聚集长大（400℃以上）

① 组织：针状 F 发生回复与再结晶→等轴多边形 F，Fe_3C 长大→颗粒状或球状；形成 S回。

② 性能：强度、硬度继续下降，塑性、韧性继续提高。

（3）回火的种类

1）低温回火

回火温度：150～250℃；组织转变：$M_回$；从马氏体中析出细片状 ε-碳化物；AR 分解为 ε-碳化物和过饱和铁素体（即 $B_下$）。

低温回火的目的是在保留淬火后高硬度、高耐磨性的同时，降低内应力，提高韧性。主要用于处理各种工具、模具、轴承及经渗碳和表面淬火的工件。

2）中温回火

回火温度：350～500℃；组织转变：回火托氏体 $T_回$。

回火托氏体组织具有较高的弹性极限和屈服极限，并具有一定的韧性，硬度一般为35～45HRC。主要用于各类弹簧的热处理。

3）高温回火

回火温度：500～650℃；组织转变：回火索氏体 $S_回$。

回火索氏体组织具有良好的综合力学性能，即在保持较高强度的同时，具有良好的塑性和韧性。

淬火＋高温回火＝"调质处理"。

调质广泛用于连杆、轴、齿轮等各种重要结构件的处理。也可作为精密零件、量具等的预备热处理。

（4）回火脆性

回火时力学性能变化总的趋势是随回火温度提高，钢的强度、硬度下降，塑性、韧性提高。淬火钢的韧性并不总是随温度升高而提高。

在某些温度范围内回火时出现的冲击韧性下降的现象，称回火脆性。

根据回火脆性出现的温度范围，可将其分为低温回火脆性和高温回火脆性两类，低温回火脆性与高温回火脆性曲线如图 2-63 所示。

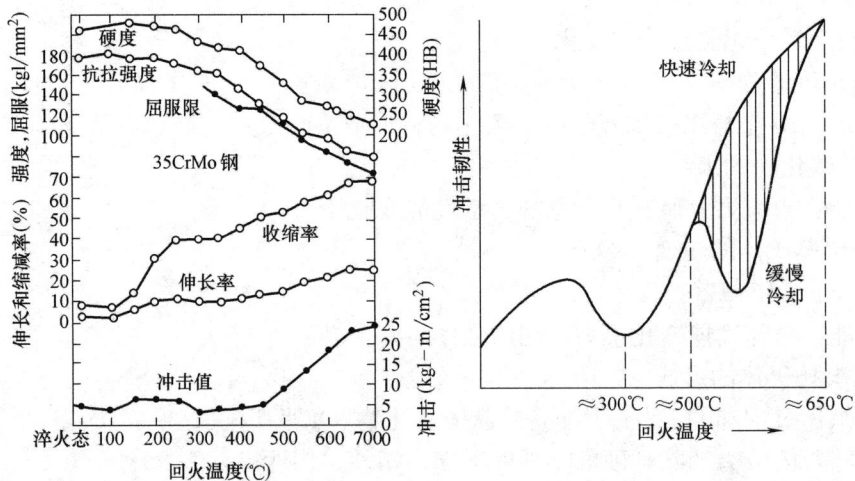

图 2-63　低温回火脆性与高温回火脆性曲线

1）低温回火脆性

又称第一类回火脆性。是指淬火钢在 250～400℃回火时出现的脆性。这种回火脆性是不可逆的，只要在此温度范围内回火就会出现脆性，目前尚无有效消除办法。回火时应避开这一温度范围。

2）高温回火脆性

又称第二类回火脆性。是指淬火钢在 400～550℃ 范围内回火后缓冷时出现的脆性。回火后快冷不出现。主要发生在含 Cr，Ni，Si，Mn 的结构钢中。

防止办法：

① 回火后快冷。

② 加入合金元素 W（约 1%）、Mo（约 0.5%）。该法更适用于大截面的零部件。

（5）淬火、回火时常见的工艺缺陷及防止措施

1）氧化和脱碳：脱离氧——真空热处理。

2）变形与开裂：淬火前的组织应细小；合理设计结构；适当冷却；淬火后及时回火。

3）软点与硬度不足：重新退火或正火后淬火。

4）过热与过烧。

5. 表面淬火

（1）定义：表面淬火是指在不改变钢的化学成分及心部组织的情况下，利用快速加热将表层奥氏体化后进行淬火以强化零件表面的热处理方法。

（2）表面淬火的目的

1）使表面具有高的硬度、耐磨性和疲劳极限；

2）心部在保持一定的强度、硬度的条件下，具有足够的塑性和韧性，即表硬里韧。适用于承受弯曲、扭转、摩擦和冲击的零件。

（3）表面淬火的工艺要求

1）表面淬火前，必须对零件进行正火或调质处理，以保证零件有良好的基体。

2）表面淬火后，必须对零件进行低温回火处理，以降低淬火应力和脆性。

（4）表面淬火的生产特点：淬火件的质量好；工件变形小；不易氧化及脱碳；淬火层容易控制；生产率高。设备投资大，不适于复杂形状零件和小批量生产。

表面淬火用钢：中碳或中碳合金钢，如 40、45、40Cr、40MnB 等。也可应用于高碳工具钢、低合金钢及球墨铸铁等。

（5）表面淬火的方法

1）感应加热表面淬火：利用交变电流在工件表面感应巨大涡流，使工件表面迅速加热的方法。感应加热分为：

① 高频感应加热：频率为 250～300kHz，淬硬层深度 0.5～2mm。

② 中频感应加热：频率为 2500-8000Hz，淬硬层深度 2～10mm；

③ 工频感应加热：频率为 50Hz，淬硬层深度 10～15mm。

2）火焰加热表面淬火：利用氧乙炔高温火焰直接加热工件表面后喷水冷却，使其快速升温快速冷却的方法。成本低，但质量不易控制，主要用于单件、小批量及大型零件的生产。

3）激光加热表面淬火：利用高能量密度的激光对工件表面进行加热的方法。效率高，质量好，变形小，特别适用于形状复杂的零件及零件的拐角、沟槽、盲孔等部位的热处理。

6. 钢的化学热处理

（1）化学热处理

是一种获得"表硬里韧"性能的方法。

1）定义：化学热处理是指将工件置于特定介质中加热保温，使介质中活性原子渗入工件表层从而改变工件表层化学成分和组织，进而改变其性能的热处理工艺。

根据渗入的元素不同，化学热处理可分为渗碳、氮化、碳氮共渗、渗硼、渗铝等。

2）化学热处理的基本过程

① 介质（渗剂）的分解：分解的同时释放出活性原子。

如：渗碳　$CH_4 \rightarrow 2H_2 + [C]$；氮化　$2NH_3 \rightarrow 3H_2 + 2[N]$。

② 工件表面的吸收：活性原子向固溶体溶解或与钢中某些元素形成化合物。

③ 原子向内部扩散。

（2）钢的渗碳

是指向钢的表面渗入碳原子的过程。

1）渗碳目的：提高工件表面硬度、耐磨性及疲劳强度，同时保持心部良好的韧性。

2）渗碳用钢：为含 0.1%～0.25%C 的低碳钢或低碳合金钢。

3）渗碳方法

① 气体渗碳法：将工件放入密封炉内，在高温渗碳气氛中渗碳。渗剂为气体（煤气、液化气等）或有机液体（煤油、甲醇等）。

a. 优点：质量好，效率高；

b. 缺点：渗层成分与深度不易控制。

② 固体渗碳法：将工件埋入渗剂中，装箱密封后在高温下加热渗碳。渗剂为木炭和碳酸盐。

a. 优点：操作简单；

b. 缺点：渗速慢，劳动条件差。

③真空渗碳法：将工件放入真空渗碳炉中，抽真空后通入渗碳气体加热渗碳。

优点：表面质量好，渗碳速度快。

4）渗碳层

① 900～950℃；

② 渗碳层厚度（由表面到过渡层一半处的厚度）：一般为 0.5～2mm；

③ 渗碳层表面含碳量：以 0.8%～1.0% 为最好；

④ 渗碳缓冷后的组织：表层为 P＋网状 $Fe_3C \, \mathbb{I}$；心部为 F＋P；中间为过渡区。

5）渗碳后的热处理

① 淬火＋低温回火。回火温度为 160～200℃。

② 淬火方法有：

a. 直接淬火法（预冷淬火法）：渗碳后预冷到略高于 A_{r1} 温度直接淬火；

b. 一次淬火法：即渗碳缓冷后重新加热淬火；

c. 二次淬火法：即渗碳缓冷后第一次加热为心部 A_{c3}＋（30～50）℃，细化心部；第二次加热为 A_{c1}＋（30～50）℃，细化表层。

常用方法是渗碳缓冷后，重新加热到 A_{c1}＋（30～50）℃淬火＋低温回火，此时组织为：

- · 表层：$M_{回}$＋颗粒状碳化物＋A_R（少量）；
- · 心部：$M_{回}$＋F（淬透时）。

（3）钢的氮化

氮化是指向钢的表面渗入氮原子的过程。

1）氮化用钢：为含 Cr、Mo、Al、Ti、V 的中碳钢。常用钢号为 38CrMoAl。

2）氮化温度：500-570℃；氮化层厚度不超过 0.6～0.7mm。

3）常用氮化方法

① 气体氮化：气体氮化与气体渗碳类似，渗剂为氨。

② 离子氮化：离子氮化是在电场作用下，使电离的氮离子高速冲击作为阴极的工件。与气体氮化相比，氮化时间短，氮化层脆性小。

4）氮化的特点及应用

① 氮化件表面硬度高（HV1000～2000），耐磨性高。

② 疲劳强度高。因为表面存在压应力。

7. 热处理新技术简介

（1）可控气氛热处理

在炉气成分可控的热处理炉内进行的热处理称为可控气氛热处理。在热处理时实现无氧化加热是减少金属氧化损耗，保证制件表面质量的必备条件。

正确控制热处理炉内的炉气成分，可为某种热处理过程提供元素的来源，金属零件和炉气通过界面反应，其表面可以获得或失去某种元素。也可以对加热过程的工件提供保护。如可使零件不被氧化，不脱碳或不增碳，保证零件表面耐磨性和抗疲劳性。从而也可以减少零件热处理后的机加工余量及表面的清理工作。缩短生产周期，节能、省时，提高经济效益。可控气氛热处理已成为最成熟的，在大批量生产条件下应用最普遍的热处理技术之一。

（2）真空热处理

真空热处理是在 0.0133～1.33Pa 真空度的真空介质中对工件进行热处理的工艺。真空热处理具有无氧化、无脱碳、无元素贫化的特点，可以实现光亮热处理，可以使零件脱脂、脱气，避免表面污染和氢脆；同时可以实现控制加热和冷却，减少热处理变形，提高材料性能；还具有便于自动化、柔性化和清洁热处理等优点。近年已被广泛采用，并获得迅速发展。

几乎全部热处理工艺均可以进行真空热处理，如退火、淬火、回火、渗碳、氮化、渗金属等。而且淬火介质也由最初仅能气淬，发展到现在的油淬、水淬、硝盐淬火等。

（3）离子渗扩热处理

离子渗扩热处理是利用阴极（工件）和阳极间的辉光放电产生的等离子体轰击工件，使工件表层的成分、组织及性能发生变化的热处理工艺。离子渗碳的硬度、疲劳强度、耐磨性等力学性能比传统渗碳方法都高，而且渗碳速度快，特别是对狭小缝隙和小孔能进行均匀的渗碳，渗碳层表面碳浓度和渗层深度容易控制，工件不易产生氧化；表面洁净，耗电省和无污染。根据同样的原理，离子轰击热处理还可以进行离子碳氮共渗、离子硫氮共渗、离子渗金属等，所以在国内外具有很大的发展前途。

（4）形变热处理

形变热处理是将形变强化与相变强化综合起来的一种复合强韧化处理方法。从广义上来说，凡是将零件的成形工序与组织改善有效结合起来的工艺都叫形变热处理。

形变热处理的强化机理是：奥氏体形变使位错密度升高，由于动态回复形成稳定的亚结构，淬火后获得细小的马氏体，板条马氏体数量增加，板条内位错密度升高，使马氏体强化。此外，奥氏体形变后位错密度增加，为碳氮化物弥散析出提供了条件，获得弥散强化效果。弥散析出的碳氮化物阻止奥氏体长大，转变后的马氏体板条更加细化，产生细晶强化。马氏体板条的细化及其数量的增加，碳氮化物的弥散析出，都能使钢在强化的同时得到韧化。

三、合金钢

1. 合金元素概述

（1）合金元素在钢中的作用及存在形式

为了提高钢的力学性能或得到某些特殊性能，在钢的冶炼过程中有目的地加入一些元素。

合金元素在钢中的存在形式有：

1）形成合金铁素体

几乎所有的合金元素都能不同程度地溶入铁素体中，形成合金铁素体。

当合金元素溶入铁素体后，必然引起铁素体的晶格畸变，使铁素体的强度、硬度提高，产生固溶强化，但塑性、韧性却有所下降。

2）形成合金碳化物

① 合金渗碳体：合金元素溶入渗碳体（置换其中的铁原子）所形成的化合物。

② 特殊碳化物：由中强或强碳化物形成元素与碳化合所形成的碳化物。

（2）合金元素对 $Fe-Fe_3C$ 相图的影响

1）缩小奥氏体相区：会使奥氏体相区缩小的合金元素有铬、钨、钼、钒、铝、硅、钛等。

2）扩大奥氏体相区：镍、钴、锰等合金元素的加入，会使奥氏体相区扩大。

（3）合金元素对钢热处理的影响

1）合金元素对钢加热时相变的影响

① 合金元素对奥氏体形成速度的影响：除镍、钴外，大多数合金元素减缓钢的奥氏体化过程。

② 合金元素对奥氏体化温度的影响；

③ 合金元素对奥氏体晶粒大小的影响：除锰外，大多数合金元素都不同程度地阻碍奥氏体晶粒长大。

2）合金元素对钢冷却转变的影响

① 合金元素对过冷奥氏体等温转变曲线的影响：除钴外，大多数合金元素溶入奥氏体后，能够降低原子的扩散速度，使奥氏体稳定性增加，C 曲线位置向右移动，临界冷却速度降低，使钢的淬透性提高。

② 合金元素对过冷奥氏体向马氏体转变的影响：除钴、铝外，合金元素溶入奥氏体

后，均会使马氏体转变温度 M_s 及 M_f 降低。

3）合金元素对淬火钢回火转变的影响

① 提高淬火钢的回火稳定性；

② 回火时产生二次硬化现象；

③ 回火时产生第二类回火脆性。

2. 合金钢的分类及牌号

（1）合金钢的分类

1）按合金元素含量多少分类

① 低合金钢：钢中的合金元素总含量小于 5%；

② 中合金钢：钢中的合金元素总含量为 5%~10%；

③ 高合金钢：钢中的合金元素总含量大于 10%。

2）按用途分类

① 合金结构钢；

② 合金工具钢；

③ 特殊性能钢。

3）按正火后的金相组织分类

分为珠光体钢、马氏体钢、奥氏体钢、铁素体钢等。

（2）合金钢牌号的表示方法

1）合金结构钢的牌号

由三部分组成，即"两位数字＋元素符号＋数字"。

2）滚动轴承钢的牌号

牌号前面加"G"（"滚"字汉语拼音字首），钢中碳的质量分数不标出，合金元素铬后面的数字表示铬平均含量的千分之几。

3）合金工具钢的牌号

合金元素的表示方法与合金结构钢表示相同。在合金工具钢中若碳的质量分数平均小于 1%，则牌号前面用一位数字表示出平均碳的质量分数的千分之几；若碳的质量分数平均大于 1%，则不标出。

4）高速工具钢的牌号

与合金工具钢略有不同，当钢中碳的质量分数平均小于 1%时，含碳量也不标出。

5）特殊性能钢的牌号

与合金工具钢基本相同。在特殊性能钢中当碳的质量分数平均小于 0.03%时，在牌号前用"00"表示，当钢中碳的质量分数平均为 0.03%~0.08%时，在牌号前用"0"表示。

3. 合金结构钢

（1）低合金高强度结构钢

1）化学成分

钢碳的质量分数较低，一般控制在 0.1%~0.2%，以少量的锰（0.8%~1.7%）为主加元素，硅的含量比碳素结构钢稍高（$w_{Si} \leqslant 0.55\%$），并加入钒、铌、钛、钼等合金元素。

2）性能特点

① 足够高的屈服点及良好的塑性、韧性；

② 良好的焊接性能；

③ 较好的耐蚀性。

3）热处理特点

通常是在热轧或正火状态下使用，一般不再进行热处理。

（2）合金渗碳钢

通常是指经渗碳、淬火＋低温回火后形成的合金钢。

1）化学成分：合金渗碳钢碳含量一般为 0.10%～0.25%，主加合金元素为铬、锰、镍、硼等。

2）常用的合金渗碳钢：低淬透性合金渗碳钢、中淬透性合金渗碳钢和高淬透性合金渗碳钢。

3）合金渗碳钢的热处理：渗碳后要进行淬火＋低温回火处理。表面硬度一般为 58～64HRC。心部组织和硬度根据合金渗碳钢的淬透性和尺寸而定。

（3）合金调质钢

指经淬火＋高温回火处理后形成的合金钢。

1）化学成分：碳含量在 0.25%～0.5% 之间的中碳合金钢。主加元素有锰、铬、镍、硼等，主要目的是增加钢的淬透性。

2）常用的合金调质钢：低淬透性合金调质钢、中淬透性合金调质钢和高淬透性合金调质钢。

3）合金调质钢的热处理：最终热处理均为淬火后进行 500～650℃的高温回火处理（即调质处理）

（4）合金弹簧钢

用来制造各种弹性元件的合金钢。

1）化学成分：含碳量一般为 0.45%～0.70%。含有锰、硅、铬、钒、钼等合金元素。

2）常用的合金弹簧钢：60Si$_2$Mn、50CrVA 等。

3）合金弹簧钢的热处理

① 热成形弹簧的热处理：对于直径或板厚大于 10mm 的螺旋弹簧或板弹簧，往往在热态下成形后进行淬火＋中温回火处理。

② 冷成形弹簧的热处理：根据其交货状态不同而采用不同方式的热处理。

a. 以退火状态供应的合金弹簧钢应在弹簧冷成形后，进行淬火＋中温回火的热处理；

b. 若供应状态是索氏体化处理或是油淬回火后的钢丝，在冷成形后一般不再进行淬火、回火处理，只需进行一次 200～300℃的去应力退火处理。

（5）滚动轴承钢

制造各种滚动轴承内外套圈及滚珠的专用钢。

1）化学成分

常用的滚动轴承钢是高碳铬轴承钢，其碳含量为 0.95%～1.10%，以保证轴承钢具有高强度、硬度，并形成足够的合金碳化物以提高耐磨性。

2）常用的滚动轴承钢

以高碳铬轴承钢应用最广（占 90％左右）。以 GCrl5、GCrl5SiMn 钢应用最多。对于承受较大冲击载荷或特大型的轴承，常用合金渗碳钢制造。

3）滚动轴承钢的热处理

球化退火、淬火＋低温回火。

4. 合金工具钢

（1）合金刃具钢

用来制造车刀、铣刀、钻头、丝锥、板牙等切削刃具的钢。

1）刃具材料应具有的性能

① 高的硬度和耐磨性：通常刃具的硬度越高，其耐磨性越好。因此一般刃具的硬度都在 60HRC 以上；

② 高的热硬性：在高温下保持高硬度的能力；

③ 足够高的塑性和韧性。

2）低合金刃具钢

① 化学成分：碳含量为 0.8％～1.5％，加入的合金元素有铬、锰、硅等。

② 常用的低合金刃具钢：以 9SiCr 和 8MnSi 两个牌号应用最为广泛。

③ 低合金刃具钢的热处理：最终热处理为淬火＋低温回火。

3）高速工具钢

① 化学成分：高速工具钢的成分特点是钢中含有较高的碳及大量的碳化物形成元素钨、钼、铬、钒等。

② 常用的高速工具钢：有钨系、钨钼系、超硬系三大类。

a. W18Cr4V（18-4-1）钢是我国发展最早、应用最广泛的高速工具钢，它具有较高的热硬性，过热和脱碳倾向小，但碳化物较粗大，韧性较差。

b. W6Mo5Cr4V2（6-5-4-2）钢是用钼代替了部分钨而形成的钨钼系高速工具钢。由于钼的碳化物细小，从而使钢具有较好的韧性。

c. W18Cr4V2Co8、W18Cr4V2Al 是我国研制的含钴、铝类超硬系高速工具钢。这种钢硬度可达 68～70HRC，热硬性达 670℃。

4）高速工具钢的热处理

① 高速工具钢的退火：高速钢锻造后必须进行球化退火，其目的不仅是降低硬度，消除应力，改善切削加工性能，而且也为以后淬火作好组织上的准备。

② 高速工具钢的淬火及回火。

（2）合金模具钢

用于制造模具的工具钢通常称为模具钢。

1）冷作模具钢

用于制造在冷态下工作的模具用钢，如冷冲模、冷镦模、冷挤压模、拉丝模和滚丝模等。

① 化学成分：一般碳含量在 1.0％以上，加入的合金元素主要有铬、钼、钨、钒等。

② 常用的冷作模具钢：在低合金工具钢中应用较广泛的钢号有 CrWMn、9Mn2V 和 9SiCr 等，对于尺寸大、形状复杂、精度高的重载冷作模具常用 Cr12 型模具钢。

③ 冷作模具钢的热处理：一般在锻造之后进行球化退火。最终热处理为淬火＋低温回火，Cr12 型模具钢常采用以下两种最终热处理方法：

a. 一次硬化法：采用较低的淬火温度和较低的回火温度，如 Cr12 钢采用 980℃左右的温度进行淬火，然后在 160～180℃进行低温回火。

b. 二次硬化法：采用较高的淬火温度和多次高温回火。如 Cr12 钢采用 1100～1150℃淬火，淬火后由于残余奥氏体量较多，钢的硬度较低，约为 40～50HRC。如果在 510～520℃进行 2～3 次回火，将发生二次硬化现象。

2）热作模具钢

用来制造对热态下金属或合金进行变形加工的模具用钢，如制造热锻模、热挤压模、压铸模等。

① 化学成分：钢中碳的质量分数为 0.3%～0.6%，同时加入一定量的铬、镍、锰、钨、钼、钒等合金元素。

② 常用的热作模具钢：典型的热作模具钢为 5CrNiMo、5CrMnMo。

③ 热作模具钢的热处理：锻造后退火；最终热处理通常采用淬火后进行中温（或高温）回火。

（3）合金量具钢

用于制造卡尺、块规、千分尺、卡规、塞规、样板等测量工具所使用的合金钢。

1）化学成分：碳的含量一般为 0.9%～1.5%，并加入铬、钨、锰等合金元素。

2）常用的量具钢：8MnSi、9SiCr、Cr2、W 钢等；对高精度、形状复杂的量具，可采用微变形合金工具钢如 CrWMn、CrMn 钢和滚动轴承钢 GCr15 制造。

3）热处理工艺：常进行球化退火及调质的预先热处理，最终热处理为淬火＋低温回火。

5. 特殊性能钢

（1）不锈钢：指能够抵抗大气腐蚀或能抵抗酸、碱、盐等化学介质腐蚀的钢。

1）不锈钢的成分特点

① 含碳量较低；

② 合金元素：常加的合金元素有铬、镍、钛、铌等。

2）常用的不锈钢

① 铁素体型不锈钢：铁素体型不锈钢中的碳含量小于 0.15%，铬的含量为 12%～30%，属于铬不锈钢。

② 马氏体型不锈钢：碳含量一般为 0.1%～0.4%（个别钢种可达 0.6%～1.2%），铬含量为 12%～18%，属于铬不锈钢，马氏体型不锈钢的最终热处理一般为淬火＋低温回火。

③ 奥氏体型不锈钢：目前应用最广泛的不锈钢，属镍铬不锈钢。典型的不锈钢为 18-8 型，这类钢中碳的质量分数很低一般小于 0.15%，含铬量为 17%～19%，含镍量为 8%～11%。

奥氏体型不锈钢的主要缺点是有晶间腐蚀倾向。

④ 其他类型的不锈钢。

（2）耐热钢：在高温下具有较好的抗氧化性并具有较高强度的合金钢。

1）耐热性的概念：包括高温抗氧化性和高温强度两方面的综合性能。

① 高温抗氧化性：是指金属材料在高温下对氧化作用的抵抗能力。

② 高温强度：金属在高温下抵抗塑性变形和断裂的能力。

2）常用的耐热钢

① 珠光体型耐热钢：这类钢的使用温度为 450～600℃。按含碳量及应用特点不同可分为低碳耐热钢和中碳耐热钢。

② 马氏体型耐热钢：这类钢的使用温度为 580～650℃。一般这类钢的合金元素含量较高，淬透性好，抗氧化性及高温强度高，多在调质状态下使用。

③ 奥氏体型耐热钢：奥氏体型耐热钢中合金元素含量很高，其耐热性能优于珠光体型耐热钢和马氏体型耐热钢，一般用于工作温度在 600～700℃的零件。

（3）耐磨钢：是指在强烈冲击载荷和严重磨损条件下工作，具有良好的韧性、耐磨性配合的合金钢。

典型牌号是 ZGMn13 型高锰钢，它的主要成分为铁、碳和锰，其碳的含量为 1.0%～1.5%，锰的含量为 11%～14%。

热处理方法：水韧处理。

高锰钢主要用于制造在工作中受冲击和压力并要求耐磨的零件。

四、铸铁

1. 概述

（1）定义

铸铁是指碳含量大于 2.11%（一般为 2.5%～4%）的铁碳合金。它是以铁、碳、硅为主要元素的合金。

碳在铸铁中的存在形式有两种：游离状态的石墨（G）或化合态的渗碳体形式。

（2）分类

1）白口铸铁：铸铁中的碳除少量溶于铁素体外，其余的碳都以渗碳体形式存在。其断口呈银白色。

2）灰口铸铁：铸铁中的碳大部分或全部以石墨的形式存在，断口呈暗灰色。

根据石墨形态的不同，灰口铸铁又可分为灰铸铁、球墨铸铁、可锻铸铁和蠕墨铸铁。

3）麻口铸铁：铸铁中的一部分碳以石墨形式存在，另一部分碳以渗碳体形式存在，断口呈灰、白相间的麻点。

2. 铸铁的石墨化

（1）铁碳合金双重相图，如图 2-64 所示。

（2）铸铁的石墨化

1）铸铁中的碳原子以石墨形式析出的过程。

2）铸铁由高温液态冷却到室温过程中石墨的结晶及析出的三个阶段：

第一阶段：包括从过共晶铸铁液中结晶出的一次石墨（G_I）和在 1154℃通过共晶转变所形成的共晶石墨 $G_{共晶}$：

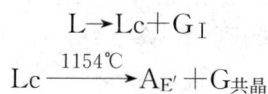

$$L \rightarrow Lc + G_I$$

$$Lc \xrightarrow{1154℃} A_{E'} + G_{共晶}$$

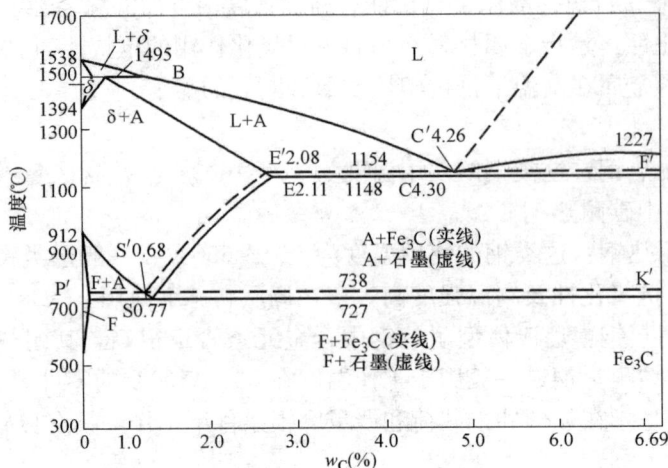

图 2-64 铁碳合金双重相图

第二阶段：在 1154～738℃之间冷却时，从奥氏体中析出的二次石墨（G_{II}），其反应式为：

$$A_{E'} \xrightarrow{\quad 1154～738℃ \quad} A_{s'} + G_{II}$$

第三阶段：在冷却至 738℃时，通过共析转变从奥氏体中析出的共析石墨（$G_{共析}$）：

$$A_{S'} \xrightarrow{\quad 738℃ \quad} F_{P'} + G_{共析}$$

（3）影响铸铁石墨化的因素

1）化学成分的影响

① 促进石墨化的元素，如碳、硅、铝、铜等；

② 阻碍石墨化的元素，如硫、锰等。

2）冷却速度的影响

冷却速度大，碳容易以渗碳体的形式存在；冷却速度较小，则有利于石墨化进程的进行。

3. 常用的铸铁

（1）灰铸铁

1）灰铸铁的化学成分：铸铁中碳、硅、锰是调节组织的元素，磷是控制使用的元素，硫是应限制的元素，且前生产中，灰铸铁的化学成分范围一般为 $w_C=2.7\%～3.6\%$；$w_{Si}=1.0\%～2.5\%$，$w_{Mn}=0.5\%～1.3\%$，$w_P≤0.3\%$，$w_s≤0.15\%$。

2）灰铸铁的组织：灰铸铁中的碳全部或大部分以片状石墨的形式分布在基体组织上。按基体组织的不同灰铸铁分为三类：铁素体灰铸铁、铁素体＋珠光体灰铸铁、珠光体灰铸铁。

3）灰铸铁的性能

① 力学性能

主要取决于基体组织和石墨的数量、形状、大小及分布状况。灰铸铁的抗拉强度、疲劳强度、塑性、韧性远比相同基体的钢低得多。

② 其他性能

a. 良好的铸造性能；

b. 良好的减振性能；

c. 良好的减摩性能；

d. 良好的切削加工性能；

e. 缺口敏感性低。

4）灰铸铁的孕育处理：若在浇注前向铁液中加入少量孕育剂（如硅铁和硅钙合金），形成大量的、高度弥散的难熔质点，成为石墨的结晶核心，促进石墨的形核，得到细珠光体基体和细小均匀分布的片状石墨。这种方法称为孕育处理，孕育处理后得到的铸铁叫做孕育铸铁。孕育铸铁特点：强度和韧性都优于普通灰铸铁，而且孕育处理使得不同壁厚铸件的组织比较均匀，性能基本一致，故孕育铸铁常用来制造力学性能要求较高而截面尺寸变化较大的大型铸件。

5）灰铸铁的牌号：牌号用"HT×××"表示。

6）灰铸铁的热处理

① 消除内应力退火：将铸件加热到 $500\sim600℃$，保温后随炉缓冷至 $150\sim200℃$ 出炉空冷。

② 石墨化退火

a. 低温石墨化退火：铸铁低温石墨化退火时将发生共析渗碳体的分解。

b. 高温石墨化退火：从液态铁液中结晶出的自由渗碳体，需要进行高温石墨化退火，使自由渗碳体分解。

③ 表面热处理：通过表面淬火处理的方法提高其硬度和耐磨性。

（2）球墨铸铁

1）球墨铸铁的化学成分；

2）球墨铸铁的组织：球墨铸铁的组织由球状石墨和基体组成。

3）球墨铸铁的性能：石墨对基体的割裂作用和应力集中作用降到最低，因此球墨铸铁的力学性能是铸铁当中最高的。

4）球墨铸铁的牌号：牌号用"QT×××-××"表示。

5）球墨铸铁的热处理

① 消除内应力退火：加热温度一般控制在 $550\sim650℃$ 之间，保温一定时间后随炉缓慢冷却至 $200\sim250℃$ 出炉空冷。

② 石墨化退火

a. 低温石墨化退火：当铸态组织中为铁素体＋珠光体＋石墨或珠光体＋石墨，而没有自由渗碳体时，为了获得以铁素体为基体的球墨铸铁，可进行低温退火。

b. 高温石墨化退火：当铸态组织中不仅有珠光体，而且还有自由渗碳体时，为了使渗碳体分解，获得以铁素体为基体的球墨铸铁，需采用高温退火。

③ 正火

a. 低温正火：将工件加热到 $820\sim860℃$，保温一定时间，使基体的一部分转变为奥氏体，另一部分铁素体未发生转变，然后出炉空冷，冷却后的组织为珠光体＋少量铁素体＋球状石墨。

b. 高温正火：加热温度一般为 $880\sim950℃$，保温一定时间后出炉空冷。高温正火后可以获得珠光体＋石墨的组织。

④ 调质处理：球墨铸铁的调质处理是将铸件加热到 880～920℃，保温后油冷，然后在 500～600℃回火 2～6h，获得回火索氏体＋球状石墨组织的热处理方法。

⑤ 等温淬火：将球墨铸铁件加热到 880～920℃，保温一定时间，然后迅速放入到 250℃的盐浴炉中等温，使过冷奥氏体转变为下贝氏体后出炉空冷的工艺。

（3）可锻铸铁

1）可锻铸铁的化学成分及生产过程

① 可锻铸铁中的碳、硅含量较低，化学成分要求较严。

② 由白口铸铁件，经过 900～960℃高温长时间保温进行石墨化退火，使白口组织中的渗碳体分解出团絮状石墨后得到的。

2）可锻铸铁的牌号：牌号用"KT×××-××"表示。

（4）蠕墨铸铁

1）蠕墨铸铁的化学成分

2）蠕墨铸铁的组织：铸铁的基体上分布着蠕虫状的石墨。

3）蠕墨铸铁的性能：力学性能介于相同基体组织的灰铸铁和球墨铸铁之间。

4）蠕墨铸铁的牌号：牌号用"RuT×××"表示。

（5）合金铸铁

1）耐磨铸铁：根据工作条件不同耐磨铸铁可分为减摩铸铁和抗磨铸铁两类。

① 减摩铸铁：组织是在软基体上分布着硬的质点。一般用于在有润滑条件下工作的零件。

② 抗磨铸铁：组织一般具有较高的硬度。适用于在无润滑、受磨料磨损条件下工作的零件。

2）耐蚀铸铁：指在酸、碱等介质中具有抗腐蚀能力的铸铁。

3）耐热铸铁：在铸铁中加入硅、铝、铬等元素，使铸件表面形成一层致密的氧化膜，保护内部组织不继续被氧化并使临界点上升而不发生组织转变，提高铸铁的耐热性。

第三章 相 关 知 识

第一节　设备安装组织与管理

一、设备施工项目组织与管理

施工生产水平的高低，一方面取决于生产技术水平，更重要的是取决于生产组织与管理的科学水平。施工项目组织与管理是施工企业经营管理的重要组成部分，是施工企业实行科学施工项目组织与管理的重要环节。

1. 施工组织设计

（1）施工组织设计的任务及类型

施工组织设计是施工企业指导和部署施工，指挥施工活动，开展项目管理工作的技术经济文件，也是企业对施工项目管理运行方针和目标决策的具体实施纲领和计划。

建设项目内部的工程系统由单项工程、单位工程、分部分项工程等子系统构成。

单项工程：一般是具有独立设计文件的，建成后可以单独发挥生产能力或效益的一组配套齐全的工程项目。

单位工程：是单项工程的组成部分，一般情况下是指一个单体的建筑物或构筑物。

分部工程：是单位工程的组成部分，亦即单位工程的进一步分解。

分项工程：是按工种划分的，也是形成建筑产品基本部件的施工过程。

1）施工组织设计的任务

确定并完成开工前的各项施工准备工作：根据合同规定的内容，确定人力、机械、材料的需用量和供应计划；编制技术先进、经济合理的施工方法和技术措施；选定有效的施工机具和劳动组织；合理安排施工工序、施工方案，编制施工进度计划；合理地布置施工平面图；确定各项技术经济指标。

2）施工组织设计的类型

施工组织设计根据工程规模、编制范围、编制时间和深度不同，通常分为项目工程施工组织总设计、单位工程施工组织设计、分部分项工程施工组织设计等不同类型。因此，施工单位应根据工程特点和施工的要求进行编制，随着施工条件的不断明确，从总体的、综合的、控制性的施工计划，向局部的、专业的、实施性的施工计划逐步深化，编制不同类型的可靠和切实可行的施工组织设计文件，以具体指导不同阶段、不同范围的施工活动。

① 施工组织总设计

施工组织总设计：指工程项目管理不同主体编制的施工总体规划。

a. 建设单位编制的建设项目施工组织总设计（或施工总体规划）；

b. 建设总承包企业编制的施工组织总设计；

c. 建筑施工企业编制的施工组织总设计。

由于管理的主体不同，施工组织总设计所编制的范围、内容重点和要求、作用也不一样。

② 单位工程施工组织设计

单位工程施工组织设计，作为落实施工组织总设计和具体指导单位工程施工的计划文件。单位工程施工组织设计在工期、质量、成本和安全施工、现场标准化管理方面，应服从施工组织总设计和总体目标的要求。同时要从单位工程的具体施工出发，制定管理措施，以保证单位工程管理目标的实现。编制单位工程施工组织设计应具备以下要件：

a. 内容全面：必须具备工程概况及特点；施工工序及方法；施工进度计划和劳动力、施工机械、运输设备、主要建材、构件、制品需用计划；施工平面布置图；技术措施和技术经济指标等基本内容。

b. 施工方法合理：从实际出发，满足建设要求，易于开展符合企业自身条件的施工方法。施工程序正确且合理。符合安装基本工艺要求。

c. 具有指导施工和可操作性：应有采用先进的施工工艺、新材料、新设备的内容；文字简练，表达清楚，通顺。

③ 分部分项工程施工组织设计

对于工程量大，技术复杂，质量要求高，或施工条件特殊等的施工部位或工种，必须编制独立的施工组织设计文件，作为单位工程施工组织设计的补充和深化。

（2）施工组织设计的作用

施工组织设计的作用是全面规划、布置施工生产活动，制定先进合理的技术措施和组织措施，确定经济合理、切实可行的施工方案；节约使用人力、物力、财力，主动调整施工中的薄弱环节，及时处理施工中可能出现的问题，加强各方面的协作配合，保证有节奏地连续施工，全面地完成施工任务，以便企业以最小的人力、物力和资金消耗，实现最优的经济效果和社会效果。

（3）施工组织设计的基本内容

不同种类的施工组织设计，由于作用不同，编制的内容和深度要求也不一样，一般应包括以下几个方面的内容：

1）工程概况。这部分内容主要以文字和列表方式表达，描述工程的性质、用途，建设单位，设计单位，工程地点，承包方式，工程量，预算造价，开竣工日期，工程特点，基本的施工条件等，文字应简短，抓住主要和关键的部分进行分析说明。

2）施工技术方案。确定主要项目的施工顺序和施工方法的选择，主要安装施工机械的选择及有关技术、质量、安全、季节施工措施等。

3）施工进度计划。包括划分施工项目、计算工程量、计算劳动力和机械台班量，确定分部、分项工程的作业时间，并考虑各工序的搭接关系，编制施工进度计划并绘制施工进度图表等。

4）各工种劳动力需用计划及劳动组织。

5）材料、加工件需用计划及施工机械需用计划。

6）施工准备工作计划。包括为该单位工程施工所作的技术准备，现场准备，机械、设备、工具、材料、加工件的准备等，并编制施工准备工作计划图表。

7）施工平面规划图。用来表明单位工程施工所需施工机械、加工场地，材料和加工件堆放场地及临时运输道路，临时供水、供电、供热管线和其他临时设施的合理布置并绘成施工平面图，以便按图进行布置和管理。

8）确定技术经济指标。

（4）施工组织设计编制依据

施工组织设计编制的指导思想必须是一切从实际出发。根据工程的具体特点和内容编制可靠和切实可行的施工组织设计。施工组织设计所制定的施工方案、进度计划和工期施工预算成本，施工平面图布置以及各项施工技术组织措施，将对全面施工活动起着指导作用。因此其编制的质量如何，直接关系到施工项目管理各项目标的实现。为了提高其科学性、针对性和实用性，编制依据有以下几个方面：

1）设计文件（领会设计意图、质量规格等）；

2）工程标书、合同文件及类似工程的技术文件；

3）现行国家施工技术规范、规程、标准、工期要求等；

4）本企业现有机械设备，新工艺、新材料；

5）建设地区各种有关自然条件和技术经济条件方面的资料。

（5）施工方案

施工组织设计一般只针对主要工程提出原则性的施工方法，施工方案的内容基本上与施工组织设计内容相同，只是内容上更加突出地说明施工方法、施工程序、机械化施工和技术措施。

1）施工方案编制依据

① 设计图纸及设计说明、随机（或产品）技术文件；

② 国家规定的现行施工及验收规范、规程、标准和施工定额；

③ 施工组织设计对该工程项目的规定和要求；

④ 土建的施工作业计划及相互配合交叉施工的要求；

⑤ 类似项目的经验等。

2）施工方案的内容

① 工程概况及特点的说明；

② 主要施工方法和技术措施；

③ 组织机构、质量计划及保证措施；

④ 施工进度计划及保证措施；

⑤ 安全生产、文明施工保证措施；

⑥ 主要劳动力、机具、材料、加工件的进场计划；

⑦ 施工平面布置图。

（6）施工组织设计主要内容的编制

1）施工技术方案的选择

施工技术方案是施工组织设计的一个重要组成部分。施工技术方案是否先进、合理、经济，直接影响着工程的进度、质量和企业的经济效益。施工技术方案通常包括以下几个方面的内容：

① 施工顺序的安排

施工顺序的安排主要应以工程投产顺序和各单位工程施工工期的长短以及是否有利于以后施工顺序进展为原则来确定。一般按生产工艺流程先投产的、工程量大的、施工工期长的应先行安排施工。一般应按先土建，后安装；先地下，后地上；先场外，后场内的原则施工。对设备安装应先安装主体设备，后安装配套设备；先高空，后地面。先安装重、大、高、关键设备，后安装一般中、小型设备。对于设备安装工程应先安装设备，后进行管道、电气安装。管道安装工程应按先干管，后支管；先大管，后小管；先里面后外面的顺序进行施工。

② 施工组织确定

建筑安装工程施工是一项特殊、复杂的生产活动，一般是按分部、分项工程进行组织的。每一分项或分部工程的施工，大都由一个或几个专业施工班组承担的，施工组织必须依据工程对象、现场实际情况、工期、人力资源等来确定，并以能使施工连续、均衡和有节奏地进行，能合理使用人力、物力和财力为原则来确定并选择依次施工、流水施工、交叉施工等施工组织形式。

③ 施工方法选择

施工方法在技术上是解决主要项目或工序的施工手段和施工工艺问题。同一项目或工序的施工方法是多种多样的，选择何种施工方法，是一项综合性的技术经济分析工作，只有在经过技术经济分析的基础上，才能选择最优方案。选择时应注意以下几个问题：

a. 尽可能利用企业自有的施工机械及设备，同时考虑对施工机械及设备的综合使用和工作程序做出合理的选择；

b. 尽可能做到技术先进性与经济合理性的统一；

c. 充分发挥企业自身的技术优势和特点，尽可能地采用先进的技术和施工工艺；

d. 对技术经济从定性和定量两个方面进行分析，同时兼顾国家现行的施工及验收规范和有关质量检验标准。

2）施工进度计划的编制

施工进度计划是在确定工程施工工期基础上，对工程的施工顺序，各个工序的延续时间及工序之间的起止时间和相互衔接关系，以及所需劳动力和各种技术物资的供应所作的具体策划和统筹安排。

① 施工进度计划编制依据

a. 本项目的工程承包合同；

b. 本项目的施工规划与施工组织设计；

c. 企业的施工生产经营计划；

d. 设计进度计划；

e. 有关现场条件的资料；

f. 材料、设备及资金供应条件；

g. 已建成的同类或相似项目的实际施工进度。

② 编制施工进度计划的基本原则

a. 保证施工项目按目标工期规定的期限完成，尽快发挥投资效益；

b. 在合理范围内，尽可能缩小施工现场各种临时设施的规模；

c. 充分发挥施工机械、设备、周转材料等施工资源的生产效率；

d. 尽量组织流水搭接，连续、均衡施工，减少现场工作面停歇和窝工现象；

e. 努力减少因组织安排不善、停工待料等人为因素引起的时间损失和资源浪费。

③ 施工进度计划的表示方法

施工进度计划通常可用横道图或网络图表示。

a. 横道图（甘特图）

是安排施工进度计划和组织流水施工常用的一种形式。横道图以横道线条结合时间坐标来表示工程中各施工过程的施工时间和先后顺序，整个进度计划由一系列的横道组成。

横道图的优点是较易编制、直观、易懂。因为有时间坐标，各项工作的施工开始时间、持续时间、结束时间、相互搭接要求、总工期，以及流水施工的开展情况，都表示得很清楚、明确，一目了然。对劳动力等资源需要量的计算也便于据图叠加。

但横道图不能表达工作间的逻辑关系，不能直接进行计算，不便于计划优化和调整。因此，横道图只适用于小而简单的施工计划，对大而复杂的项目施工计划与控制就有困难。

b. 网络图

网络图是用施工网络图来表达内容，它能正确表示各工作之间的相互制约、相互依赖关系；通过网络图计算，能够分别确定各项工作的最可能和最迟必须开始时间以及相应的结束时间、总时差和自由时差；用网络方案的优化和比较，选择最优方案；能够运用计算机实施辅助计划管理。

④ 施工进度计划的编制程序

分析任务和条件、分解进度目标；制定施工方案、确定施工顺序；确定工作名称；估计工作时间；逻辑关系分析；绘制初始网络；计算时间参数、确定关键线路；优化和调整；检查是否满足要求；正式绘制网络图。

3）资源进度计划

在施工进度计划确定后，还需要安排施工资源，如劳动力、施工机具设备、材料、配件、资金等进度计划。

4）施工准备工作计划

① 施工用电计划：施工现场动力和照明用电量可按下列公式计算：

$$P = 1.10 \times (K_1 \sum P_1 + K_2 \sum P_2 + K_3 \sum P_3) \quad (kW)$$

式中　K_1——全部施工用电设备同期使用系数，$K_1 = 1 \sim 0.6$，用电设备越多，K_1 值越小；

　　K_2——室内照明设备同期使用系数，一般取 $K_2 = 0.8$；

　　K_3——室外照明设备同期使用系数，一般取 $K_3 = 1$；

　　$\sum P_1$——全部施工用电设备需用功率的总和；

　　$\sum P_2$——室内照明设备额定容量的总和；

　　$\sum P_3$——室外照明设备额定容量的总和；

　　1.10——用电不均系数。

电源选择：可利用施工现场附近的高压线路或变电所供电，其变电所的容量可按下式计算：

$$W = KP/0.75 \quad (kVA)$$

式中　K——变压器服务范围内的总用电量；

P——功率损失系数，取 1.05。

② 施工供水计划：现场施工用水包括生产、生活及消防用水三部分，其用水量分别按以下原则确定。

a. 生产用水量的计算：

$$q_1 = 1.1 \sum Q_1 N_1 K_1 / (t \times 8 \times 3600)$$

式中　q_1——生产用水量，L/s；

Q_1——最大年度（或季度、月度）工种工程量，可由总进度计划表及主要工种工程量表中求得；

N_1——各工种工段施工用水定额；

K_1——每班用水不均衡系数；

t——与 Q_1 相应的工作延续时间（天数），按每天一班计算；

1.1——未考虑到的用水量修正系数。

b. 施工机械用水量计算：

$$q_2 = 1.1 \sum Q_2 N_2 K_2 / (24 \times 3600)$$

式中　q_2——施工机械用水量，L/s；

Q_2——同一种机械的台数；

N_2——该种机械的台班用水定额；

K_2——施工机械用水不均衡系数；

1.1——未考虑到的用水量修正系数。

c. 生活用水量的计算：

$$q_3 = 1.1 \times Q_3 N_3 K_3 / (24 \times 3600)$$

式中　q_3——生活用水量，L/s；

Q_3——施工工地高峰时工人人数；

N_3——每人每日生活用水定额；

K_3——每日用水不均衡系数；

1.1——未考虑到的用水量修正系数。

d. 消防用水量计算

消防用水量 q_4 应根据施工工地的大小和居住人数查消防用水定额确定。

e. 用水总量的计算

用水总量 Q 应根据下列三种情况考虑：

当 $(q_1 + q_2 + q_3) \leqslant q_4$ 时，则 $Q = q_4$（失火时停止施工）；

当 $(q_1 + q_2 + q_3) > q_4$ 时，则 $Q = q_1 + q_2 + q_3$（失火时停止施工）。

以上只适用于工地面积小于 10ha 的工地。

当工地面积大于 10ha 时，只考虑一半工地施工，则用水量为：$Q = q_4 + (q_1 + q_2 + q_3) \times 1/2$。

5）施工平面图的设计

施工平面图是单位工程施工组织设计的主要内容，施工平面图是根据工程的特点、场地状况、施工方案和进度计划的要求，对施工现场的空间布置做出合理规划。单位工程施工平面图通常用 1∶200～1∶500 的比例绘制。

① 施工平面图布置的原则一般为：

a. 工艺流程合理、顺畅，有利于施工，有利于施工管理；

b. 分区明确，减少施工相互干扰；

c. 搬运方便，物料流向合理，运距短；

d. 符合劳动保护、安全技术和防火的有关规定。

② 施工平面图的标注内容包括：

a. 房屋、构筑物及其他设施的位置、尺寸；

b. 各种施工机械、加工设备的工作位置；

c. 材料、构件的堆放位置及现场部件（或设备）组对的位置；

d. 临时给水、排水和供电设施布置位置；

e. 道路与场外交通的连接位置；

f. 消防设施位置。

（7）施工组织设计编制和审批

1）施工组织设计应由项目负责人支持编制，可根据需要分阶段编制和审批；

2）施工组织总设计应由总承包单位技术负责人审批；单位工程施工组织设计应由施工单位技术负责人或技术负责人授权的技术人员审批，施工方案应由项目技术负责人审批；重点、难点分部（分项）工程和专项工程施工方案应由施工单位技术部门组织相关专家评审，施工单位技术负责人批准；

3）由专业承包单位施工的分部（分项）工程或专项工程的施工方案，应由专业承包单位技术负责人或技术负责人授权的技术人员审批；有总承包单位时，应由总承包单位项目技术负责人核准备案；

4）规模较大的分部（分项）工程和专项工程的施工方案应按单位工程施工组织设计进行编制和审批。

2. 安装工程施工项目管理

施工项目管理是建筑施工企业制度的重要组成部分，以实现现代企业制度的"管理"科学。

（1）施工项目管理的概念

项目管理是为了使项目实现所要求的质量、所规定的时限、所批准的费用预算而进行的全过程、全方位的规划、组织、控制与协调。它涉及从投标开始到交工为止的全部生产组织与管理及维修的管理内容。为完成由工程承包合同规定的承包范围，遵循施工特点和规律组织施工活动而生产出建筑产品、取得项目利润的一项综合性管理工作。

（2）施工项目管理的全过程

施工项目管理内容按施工项目寿命周期可分为：

1）投标、签约阶段

① 施工企业从经营战略的高度做出是否投标争取承包该项目的决策；

② 决定投标以后，从多方面掌握大量信息；

③ 编制投标书；

④ 中标后，依法签订工程承包合同。

2）施工准备阶段

① 施工准备的作用

熟悉合同及设计要求，为完成各项经济技术指标，争取较好的经济效益，编制技术先进、经济合理的施工组织设计做准备；掌握工程特点及技术难点和关键，为争取早日开工，选择合理、先进的施工方法创造条件；保证顺利施工，为保质、保量、低耗地完成任务打好基础；处理好各工种的交叉配合及协调工作，做到文明施工。

② 施工准备的内容

a. 组建项目部，根据工程管理的需要建立机构，配置相关管理人员。项目组织形式有多种选择，如施工作业队项目组织形式、部门控制式项目组织形式和矩阵式项目组织形式等。

b. 编制施工组织设计，主要是施工方案、施工进度计划和施工平面图，用以指导施工准备和施工。

c. 制定施工项目管理规划，以指导施工项目管理活动。

d. 进行施工现场准备，使现场具备施工条件，利于进行文明施工。

e. 编制开工申请报告，待批开工。

3）施工阶段

这一阶段的目标是完成合同规定的全部内容，达到验收、交工的条件。主要由计划、实施、检查等环节组成，具体有以下工作内容：

① 按施工组织设计确定的施工方案和施工方法进行施工，将所有不同的工种，配备不同施工机械、使用不同材料的施工力量，在不同的地点和工作部位，按预定的顺序和时间，协调地从事施工作业。

② 在施工中努力做好动态控制工作，保证质量目标、进度目标、造价目标、安全目标、节约目标的实现。

③ 管好施工现场，实行文明施工。

④ 严格履行工程承包合同，处理好内外关系，管好合同变更及索赔。

⑤ 做好记录、协调、检查、分析工作。

4）验收、交工与结算阶段

① 验收、交工的意义：工程竣工后，应由业主（使用单位）向安装施工单位进行工程验收，验收、交工一般按单位工程进行，而单位工程的竣工验收又在分项、分部工程验收的基础上进行。其意义在于对项目成果进行总结、评价，对外结清债权债务，结束交易关系。是全面考核项目施工成果，检验设计和工程质量以及生产准备工作的重要环节，也是必须履行的法定手续。通用机械设备安装工程质量评定对室内机械设备按分项、分部工程、单位工程三级进行，其等级分为合格和不合格两个等级。

② 这一阶段的主要工作内容包括：工程收尾，进行试运转；在预验收的基础上接受正式验收；整理、移交竣工文件，进行财务结算，总结工作，编制竣工总结报告；办理工程交工手续；项目经理部解体。

5）用后服务阶段

用后服务是按合同规定的责任期进行用后服务、回访与保修，其目的是保证使用单位正常使用，发挥效益。在该阶段的主要内容有：

① 为保证工程正常使用而作必要的技术咨询和服务。

② 进行工程回访，听取使用单位意见，总结经验教训，观察使用中的问题，进行必要的维护。

③ 进行沉降、抗震性能等观察。

二、技术资料管理

1. 技术资料的范围和管理原则

安装工程技术资料是指项目施工所依据的以及在施工过程中形成的各种技术文件资料的总汇，包括工程技术资料、施工技术资料、技术标准和技术规程及国家颁布的有关法律、法规等。

（1）工程技术资料

工程技术资料是为交工验收做准备并提供建设单位存档的项目全过程实际情况的技术资料，是竣工验收的重要依据，也是该工程项目使用、管理、维修、改扩建的依据，主要包括：

1）开、竣工报告，工程项目一览表，设备清单或明细表。

2）设备监造、性能试验、出厂检查文件和记录。

3）材质证明、检验报告、所安装机电设备及器材的开箱记录及质量合格证、产品说明书。

4）设备调试、管线阀门试压、焊缝检查、探伤记录、绝缘遥测记录、接地遥测记录、生产装置试运行记录。

5）隐蔽工程记录、工程质量评定记录、质量事故分析和处理报告、竣工验收证明。

6）竣工图、图纸会审记录、设计变更通知单、技术核定单等。

（2）施工技术资料

施工技术资料是施工单位建立的施工技术档案，工程完工后应整理编码立卷交企业档案部门存档，主要包括：

1）项目质量计划、施工方案、施工组织设计及项目施工总结。

2）重大质量、安全事故情况分析处理，施工技术总结的重要技术决定及实施记录。

3）新技术推广应用及经验总结。

4）包括施工全过程气象记录在内的其他应收集的技术文件资料。

（3）技术标准、技术规程及国家颁布的有关法律、法规

1）施工质量验收规范。

2）工业与民用或专业的质量检验及评定标准。

3）重要的安装材料或半成品的技术标准及检验标准。

4）技术规程（主要包括项目施工的操作方法，设备和工具的使用及操作规程，施工机械的安全操作规程，维护、维修及使用说明书等）。

5）有关法律、法规，主要包括国家有关部门对施工企业和对有特殊要求的工程项目（如锅炉、压力容器、电梯、起重机械等）所颁布的法律、法规和管理办法。

6）对标准规范和法律、法规要密切注意其时效性。

（4）技术资料管理流程

1）施工资料应实行报验、报审管理。施工过程中形成的资料应按报验、报审程序，

通过相关施工单位审核后，方可报建设（监理）单位。

2）施工资料的报验、报审应有时限性要求。工程相关各单位宜在合同中约定报验、报审资料的申报时间及审批时间，并约定应承担的责任。当无约定时，施工资料的申报、审批不得影响正常施工。

3）建筑工程实行总承包的，应在与分包单位签订的施工合同中明确施工资料的移交套数、移交时间、质量要求及验收标准等。分包工程完工后，应将有关施工资料按约定移交。

4）施工技术资料管理流程。

5）施工物资资料管理流程。

6）施工质量验收资料管理流程（包括检验批质量验收流程，分项工程质量验收流程，分部工程质量验收流程）。

7）工程验收资料管理流程。

2. 工程档案和竣工图的管理要求

工程档案和竣工图是建设项目的永久性技术文件，是建设单位使用（生产）维修、改造、扩建的重要依据，也是对建设项目进行复查的依据。在施工项目竣工后，工程项目经理部必须按规定向建设单位移交，这也是竣工结算的前提条件之一。因此施工单位在承包合同签订后，就必须派责任部门负责收集、整理立卷并管理以便日后归档。

（1）工程档案的主要内容

1）开、竣工报告，工程项目一览表，设备清单或明细表。

2）竣工图、图纸会审记录、设计变更通知单、技术核定单。

3）材质证明、检验报告、机电设备和器材的开箱记录及质量合格证、产品说明书。

4）隐蔽工程记录、工程质量评定记录、质量事故分析和处理报告、竣工验收证明。

5）设备监造、性能试验、出厂检查文件和记录。

6）负荷运行、生产工艺调试与试生产及设备性能考核、最终工程竣工验收的记录和报告。

7）其他需要向建设单位移交的有关文件和实物照片及音像、光盘等。

（2）工程档案的管理要求

1）工程档案资料是项目施工依据和实施结果记录的文件资料，应该完整、正确、有效，其收集、保管、发放（借用）使用、流转、回收应当有序、及时、无误。

2）施工所需用的文件资料应当齐全、无缺漏，以满足施工要求。

3）对文件资料错误和严重不合理处，必须及时纠正，以便指导施工正常无误的进行。

4）施工中所使用的文件资料不能是过期、失效或废止的，而是履行了审核、批准及认可手续的。

5）文件资料的管理应执行规定的程序和制度。

6）文件资料的收集、审核和认可、发放、流转各个环节不能发生差错。

（3）竣工图的管理要求

1）编制竣工图的依据

① 施工中未发生变更的原施工图；

② 设计变更通知书；

③ 工程联系单；

④ 施工变更记录；

⑤ 隐蔽工程记录和质量检验记录等原始资料。

2）对竣工图的主要要求

① 施工过程中未发生任何设计变更，按施工图进行施工的，则原施工图可作为竣工图，但必须是新图纸，同时已加盖"竣工图"标识；

② 施工过程中设计变更不大，可在原施工图上清晰地注明修改部分的实际情况，但必须是新图纸，并附以设计变更通知书、设备变更记录及施工说明，然后加盖"竣工图"标识，作为竣工图使用；

③ 施工过程中设计有重大变更，原施工图不再适用，应重新绘制竣工图，经设计人员签字加盖"竣工图"标识。新绘制的竣工图，必须真实地反映出变更后的工程情况。

3）竣工图编制原则

① 坚持核、校、审的制度，主要技术负责人审核签认，保证竣工图与工程实际情况一致、吻合、准确；

② 保证绘制质量，做到规格统一，字迹清晰；符合技术档案的规定及档案馆和建设单位要求；

③ 必须是新图纸，符合长期保存的需要。

（4）工程档案资料的移交

1）施工单位向建设单位移交工程档案资料时，应编制《工程档案资料移交清单》，双方按清单查阅清点。

2）移交清单一式两份，移交后双方应在移交清单上签字盖章，双方各保存一份存档备查。

三、安全管理

1. 我国建设工程安全生产法律法规体系

在建筑活动中，施工管理者必须遵循相关的法律、法规及标准，同时应当了解法律、法规及标准各自的地位及相互关系。

（1）建筑法律

建筑法律一般是全国人民代表大会及其常务委员会对建筑管理活动的宏观规定，侧重于对政府机关、社会团体、企事业单位的组织、职能、权利、义务等，以及建筑产品生产组织管理和生产基本程序进行规定，是建筑法律体系的最高层次，具有最高法律效力，以主席令形式公布。例如 1997 年 11 月 1 日，中华人民共和国主席令第 91 号《中华人民共和国建筑法》。

（2）建筑行政法规

建筑行政法规是对法律条款进一步细化，是国务院根据有关法律中授权条款和管理全国建筑行政工作的需要制定的，是法律体系的第二层次，以国务院令形式公布。例如 2003 年 11 月 12 日，国务院令第 393 号《建设工程安全生产管理条例》。

（3）建筑部门规章

建筑部门规章是国务院各部委根据法律、行政法规颁布的建筑行政规章，其中综合规章主要由建设部发布。部门规章对全国有关行政管理部门具有约束力，但它的效力低于行政法规，以部委令形式发布。例如2000年8月21日，建设部令第81号《实施工程强制性标准监督规定》。

（4）地方性建筑法规

地方性建筑法规是省、自治区、直辖市人民代表大会及其常务委员会，根据本行政区的特点，在不与宪法、法律、行政法规相抵触的情况下制定的行政法规，仅在地方性法规所辖行政区域内具有法律效力。

（5）地方性建筑规章

地方性建筑规章是地方人民政府根据法律、法规制定的地方性规章，仅在其行政区域内有效，其法律效力低于地方性建筑法规。例如2001年4月5日北京市人民政府令第72号《北京市建设工程施工现场管理办法》。

（6）国家标准

国家标准是需要在全国范围内统一的技术要求，由国务院标准化行政主管部门制定、发布。国家标准分为强制性标准和推荐性标准，强制性标准代号为"GB"，推荐性标准代号为"GB/T"。国家标准的编号由国家标准代号、国家标准发布顺序号及国家标准发布的年号组成，国家工程建设标准代号为GB 5××××或GB/T 5××××。例如《建筑工程施工质量验收统一标准》GB 50300—2013。

（7）行业标准

行业标准是需要在某个行业范围内统一的，而又没有国家标准的技术要求，由国务院有关行政主管部门制定，并报国务院标准化行政主管部门备案。行业标准是对国家标准的补充，行业标准在相应国家标准实施后，应该自行废止。其标准分为强制性标准和推荐性标准。行业标准如：城市建设行业标准（Q）建材行业标准（JC）建筑工业行业标准（JC）。现行工程建设行业标准代号在部分行业标准代号后加上第三个字母J，行业标准的编号由行业标准代号、行业标准顺序号及行业标准发布的年号组成，行业标准顺序号在3000以前的为工程类标准，在3001以后的为产品类标准。例如《普通混凝土配合比设计规程》JGJ 55—2011和《冷轧扭钢筋》JG 190—2006等。

（8）地方标准

地方标准是对没有国家标准和行业标准，但又需要在省、自治区、直辖市范围内统一的产品安全和卫生要求，由省、自治区、直辖市标准化行政主管部门制定，并报国务院标准化行政主管部门备案。地方标准不得违反有关法律法规和国家行业强制性标准，在相应的国家标准、行业标准实施后，地方标准应自行废止。在地方标准中凡法律法规规定强制性执行的标准，才可能有强制性地方标准。

2. 安全生产管理的主要任务

（1）贯彻落实国家安全生产法规，落实"安全第一，预防为主"的安全生产、劳动保护方针。

（2）制定安全生产的各种规程、规定和制度，并认真贯彻实施。

（3）制定并落实各级安全生产责任制。

（4）积极采取各项安全生产技术措施，保障职工有一个安全可靠的作业条件，减少和杜绝各类事故。

（5）采取各种劳动卫生措施，不断改善劳动条件和环境，防止和消除职业病及职业危害，做好女工和未成年工的特殊保护，保障劳动者的身心健康。

（6）定期对企业各级领导、特种作业人员和所有职工进行安全教育，强化安全意识。

（7）及时完成各类事故的调查、处理和上报工作。

（8）推动安全生产目标管理，推广和应用现代化安全管理技术与方法，深化企业安全管理。

3. 安全生产管理原则

（1）坚持"管生产必须管安全"的原则。

（2）生产部门对安全生产要坚持"五同时"的原则，即在计划、布置、检查、总结、评比生产工作的时候，同时计划、布置、检查、总结、评比安全工作。

（3）坚持"三同时"的原则。即职业安全卫生技术措施及设施应与主体工程同时设计、同时施工、同时投产使用，以确保项目投产后符合职业安全卫生要求，保障劳动者在生产过程中的安全与健康。

（4）坚持"四不放过"的原则。即对发生的事故原因分析不清不放过；事故责任者和群众没受到教育不放过；没有落实防范措施不放过；事故的责任者没有受到处理不放过。

4. 工程项目部安全生产管理机构

（1）项目生产机构

工程项目部是施工第一线的管理机构，必须依据工程特点，建立以项目经理为首的安全生产领导小组，小组成员由项目经理、项目技术负责人、专职安全员、施工员及各工种班组的领班组成。工程项目部应根据工程规模大小，配备专职安全员。建立安全生产领导小组成员轮流安全生产值日制度，解决和处理施工生产中的安全问题并进行巡回安全生产监督检查。并建立每周一次的安全生产例会制度和每日班前安全讲话制度，项目经理应亲自主持定期的安全生产例会，协调安全与生产之间的矛盾，督促检查班前安全讲话活动的活动记录。

项目施工现场必须建立安全生产值班制度。24h分班作业时，每班都必须要有领导值班和安全管理人员在现场。做到只要有人作业，就有领导值班；值班领导应认真做好安全生产值班记录。

（2）生产班组安全生产管理

加强班组安全建设是安全生产管理的基础。每个生产班组都要设置不脱产的兼职安全员，协助班组长搞好班组的安全生产管理。班组要坚持班前班后岗位安全检查、安全值日和安全日活动制度，同时要做好班组的安全记录。

5. 安全生产管理要点

（1）基本要点

1）取得《安全生产许可证》后方可施工。

2）必须建立健全安全管理保障制度。

3）各类人员必须具备相应的安全生产资格方可上岗。

4）所有外包施工人员必须经过三级安全教育。

5）特种作业人员，必须持有特种作业操作证。

6）对查出的事故隐患要做到"四定"即："定整改责任人、定整改措施、定整改完成时间、定整改验收人"。

7）必须把好安全生产教育关、措施关、交底关、防护关、文明关、验收关、检查关。

8）必须建立安全生产值班制度，必须有领导带班。

（2）安全管理网络

1）施工现场安全防护管理网络。

2）施工现场临时用电管理网络。

3）施工现场机械安全管理网络。

（3）安全技术措施编制

1）安全技术措施在施工前必须编制好，并且经过审批后正式下达施工单位指导施工。设计和施工发生变更时，安全技术措施必须及时变更或做补充。

2）要针对不同的施工方法和施工工艺制定相应的安全技术措施。根据不同分部分项工程的施工工艺可能给施工带来的不安全因素，从技术上采取措施保证其安全实施。

① 土方工程、地基与基础工程、砌筑工程、钢窗工程、吊装工程及脚手架工程等都必须编制单项工程的安全技术措施；

② 编制施工组织设计或施工方案，在使用新技术、新工艺、新设备、新材料的同时，必须研究制定相应的安全技术措施；

③ 编制各种机械设备、用电设备的安全技术措施；

④ 制定措施以防止施工中有毒、有害、易燃、易爆等作业可能给施工人员造成的危害；

⑤ 针对施工现场及周围环境中可能给施工人员及周围居民带来危险的因素，以及材料、设备运输的困难和不安全因素，制定相应的安全技术措施；

⑥ 针对季节性施工的特点，制定相应的安全技术措施。夏季要制定防暑降温措施；雨季施工要制定防触电、防雷、防坍塌措施；冬季施工要制定防风、防火、防滑、防煤气中毒、防亚硝酸钠中毒措施；

⑦ 安全技术措施中必须有施工总平面图，在图中必须对危险的油库、易燃材料库、变电设备以及材料、构件的堆放位置，塔式起重机、井字架或龙门架、搅拌台的位置等按照施工需要和安全规程的要求明确定位，并提出具体要求；

⑧ 特殊和危险性大的工程，施工前必须编制单独的安全技术措施方案。

（4）安全技术交底

1）安全技术交底基本要求

① 工程项目必须实行逐级安全技术交底制度。

② 安全技术交底必须具体、明确，针对性要强。安全技术交底内容必须针对分部分项工程中施工给作业人员带来的危险因素来编写。

③ 安全技术交底应优先采用新的安全技术措施。

④ 工程开工前，应将工程概况、施工方法、安全技术措施等情况，向工地负责人、工长进行详细交底，并向工程项目全体职工进行交底。

⑤ 两个以上施工队或工种配合施工时，要按工程进度定期或不定期地向有关施工单位和班组进行交叉作业的安全书面交底。

⑥ 工长安排班组长工作前，必须进行书面的安全技术交底。班组长每天要对工人进

行施工要求、作业环境等的书面安全交底。

⑦ 各级书面安全技术交底必须有交底时间、内容及交底人和接受交底人的签名。交底书要按单位工程归放一起，以备查验。

2）安全技术交底的内容

① 本工程项目施工作业的特点。

② 本工程项目施工作业的危险点。

6. 安全管理职责

（1）工长、施工员

1）认真执行上级有关安全生产规定，对所管辖班组（特别是外包工队）的安全生产负直接领导责任；

2）认真执行安全技术措施及安全操作规程，针对生产任务特点，向班组（包括外包队）进行书面安全技术交底，履行签认手续，并对规程、措施、交底要求执行情况经常检查，随时纠正作业违章；

3）经常检查所辖班组（包括外包队）作业环境及各种设备、设施的安全状况，发现问题及时纠正解决。对重点、特殊部位施工，必须检查作业人员及各种设备设施技术状况是否符合安全要求，严格执行安全技术交底，落实安全技术措施，并监督其执行，做到不违章指挥；

4）定期和不定期组织所辖班组（包括外包队）学习安全操作规程，开展安全教育活动，接受安全部门或人员的安全监督检查，及时解决提出的不安全问题；

5）对分管工程项目应用的新材料、新工艺、新技术严格执行申报、审批制度，发现问题，及时停止使用，并上报有关部门或领导；

6）发生因工伤亡及未遂事故要保护好现场，立即上报。

（2）班组长

1）认真执行安全生产规章制度及安全操作规程，合理安排班组人员工作，对本班组人员在生产中的安全和健康负责；

2）经常组织班组人员学习安全操作规程，监督班组人员正确使用个人劳保用品，不断提高自保能力；

3）认真落实安全技术交底，做好班前讲话，不违章指挥、冒险蛮干；

4）经常检查班组作业现场安全生产状况，发现问题及时解决并上报有关领导；

5）认真做好新工人的岗位教育；

6）发生因工伤亡及未遂事故要保护好现场，立即上报有关领导。

四、质量管理

1. 工程质量控制的策划

（1）阶段控制

按工程实体形成过程各阶段划分，施工阶段的质量控制可以分为以下三个时间阶段进行质量控制，且各阶段之间有着密切关联，并相互影响。

1）事前控制

施工前准备阶段的质量控制。是指在各工程对象正式施工活动开始前，对各项准备工作及影响质量的各因素和有关方面进行的质量控制。也就是对投入工程项目的资源和条件的质量控制。

2）事中控制

施工过程中对所有与工程最终质量有关的各环节的质量控制，也包括对施工过程的中间产品（工序产品或分项、分部工程产品）的质量控制。

3）事后控制

对通过施工过程所完成的具有独立的功能和使用价值的最终产品（单位工程或工程项目）及其有关方面（例如质量文档）的质量进行控制。也就是已完工工程项目的质量检验验收控制。

（2）按影响工程质量的因素进行策划

在质量控制的过程中，无论是对投入资源的控制，还是对施工过程的控制，都应当对影响工程实体质量的五个重要因素，即对施工有关人员、设备和材料、施工机具、施工方法以及环境因素进行全面的控制。

2. 工程质量控制的程序

工程质量形成的全过程分七个阶段：施工准备阶段；材料、构配件、设备采购阶段；原材料检验与施工工艺试验阶段；施工作业阶段；使用功能、性能试验阶段；工程项目竣工验收阶段；回访与保修阶段。在这些阶段中，对各项影响施工质量的因素"人、机、料、法、环"五个方面，采用 PDCA 循环方法或质量控制统计技术方法进行有效控制，是确保工程项目质量符合设计意图和国家规范、标准要求的重要手段。

（1）施工作业阶段影响工程质量因素构成的主要内容应包括：工程设备与材料进场检验验收，施工工艺、方法、工序质量监督，隐蔽工程质量检验，分部分项工程质量检验和试验，单机调试和试运转，系统联动调试和试运行等。

1）工程设备和材料质量控制按"工程设备和材料的控制和质量检验的方法"实施。

2）施工工艺、施工工序质量控制按"施工方法和操作工艺的制定与实施要点"和"关键技术对整体工程质量的影响与控制"等要求实施。

3）隐蔽工程、分部分项工程质量检验和试验应按已制定的质量检验计划的规定要求进行。在工程隐蔽前需做的测试，如接地系统测试、管道强度试验、通球和吹扫试验等，项目质检员、监理工程师到场监督检查，经监理工程师确认签字后，工程才能掩盖隐蔽，才能转入下道工序施工。

4）分部分项工程的质量检验中，需做功能性能试验时应通知监理工程师到位接受监督检查；按验收规范要求进行检查，合格后填写记录，通知监理工程师审查质量表格记录，经监理工程师审查确认签署意见，从而达到分部分项工程质量分目标的实现。

5）机电设备安装完需进行单机调试和试运转，并按工艺系统进行联动调试和试运转。主要是检验工程设备本身的功能特性和安装质量是否符合工艺设计的要求，是否达到设计预期使用功能和产品生产能力。其质量控制应及时检查调试记录和试运转过程所需的记录，发现问题应及时采取相应措施，予以纠正，确保工程质量。应检查记录的真实性、符合性，它是判定工程质量和日后质量责任追溯的依据。

（2）对施工人员的主要控制环节及措施

工程质量的关键是人（包括参与工程建设的组织者、指挥者、管理者和作业者）。人的政治思想素质、责任心、事业心、质量意识、业务能力、技术水平等均直接影响工程质量。为此，机电安装工程施工任务承接后，应提供能胜任对工程产品质量有保证的管理、操作和验证的人员。其主要控制环节为：

  1）资格和能力的控制；

  2）增强意识教育；

  3）严格培训、持证上岗。

3. 施工机具和检测器具的选用及控制措施

  施工机具和检测器具是机电安装工程组织施工的重要物质基础，是现代化施工中必不可少的手段，它对施工项目的进度、质量都有直接影响。为此，施工机具和检测器具的选用，必须综合考虑施工现场条件、施工工艺和方法、施工机具和检测器具的性能、施工组织与管理、技术经济等各种因素，进行多方案比较，使之合理装备、配套使用、有机联系，以充分发挥其效能，力求获得较好的综合经济效益。由于机电安装工程误差等级在毫米到微米之间较多，所以对检测器具的选择、使用、保管要重视。

  （1）施工机具选用的原则

  应着重从施工机具和设备的选型、主要性能参数和使用操作要求三方面予以控制；应严格执行对新设备采购前的审批制度和库存设备使用前的验证制度。

  1）施工机具和设备的选型。应本着因地制宜，突出施工与机具相结合特色，使其具有工程的适用性，具有保证工程质量的可靠性，具有使用操作方便性和安全性。

  2）施工机具和设备的主要性能参数是其选择的依据，要能满足需要和保证质量要求。

  3）机具和设备的使用操作要求。要根据工程的具体特点和使用场所的环境条件，用适合的机具设备。

  （2）检测器具的选用原则

  1）检测器具必须满足被测工件尺寸或被测物体在量程范围内。

  2）检测器具的测量方法极限误差必须小于或等于被测工件或物体所能允许的测量方法极限误差。

  3）经济合理，降低测量成本。

  （3）使用、操作的控制

  1）合理使用施工机具设备和检测器具，正确地进行操作，是保证机电安装工程施工质量的重要环节。

  2）正确执行各项制度。坚持正确执行"人机固定"制度、"操作证"制度、岗位责任制、交接班制度、"安全使用"制度，操作人员必须认真执行各项规章制度，严格遵守操作规程，不"违章作业"，防止出现安全质量问题。例如，起重机械应保证安全装置齐全可靠；操作时，不准机械带病工作，不准超载运行，不准猛旋转、开快车，不准斜牵重物，六级大风或雷雨天应禁止操作等。

  3）预防事故损坏。施工机具设备在使用中，要尽量避免发生故障，尤其是预防事故损坏（非正常损坏），即指人为地损坏。其主要原因有：操作人员违反安全技术操作规程；操作人员技术不熟练或麻痹大意；使用方法不合理或指挥错误；机械设备保养、维护不良或运输、保管不力；作业条件的影响等。这些都必须采取措施严加防范。

  4）进行正确操作。

（4）管理和保养的控制

施工机具和检测器具的管理和保养工作，是提高机具和设备的完好率、利用率和效率，确保检测设备处于良好的技术状态，保证测量结果准确可靠的基础。

1）应按施工机具和设备技术保养制度、机械设备检查制度等要求，加强施工现场机械设备的使用、保养、调度、监察等方面的管理工作，要做到机械设备经常处于完好状态，工作性能达到规定要求。

2）检测工具的周期检定、校验控制。应依据国家对强制检定的计量器具检定周期的规定和企业自有的计量管理制度、对非强制检定计量器具检定（校验）周期的规定，对检测器具进行周期检定、校验，以防止检测器具的自身误差而造成工程质量不合格。

3）检测器具应分类存放、标识清楚，实行预防性保护措施。

4. 工程设备和材料的控制

工程设备和材料的质量是工程质量的基础，其质量不符合要求，工程质量也就不可能符合标准。因此，加强工程设备和材料的质量控制，是提高工程质量的重要保证，也是创造正常施工条件的前提。

（1）设备和材料采购的控制。

（2）工程设备和材料进货检查和验收的控制

确定对工程设备和材料质量检验的方式（免检、抽检、全检），采用不同的检验方法（书面检验、外观检验、理化检验、无损检验等），根据设备和材料的质量标准，项目经理部和物资管理部门负责组织进货检验，邀请监理方参加检验并确认，确保检验不合格的物资不入库或不进场，或做出标识隔离存放，保证投入使用物资的质量可靠性。

1）对于工程的主要材料和设备，进货验收时，必须具备出厂合格证、材质化验单、设备装箱清单和保修证明书，实行设备监造的要有监造报告。

2）凡标识不清或对其质量、保证资料有怀疑，或与合同规定不符的，应进行一定比例试验或进行追踪检验，以控制和保证其质量。

3）材料质量抽样和检验方法，应符合相关标准规定，要能反映被抽样材料的质量性能。

4）进口的设备、材料必须经过商检局检验合格并出具商检合格证明书。

5）在现场配制的材料，如防腐材料、绝缘材料、保温材料等，应按其配合比的规定进行试配检验合格后才能使用。

6）外观检查发现有损伤时，有必要对高压电缆、电工绝缘材料、高压瓷瓶进行耐压试验；高压阀门、截止阀和压力容器设备等要进行强度试验和严密性试验。

（3）工程设备质量的检验方法

工程设备质量检验一般包括：制造的关键材料检查、关键工序检查、出厂前试验、进场检查、开箱检查和试运转检查。

1）工程设备制造的关键材料、关键工序检查和出厂前试验在制造厂进行，按监造计划实施。

2）进场检查方法主要是：书面检验，包括对进口设备的商检合格证明书、供货清单、质量保证资料等进行审核；外观检查，包括包装箱有无损坏、吊装点有无变形、包装箱上的标识是否清晰并与供货清单相符，并应做好记录。

3）开箱检查一般在设备安装时进行，检查方法主要是：随机文件检验，包括对装箱清单、安装说明书和质量保证资料进行审核；按装箱清单零部件、备用件、附件清点实物和数量；设备外观检查，包括设备外表有无损坏和锈蚀，机上部件和各种管路、线路有无损坏或脱落，指示仪表有无损坏，充气密封保护的设备、各类油路、气路有无泄漏，气压在仪表指示上是否符合要求等，并做好开箱记录。

4）试运转检查是对工程设备的性能检验，其检验方法按试运转方案规定要求进行。

（4）材料质量的检验方法

材料质量的检验方法有书面检验、外观检验、理化检验和无损检验四种。

1）书面检验：是通过对提供的材料质量保证资料、试验报告等进行审核，取得认可方可使用。

2）外观检验：是对材料的品种、规格、外形几何尺寸、标识、腐蚀、损坏及包装情况等进行直观检查，看其有无质量问题。

3）理化检验：是借助试验设备和仪器仪表对材料样品的化学成分、机械性能等进行鉴定。

4）无损检验：是利用超声波、X射线、表面探伤等检测器具进行检测。

5. 施工方法和操作工艺的制定与实施要点

工程质量是在施工过程中形成的，工序质量控制是项目施工过程中质量控制的基础，制定正确的施工方法和操作工艺，才能对各工序施工活动的质量进行有效的控制。

（1）施工方法和操作工艺的制定要求

施工方法和操作工艺的制定正确与否，是直接影响工程施工的进度控制、质量控制、成本控制三大目标能否顺利实现的关键。往往由于施工方法和操作工艺制定时，考虑不周到而拖延进度、影响质量、增加成本。为此，施工方法和操作工艺的制定要求是：

1）必须结合工程实际、企业自身能力、因地制宜等方面进行全面分析，综合考虑；

2）力求施工方法技术可行、经济合理、工艺先进、措施得力、操作方便；

3）有利于提高工程质量，加快施工进度，降低工程成本；

4）方法是实现工程施工的重要手段，无论施工方法的选择、操作工艺的制定、施工方案和施工组织设计的编制等，都必须以加快进度，确保工程施工质量和安全，提高经济效益为目的，严加控制。

（2）施工方法和操作工艺示例

机电安装工程设备安装繁多，涉及专业面广，施工方法和操作工艺很多。

1）工业锅炉安装，从设备基础放线开始，经过钢构架安装，锅筒、集箱及受热面安装，省煤器、空气预热器安装，直到炉墙砌筑，汽水管道安装等，是属于多工程施工的综合设备安装项目。锅炉钢架的吊装就位方法，可以采用依装配工序先后的逐件吊装法，也可以采用整个炉墙的钢架组合件整体吊装的方法，但采用组合件调整时，由于组合件的自重，使钢架承受负荷，所以必须预先检查组合件是否有足够的刚度。

2）起吊大型起重机时，可采用起重机主梁和端梁在地面组合后整体起吊，如整体起吊组合宽度在空中旋转受厂房跨度的限制，就必须先计算好并制作安装时用的"过渡端梁"，先在地面组装后起吊，待起重机主梁就位后，采用有效方法拆去过渡端梁，将正式端梁吊装就位。

（3）实施的要点

1）严格遵守施工工艺标准和操作规程，它是进行施工作业的依据，是确保工序质量的前提。

2）切实控制工序活动的操作者、材料和工程设备、施工机具、施工方法和施工环境等，使其处于受控状态，保证每道工序质量正常、稳定。

3）检验工序活动是评价工序质量是否符合标准要求的手段。加强工序质量检验工作，对质量状况进行综合统计与分析，及时掌握质量动态。发现质量问题随即研究处理，自始至终使工序检验活动质量满足规范和标准的要求。

4）控制点是指为了保证工序质量而需要进行控制的重点或关键工序，设置工序质量控制点并进行强化管理，保持工序处于良好的受控状态。

（4）工序质量控制的方法

一般有质量预控和工序质量检验两种，以质量预控为主。

质量预控是指施工技术人员和质量检验人员事先对工序进行分析，找出在施工过程中可能或容易出现的质量问题，从而提出相应的对策，采取质量预控措施予以预防。

质量预控方案一般包括：工序名称、可能出现的质量问题、提出质量预控措施三部分内容。例如：锅炉、压力容器、压力管道的焊接质量预控方案；锅炉对流管的胀接质量预控方案；锅炉的烘、煮炉质量预控方案；轴孔热、冷配合预控方案；电缆头制作质量预控方案等。

工序质量检验是指质量检查人员利用一定的方法和手段，对工序操作及其完成产品的质量进行实物的测定、查看和检查，并将所测得的结果同该工序的操作规程规定的质量特性和技术标准进行比较，从而判断是否合格。

工序质量检验一般包括标准、度量、比较、判定处理和记录等内容。

6. 关键技术对整体工程质量的影响与控制

（1）关键技术对整体工程质量的影响

确定关键技术，并提出解决的对策，是保证工程安装质量，使施工顺利进行的重要工作。

1）关键技术

在机电安装工程中被确定的关键过程、关键工序，在实施中为实现明确技术目的所采用的技术手段，往往对工程质量起着决定性的影响。如大型设备安装的系统测量技术；大、重型设备或构件的运输、吊装技术；大型复杂构件的焊接技术等。

2）关键技术的管理

大型机电安装工程常会有多项关键技术，为保证关键技术的正常实施应在项目经理部建立以专业工程师为首的技术管理系统。制定关键技术的管理程序，落实组织机构的相关人员和机具设备，实施对关键技术的策划及技术文件的制定和实施、检查、评价。

（2）对关键技术的控制

关键技术是为了解决关键过程或关键工序的技术问题而确定的。机电工程的技术问题一般有：材质变化引起资源、技术的不适应；新机具、设备投用后的不适应；特殊、特种工程因缺乏经验、资料、信息，制定技术文件的不适应；工程的技术要求、质量要求较高，组织不适应；技术经济指标原因引起的技术改进、业主的环境、工期要求和其他要求引起的技术变化不适应；大型工程或某分部专业工程的工程量巨大引起的技术不适应等问题。

1）对关键技术的控制原则

对工程的特殊性应有足够的了解；具有实施关键技术的资源，包括与工程技术特性相适应的专家资源。正确地确定关键过程、关键工序及技术手段。

2）建立关键技术的管理体系

制定有针对性、技术先进、经济合理、可操作性、安全可靠的关键技术文件。建立一个能完成关键技术工艺、技术等试验或评价任务的机制。能提出改进完善技术文件的措施。具有对实施过程的监督、检查、测量、改进的手段。实施后善于总结提高，转化成企业的技术成果。

（3）施工过程中关键技术的控制

施工过程的关键技术处于多变、复杂环境中，一般情况下，关键技术经技术、工艺试验，评价改进是合理可行的，但由于施工过程的特殊性及工艺试验时的差异，可能导致关键技术的效果不好，甚至失效。因而施工过程中关键技术的成效在于控制，其控制要点是：

1）对实施关键技术的人员的控制。控制内容包括对关键技术的操作人员的技能、技术人员的技能检查、评价、指导、调整，对不适应的人员要及时纠正或调换。

2）对实施关键技术所用的施工机具的控制。为保证施工机具的正常能力，应对机具进行能力检查、鉴定、控制，并对施工机具的使用、维护、保养进行检查控制。

3）对实施关键技术所用的材料的性能的控制。主要控制材料的出厂资料、进场验收、使用标记和必要的追溯等活动。

4）对实施关键技术所采用的方法、工艺的控制。主要控制其方法、工艺的分析确定、评价、试验、改进、实施、检查、改进等活动。

5）对实施关键技术所需环境的控制。主要包括施工环境（如焊接环境；吊装环境；测量、调试、试验环境等）储存环境（如特殊材料、构配件、设备、仪器仪表的储存）、作业环境（如高空、交叉、地下、易燃、有毒等）。

第二节　起重、吊装基础知识

一、起重概念及术语

1. 概念

起重、吊装作业是设备安装的重要环节，是指重物的装卸运输、重物的捆绑、起扳竖立、吊装就位等起重、吊装的施工作业过程。

根据施工单位配备的吊装机具的不同，对同一设备的吊装方法也不一样。即使同样的设备、同样的施工条件，对不同的施工单位、不同的施工现场，也会有不同的吊装方法。这是起重作业创造性的特点所决定的。

2. 起重术语

（1）起重施工：指用机械或机具装卸、运输和吊装工作。

（2）工件：设备、构件、其他被起重的物体的统称。

（3）安全系数：在工程结构和吊装作业中，各种索具材料在使用时的极限强度与容许应力之比。

（4）滑车组：由定滑车和动滑车及绕过它的钢丝绳（跑绳）组成。它既能省力也能改变力的方向。

（5）索具：在起重作业中，用于承受拉力的柔性件及其附件的统称。一般常用索具包括麻绳、尼龙绳、尼龙带、钢丝绳、滑车、卸扣、绳卡、螺旋扣等。

（6）专用吊具：为满足起重工艺的特殊要求而设置的设备吊耳、吊装梁或平衡梁等的统称。

（7）地锚：用于固定拖拉绳的埋地构件或建筑物，稳定抱杆，使其保持相对固定的空间位置，也可用于稳定卷扬机、钢结构、定滑车和起重机的平衡索。

（8）吊耳：设置在工件上，专供系挂吊装索具的部件。

（9）主吊车：抬吊被吊装工件顶部（或上部）的吊车。

（10）辅助吊车：抬吊被吊装工件底部（或下部）的吊车。

（11）单吊车吊装：用一台主吊车和一台或两台辅助吊车进行的吊装。

（12）双吊车吊装：用两台主吊车和一台或两台辅助吊车进行的吊装。

（13）侧偏法吊装：是提升滑车组动滑车的水平投影偏离设备基础中心，设备吊点位于重心之上且偏于设备中心的一侧，在提升滑车组作用下，设备悬空呈倾斜状态，然后由调整索具校正其直立就位的吊装工艺。

（14）捆绑绳（吊索）：连接滑车吊钩与重物之间的绳索。

（15）临界角：当设备处于脱排瞬时位置，设备重力作用线与尾排支点共线时，设备的仰角（即设备吊装临界角）。

（16）信号：在指挥起重机械操作时，常因工地声音嘈杂不易听清，或口音不对容易误解，或距离操作台司机较远无法听见等，故常用信号来指挥，常用的信号有手示信号、旗示信号及口笛信号三种。

（17）计算载荷：将设备起重运输装卸和吊装时，以静力平衡原理算出的各起重吊索的受力，再乘以动系数和不平衡系数，作为该吊索或设备所承受的计算载荷。

（18）起重机外形尺寸：起重机的外形尺寸通常是指整机的长度、宽度、高度的最大尺寸及支腿尺寸（履带尺寸）。

（19）额定起重量：额定起重量是指起重机在各种工作状况下安全作业时所允许的起吊重物的最大重量，常用 Q 表示，单位为吨（单位也有为千克的）。

通常起吊重物时，不但要计算重物的重量，还包含起重机吊钩的重量，吊装使用的起重工索具，例如吊索、卸扣以及起重专用铁扁担－平衡梁等的重量，这些重量的总和不能大于或超过额定起重量。

（20）作业半径：作业半径是指起重机吊钩中心线（即被吊重物的中心垂线）到起重机回转中心线的距离，单位为米。

（21）起重机主吊臂下铰点：自行式起重机主吊臂下铰点分为两种：全液压汽车起重机主吊臂下铰点一般均在起重机回转中心的后上方；全液压汽车格构式起重机、履带式起重机主吊臂下铰点均在起重机回转中心的前上方。

（22）自重：自重是指起重机在工作状态下的机械总重，有的机型是指在行驶状态下的重量。掌握起重机自重对在作业前合理布置起重机作业面场地的地基，确保起重机在整个吊装作业过程中达到对地基有效的承压是非常必要的。

（23）起重机曲线：起重机曲线是指起重机吊臂曲线，是表示起重机吊臂在不同吊臂长度和不同作业半径时空间位置的曲线，规定直角坐标的横坐标为幅度（即作业半径），纵坐标为起升高度。起升高度是表示最大起升高度随幅度改变的曲线。不难看出，当幅度变小（即作业半径变小）时起重量增加，起升高度也随之增加，此时的起重机吊臂的仰角也同时增加。同样，同等的变幅，不同的臂长，起重量也有所不同。

（24）起重机性能表上 75％、85％ 的含义：起重机性能表右上角一般都标明 75％ 或 85％ 是指性能表中的额定起重量与理论计算的整机倾覆载荷的百分比。实际操作过程中应严格控制在标明的百分比以内进行作业。

二、起重机具

1. 起重索具

（1）棕绳

棕绳由纤维捻制而成，按其原料不同可分为白棕绳、混合绳和线麻绳三种。在结构吊装中，常用作溜绳或者起吊较轻的构件。

棕绳直径的选择按下面公式计算：

$$S \geqslant P/K$$

式中　S——允用拉力，N；

　　　P——破断拉力，N（其破断拉力可查阅有关起重吊装手册）；

　　　K——安全系数。用于穿滑车组取 4；用作缆风绳取 5；用作吊索取 7～10。

棕绳直径也可以按现场经验估算：

$$P = 45d^2$$

式中　P——破断拉力，N；

　　　d——棕绳直径，mm。

（2）钢丝绳

钢丝绳是建筑起重机及起重吊装作业中的主要绳索，由高强碳素钢丝先捻成股，再由股捻制成的绳。具有重量轻、强度高、弹性大、能承受冲击荷载等特点。吊装中常用钢丝绳的型号为三种。每绳含 6 股，每股含 19、37 和 61 根钢丝。相同直径的钢丝绳，每股中的钢丝数越多，钢丝越细，则钢丝绳的柔性越好，但耐磨性较差。

钢丝绳的标记方法是：股数×每股丝数＋麻芯数。如 6×19＋1，6×37＋1。

钢丝绳直径的选择按下面公式计算：

$$S \geqslant P/K$$

式中　S——允用拉力，N；

　　　P——破断拉力，N；

　　　K——安全系数。用于穿滑轮组取 5；用作缆风绳取 3.5～4；用作捆绑绳取 6～10。

钢丝绳直径也可以按现场经验估算：

$$P = 500d^2$$

式中　P——破断拉力，N；

　　　d——钢丝绳直径，mm。

此经验公式是以 $6 \times 19 + 1$ 交捻钢丝绳，公称拉力为 $1372 \mathrm{MN/m^2}$ 进行推算的。

（3）卡环

1）主要用作吊索与吊索、吊索与构件吊环之间的连接工具。

2）现场选用卡环时，一般按估算或经验公式计算。

3）按横销直径计算受力的经验公式为：

$$S = 40d^2$$

式中　S——允用拉力，N；

　　　d——横销直径，mm。

按弯环直径计算受力的经验公式为：

$$S = 60d^2$$

式中　S——允用拉力，N；

　　　d——弯环直径，mm。

使用卡环时，应使卡环长度方向受力，轴销卡环应预防销子滑脱，卡环主体和销子必须系牢在绳扣上，并将绳扣收紧，严禁在卡环下方拉销子。

（4）滑轮及滑车组

滑轮是起重机和其他起重设备的重要组成部件，是一种结构简单、携带方便、起重能力大的起重工具。滑轮的作用是既省力又能改变受力方向。

1）滑轮的分类

① 按结构形式分，有单钩型和吊环型，每种形式又有单、双、三及多轮之分。

② 按使用方式分，有动滑轮和定滑轮。定滑轮的轴固定在不动的机架上，只改变方向，不省力；动滑轮的轴同支架一同在空中移动，物体重量被两根或两根以上绳承担，是省力滑车。滑轮组又可分为省力滑轮组和增速滑轮组两种，一般使用省力滑轮组。

2）滑轮组的拉力计算

滑轮组的拉力可按公式计算或查表选用。

计算公式为：

$$P = Q/(n \cdot \eta)$$

式中　P——拉力，N；

　　　Q——起重物重量，N；

　　　n——滑轮组中的滑车数；

　　　η——滑轮组效率（一般取 $0.96 \sim 0.8$）。

3）滑轮组中钢丝绳长度计算

起重钢丝绳长度按下面公式计算：

$$L = n(h + 3d) + I + 10000$$

式中　L——钢丝绳的总长度，mm；

　　　n——工作绳数；

　　　h——提升高度，mm；

　　　d——滑轮直径，mm；

l——定滑轮至卷扬机之间的距离，mm。

（5）千斤顶

千斤顶是独立的简易起重工具，可用于将构件或重物顶升或降落不大高度；校正构件的安装偏差和构件的变形。吊装中使用的主要是螺旋千斤顶和液压千斤顶。

（6）卷扬机

卷扬机按动力源分类有手动和电动两类。电动卷扬机由电动机、减速器、制动器、卷筒及底座组成，牵引力为 30～200kN。快速卷扬机的绳速为 30～130m/min，牵引力为 10～30kN。起重吊装在选择卷扬机时，要考虑卷扬机的起吊能力、钢丝绳的容量及绳速等参数。

2. 起重机械

起重机械有桅杆式和机械式两种。在建筑安装工程上，常用的机械式起重机械有运行式回转起重机、塔式起重机、桥式起重机等几种类型。下面着重介绍汽车起重机的性能及选用，桅杆式起重机的有关结构和性能。

（1）汽车起重机

汽车起重机是将起重机构安装在通用或专用汽车底盘上的起重机械。它具有汽车的行驶通过性能，机动性强，行驶速度高，可以快速转移，是一种用途广泛、适用性强的通用型起重机。汽车起重机广泛用于工厂、矿山、油田、港口、仓库、建筑工地、交通运输、国防建设等部门的装卸及安装作业。

汽车起重机按起重量大小可分为轻型、中型和重型三种，起重量在 20t 以内的为轻型，50t 以上的为重型；按起重臂形式可分为桁架臂和箱形臂两种；按传动装置形式可分为机械传动、电力传动、液压传动三种。如图 3-1 所示，是汽车起重机外形图。

1）汽车起重机的型号分类及表示方法

字母"Q"是"起"字的汉语拼音首字母。机械式汽车起重机在

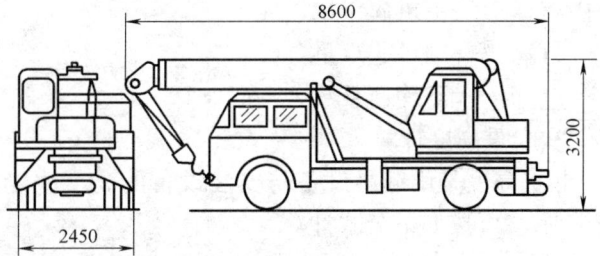

图 3-1　汽车起重机外形

"Q"后不加字母；液压式汽车起重机在 "Q"后加"Y"即"液"字的汉语拼音首字母；电动式汽车起重机在"Q"后加"D"即"电"字的汉语拼音首字母；字母后面的数字则表示最大额定起重吨位。如 QY12 表示最大起重吨位为 12t 的液压式汽车起重机。

汽车起重机根据起重量可分为轻型汽车起重机、中型汽车起重机和重型汽车起重机三种。轻型汽车起重机的主要规格有 5t、8t、12t、16t；中型汽车起重机的主要规格有 20t、25t、32t、40t；重型汽车起重机的主要规格有 50t、75t、125t。

2）汽车起重机的技术性能

汽车起重机的主要技术性能包括以下几个方面：

① 最大起重量；

② 最大起重力矩；

③ 工作速度，包括起升速度、臂杆伸缩、支脚收放；

④ 行驶性能，包括最大行驶速度、爬坡能力、最小转弯半径；

⑤ 底盘的型号、轴距、前轮距、后轮距、支腿跨距；

⑥ 发动机型号及功率；

⑦ 外形尺寸；

⑧ 整机自重。

3) 起重机的选择

起重机的种类、型号比较多，在起重吊装设备时，适用的起重机械是比较重要的。因为它直接影响到安装成本与劳动生产率，因此，必须进行具体分析对比后确定使用的机种。选择起重机型号的原则是：所选起重机的三个工作参数，即起重量 Q、起重高度 H 和工作幅度（作业半径）R，均必须满足构件吊装要求。

① 起重量计算

单机吊装起重量，按如下公式计算：

$$Q > K(Q_1 + Q_2)$$

式中　Q——起重机的起重量，t；

　　　Q_1——设备重量，t；

　　　Q_2——索具重量，t；

　　　K——安全系数，一般取 1.1。

双机抬吊重量，按如下公式计算：

$$K_{不}(Q_{主} + Q_{副}) \geqslant Q_1 + Q_2$$

式中　$Q_{主}$——主机起重量，t；

　　　$Q_{副}$——副机起重量，t；

　　　$K_{不}$——不均衡系数，一般取 0.8。

② 起重高度计算

起重高度是由起吊设备与安装设备的高度决定的。自行式起重机的起重高度，如图 3-2 所示。可按如下公式计算：

$$H > h_1 + h_2 + h_3 + h_4$$

式中　H——起重高度，m；

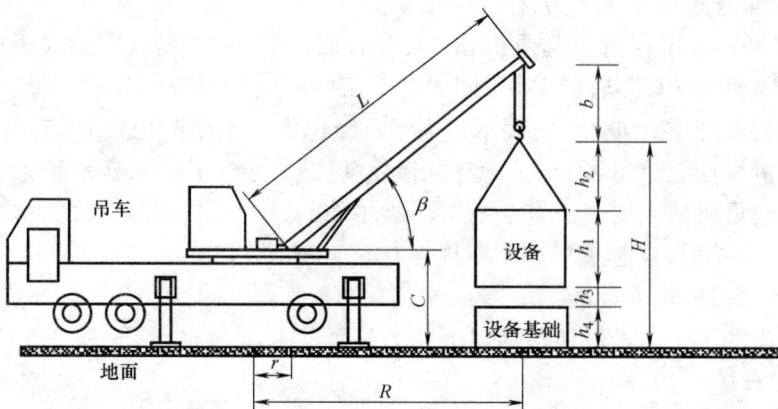

图 3-2　自行式起重机起重高度计算简图

136

h_1——设备高度，m；

h_2——索具高度（包括钢丝绳、平衡梁、卸扣等的高度），m；

h_3——设备吊装到位后悬吊时的高度，m；

h_4——基础和地脚螺栓高度，m。

③ 起重臂长度计算

根据起重机的起吊高度来计算起重机起重臂长度，计算公式如下：

$$L=[(H-C)+b]/\sin\beta$$

式中　L——所需起重臂长度，m；

　　　H——所需起吊高度，m；

　　　C——起重臂的下轴距地面的高度，m；

　　　b——起重滑轮组定滑轮至吊钩中心的距离，可采用 2.5m；

　　　β——起重臂的仰角，(°)。

④ 工作幅度（作业半径）计算

起重机工作幅度按如下公式计算：

$$R=r+L\cos\beta$$

式中　R——起重机的工作幅度，m；

　　　r——起重臂下铰点中心至起重机回转中心的水平距离，m，其数值可从起重机技术参数表查得；

　　　β——起重臂的仰角，(°)；

　　　L——起重臂长度，m。

⑤ 检查 Q、H，最后确定起重机型号。

通过上述计算，按起重机工作幅度 R 及起重臂长度 L，查起重机的起重性能表或曲线，检查起重量 Q 及起重高度 H。如能满足安装设备的吊装要求，则起重臂长度的确定工作即告结束，初选的起重机型号即可确定。否则，可考虑增加臂长以减小 R。如还不能满足吊装要求，则需改选其他型号的起重机。

（2）桅杆式起重机

桅杆式起重机按制作材料可分为金属和木质两类，并制成圆形和格构式。按构造形式可分为独脚式、人字式、桅杆式、悬臂式和龙门式等。

1）独脚桅杆

金属管式桅杆高度一般在 20～30m 以内，起重量在 30t 以内，它可以单侧受力和双侧受力。为了搬运和装拆方便，桅杆可以分段制成，每段端部有法兰或腹板接头，根据使用长度，可用螺栓对接使用。根据使用要求，桅杆还可以用角钢加固，以增加桅杆的起重能力。

管式桅杆的结构：桅杆端部设置有缆风盘和吊耳，在桅杆底部设置有固定导向滑轮用的吊耳板和用于扩大底部受压面积的钢板。

2）人字桅杆

人字桅杆有木制和金属管式或格构式两种，人字木桅杆用于吊装高度和起重量都不大的设备。人字桅杆由两根圆木或方木构成。桅杆上部的钢丝绳扎结在两圆木交叉处，通常对交叉点处的扎结必须采用双层捆扎，每层不少于 10 圈。人字桅杆的两杆底部脚宽应为三分之一桅杆交叉点到地面的垂直高度。桅杆从交叉处到桅杆底脚的长度：对于重型起重量为不大于 $40d$；对于较轻的起重量为不大于 $60d$（d 为木桅杆的上部交叉点处的直径）。

三、设备吊装

1. 设备装卸

设备的装卸因场地和路线的不同，可以有不同的装卸方法。因场地狭窄，不能使用起重机械或桅杆装卸设备的情况下，在安装工地上多数采用滚杠装卸和滑行装卸。

（1）滚杠卸车法

滚杠卸车是将滚杠放在托排下面，如图 3-3 所示，再由货车 2 上的平面与设备 1 所在的平面之间搭成一个斜道木垛 5，并在货车另一侧装上一台卷扬机 3。把钢丝绳与设备连接绑好后，用卷扬机牵引。当设备被拉到货车上后，可用千斤顶顶起设备，抽出滚杠，然后放下设备，设备卸车完毕。

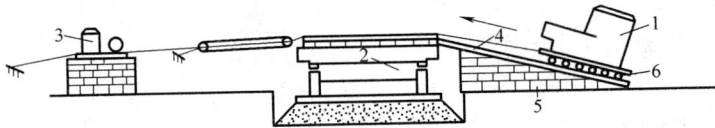

图 3-3　滚杠卸车法
1—设备；2—货车；3—卷扬机；4—钢轨坡道；5—斜道木垛；6—滚杠

（2）滑行卸车法

如图 3-4 所示，滑行是在斜道木垛 5 上铺设钢轨 4。用滑行法装卸设备时，要在轨道上涂上一层黄油，以减少摩擦力。由卷扬机出来的钢丝绳要穿一定数量的滑轮。

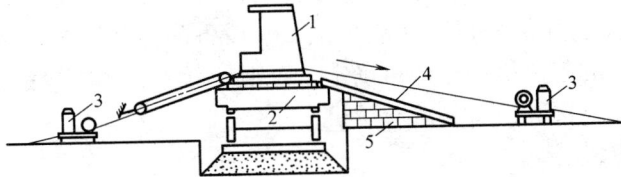

图 3-4　滑行卸车法
1—设备；2—货车；3—卷扬机；4—钢轨；5—斜道木垛

卸车的方法是先用千斤顶将设备顶起，将轨道和拖排安插到设备下面，并在设备左右各安放一台卷扬机 3。两台卷扬机是从相反的方向开动。其中一台慢慢收绳，另一台慢慢松绳。当设备滑到斜面上后，就沿一个自重的方向向下滑动。这时设备滑向一边的卷扬机已不受力，而由另一台卷扬机来控制设备滑动。设备滑到地面后，用千斤顶将设备下的钢轨取出，设备卸车完毕。

2. 设备运输

在安装工地上，设备的运输可以采用各种机械式起重机和运输机械（大平板车）。但受场地和路线的限制，常用滚杠拖排运输设备。常用的运输方法有拖排、滚杠和滑台轨道运输三种方式。

（1）拖排运输

拖排运输是用滑轮组以卷扬机或其他牵引机械牵引，它的优点是运输平稳，被运设备的重量、尺寸较大，对运输路面要求不高。

常用的拖排有木排和钢排。木排一般用道木制成，在排脚上搁置托木，并用扒钉抓牢，在排脚的两端做成30°的斜角，便于置入滚杠，如图3-5所示。

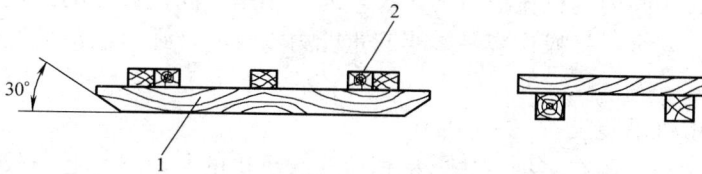

图 3-5　木排运输

1—排脚；2—托木

钢排有两种常见形式，一种是用钢板制成船形的拖排，适用于平坦的路面；另一种是以槽钢作为排脚，如图3-6所示，上面用型钢联成一体，用于拖运较重的设备。

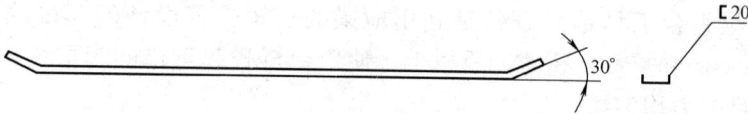

图 3-6　槽钢排脚

拖排运输的方法是用卷扬机配以滑轮组牵引，设备装上拖排后，铺好走道，放入滚杠，用牵引滑轮组系结在设备重心以下处，定滑轮固定在地锚上，跑绳引至卷扬机牵引设备。

（2）滚杠运输

滚杠运输与拖排运输方法基本相同，滚杠下面仍铺设道木。滚杠的规格可按设备的重量选择，一般运输30t以下的设备时可选用$\phi76\times10$的无缝钢管；设备为40～50t时可采用$\phi108\times12$的无缝钢管。

（3）滑台轨道运输

滑台轨道运输适用于设备重量特别大的设备。滑台的设置可以减小拖排单位面积上的承压力。滑台是由槽钢和钢轨组成的，下面铺设两根或三根钢轨，如图3-7所示。

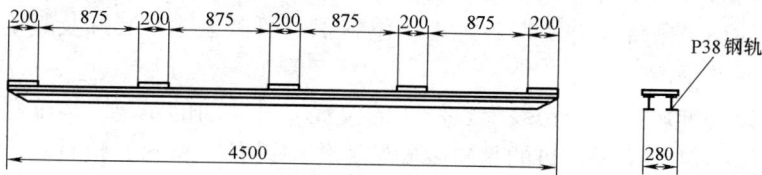

图 3-7　钢轨排脚

运输时，设备放在滑台上，滑台的移动由牵引机械牵引。

3. 设备吊装

设备的吊装，应根据安装现场的条件和起重机械来确定吊装工艺。设备吊装一般可归纳为分体吊装、整体吊装和综合吊装。起重机械一般有自行式起重机、桅杆式起重机和桥式起重机等。

吊装一般重型和中小型设备，最合理的吊装机具是使用自行式起重机，它的工作效率较高。但大型起重机在单项工程吊装中，其各种参数不能充分利用，且费用一般都比较高；桅杆式起重机是在自行式起重机不能有效合理使用的情况下采用，适用于重型设备和大型结构的吊装；车间内的机械设备的吊装，通常利用车间内设置的桥式起重机，它使用方便、效率较高、安全，且操作容易。当起重能力不够时，还可以借助桅杆或其他起重机联合吊装。

（1）桥式起重机吊装设备

桥式起重机吊装设备有多种方法。根据桥式起重机的起重量和起吊载荷的大小，可分别采用直接起吊、使用双台抬吊和与单桅杆或双桅杆联合起吊等方法。就直接起吊、使用双台抬吊的方法作简单的介绍。

1）直接起吊：当桥式起重机的起重量大于起吊载荷时，可以直接起吊设备。

2）双台抬吊：当单台桥式起重机的起重量小于起吊载荷时，可以采用双台联合起吊设备。双台联合起吊设备时，常用的方法是利用组合工具（横梁或撑杆）来抬吊设备。

① 使用横梁组合工具抬吊设备是利用横梁的长短，将设备的起吊载荷分配到两台（相同起重量或不同起重量）桥式起重机上，使单台桥式起重机的起重量在允许的起吊载荷范围内，并且受力均匀。

② 使用撑杆组合工具抬吊设备是利用距两端钢丝绳的长短来分配两台不同重量的桥式起重机的负荷，使单台桥式起重机的起重量在允许的起吊载荷范围内，并且受力均匀。使用两台桥式起重机吊装设备时，应注意起重撑杆要保持平衡，起重钢丝绳应保持垂直，两台起重机大车行走速度要保持一致。

（2）桅杆起重机吊装设备

对于重型设备和大型结构的吊装，多采用桅杆起重机，其吊装工艺有单桅杆、双桅杆和人字桅杆等。

单桅杆吊装一般用于安装桥式起重机及塔类设备，双桅杆一般应用于设备的吨位大于单桅杆的起重量或设备本身高度大于或基本与桅杆高度相同的情况。

（3）起重吊装现场的布置及安全注意事项

1）平面布置原则

施工场地的布置和安排应根据施工进度、工序安排以及工程的性质，为各个工序的施工创造最有利的环境条件，并协调各施工单位施工中所需运输、装卸及起重吊装机具的配合使用和各方面的平衡。

合理安排设备堆放位置及预装配、清洗的位置、吊装前的距离、运输路线、材料堆放位置、起重机械停放的位置，目的是减少安装工作中设备、材料、机具的运次和运距，减少吊装次数，消除它们之间的互相阻碍与影响。因此绘制吊装平面布置图时应包括设备运输线路；运输、吊装顺序图；拼装与吊装的位置图；缆风绳及地锚布置图；卷扬机和导向滑轮布置图；警戒区范围及材料堆放位置等，做到合理利用场地。

2）吊装机具的布置

对于一次安装后不再移动的起重机，桅杆应安装在设备群的中心，使各种设备都在其工作范围之内，从而提高起重机的工作能力。

对于移动式吊车要预先规定运行路线，地面应坚固密实。

对于需要移动的桅杆起重机具，不仅要考虑桅杆最初位置，还要考虑其移动的路线，以尽可能缩短移动的距离。

当使用桅杆吊装设备时，桅杆位置确定之后，再布置地锚。地锚的位置要同时考虑缆风绳角度和场地内的构筑物、电线、管线等障碍物。地锚数量一般为一台桅杆不少于4～7个。

卷扬机安装的位置应在场地的边缘部分，处于吊装桅杆及缆风绳的范围以外，并将提升桅杆主滑轮组的卷扬机集中在一起，以便于指挥和现场观察。从桅杆底座通向卷扬机与最近的一个导向滑轮的直线距离不小于20倍卷扬机滚筒的长度，并使钢丝绳垂直于滚筒轴线。

3）起重吊装安全注意事项

起重机常见事故的原因：一是机械事故；二是方案有误或不周；三是人为因素。在起重作业中，由于各施工现场的工作环境不同、使用的设备情况不一样，可能还会有其他种种原因造成的事故。

① 起重机使用前的安全检查

检查起重钢丝绳有无磨损、断丝、断股现象，绳索卡必须可靠。起重机空载时各机构运转必须正常。

② 起重作业中的安全注意事项：在起重作业中要做到"五不吊"；吊装前，必须详细检查被吊设备捆绑点是否牢固、重心是否找准；设备受力后必须检查地锚、桅杆、缆风绳、滑轮组、卷扬机及各受力部件等的变化情况。严禁非工作人员入内，施工人员不得站在被吊设备或吊钩、吊臂下。

严禁在六级以上大风天气吊装设备。大型设备的吊装风速不得超过五级，吊装工作应在白天进行。

第二部分

操 作 技 能

第四章　钳工基本操作技能

第一节　钳工基本操作

安装钳工是安装工程专业中的重要一员，钳工是按技术要求对工件进行加工、修整、装配的工种，大多是以手工在虎钳上进行操作。目前，采用机械方法不太适宜或不能解决的某些工件和装配，常由钳工来完成。安装钳工专指按机械设备的装配技术要求进行组件、部件装配和总装配，并经过调整，检验和试车的专业人员。

一、划线与冲眼

根据图纸或实物的尺寸，用划线工具准确地在工件表面上划出加工界线的操作称为划线。划线的作用是确定各加工面的加工位置和余量，使加工时有明确的尺寸界线；能及时发现和处理不合格的毛坯，避免损失；在板料上划线下料可以做到正确排料，合理使用材料。

划线精度一般要求控制在 0.25mm、0.5mm 以内。因此，工件加工的最后尺寸要通过量具的测量来保证，而不能靠划线直接确定。

1. 划线工具及使用方法

（1）划线平台

如图 4-1（*a*）所示，它用铸铁制成，工件表面经过精刨或刮削加工。划线平台要放置平稳，并处于水平位置。在使用过程中应保持清洁，防止铁屑、灰砂等划伤台面，也不得在台面上作敲击性工作。用后应擦拭干净，并涂上机油防锈。

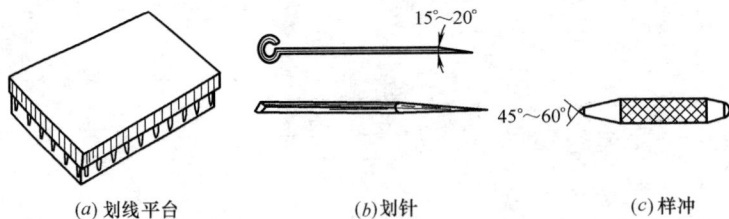

(*a*) 划线平台　　　　(*b*) 划针　　　　(*c*) 样冲

图 4-1　划线工具

（2）划针

如图 4-1（*b*）所示，它用弹簧钢丝或高速钢制成，直径为 3～5mm，尖端磨成 15°～20°的尖角，并经淬火处理，用于在工件上划线条。

划线时，划针尖要紧贴导向工具，上端向外倾斜 15°～20°，向划线方向倾斜约 45°～75°，如图 4-2 所示。操作时要尽量做到一次划成，避免重复划线、线条过粗和模糊不清等现象的发生。

（3）样冲

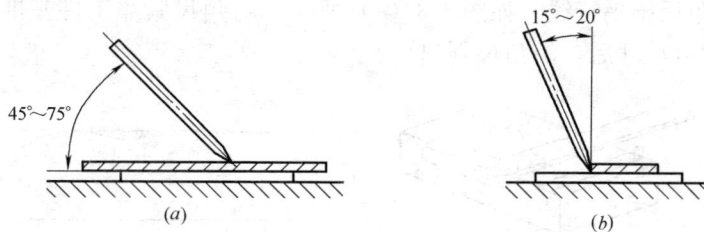

图 4-2 划针用法

如图 4-1（c）所示，它一般用工具钢制成，尖端磨成 45°～60°，并淬硬（可用废丝锥或废立铣刀代用），也称中心冲，用于在工件所划加工线条上冲小眼。冲眼的作用是固定已划好的线条或为作直线、作圆、作圆弧或为钻孔定中心。

用样冲冲眼时，应注意以下几点：要使样冲尖对准线条的正中，这样冲眼不会偏离所划的线条；冲眼间的距离可视线段长短而定。一般在直线段上冲眼距离可大些，在曲线段上距离要小些，而在线段交叉转折则必须要冲眼；冲眼的深浅要适当，薄壁零件和较光滑的表面冲眼要浅些（甚至不冲眼）；而粗糙的表面冲眼要深些。

（4）高度游标尺

它附有划针脚，能直接表示出高度尺寸。其读数精度一般为 0.02mm，可作为精密划线工具。

用它划线时应校准零位，划针脚与工件划线表面之间保持 40°～60°夹角（沿划线方向）。划线要尽量做到一次划成，使划出的线条清晰、准确。使用后应擦拭干净，放入盒中。

2. 划线方法

（1）划线前的准备

划线前的准备工作包括：工件的清理；工件的涂色；在有孔的工件上装设中心塞块。在孔中装设的中心塞块，对于小孔可用铅块；对于较大的孔可用木料。

工件的涂色：工件表面划线前，在工件划线部位的表面涂上一层薄而均匀的涂料，从而使划出的线条清晰。涂料与其表面要有一定的附着力。

（2）选择划线基准

划线时选择一个或几个平面（或线）作为划线的根据，划其余的尺寸线都从线或面开始，这样的线或面就是划线基准。选定划线基准应尽量与图纸上的设计基准一致。常见的选择基准的类型有以下三种：以两个互成直角的平面为基准，以两条中心线为基准或以一个平面和一条中心线为基准。一般平面划线选两个基准。

（3）划线时的找正和借料

1）找正：划线前做好对毛坯工件的找正，使毛坯表面与基准面处于平行或垂直的位置。其目的是使加工表面与不加工表面之间保持尺寸均匀，并使各加工表面的加工余量得到合理和均匀分布。

2）借料：由于毛坯（如铸、锻件）工件在尺寸、形状和位置上存在一定的缺陷和误差，当误差不大时，通过试划和调整可使各加工表面都有一定的加工余量，从而使缺陷和误差得到弥补。

（4）平行线的划法

1）用靠边角尺推平行线，如图 4-3（a）所示。将角尺紧靠工件基准边，并沿基准边移动，用钢尺度量尺寸后，沿角尺划出。

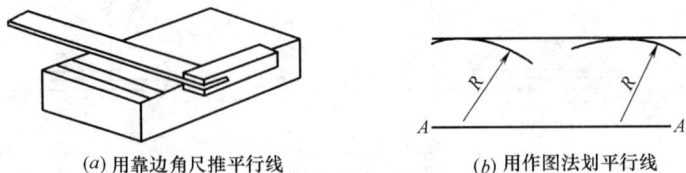

（a）用靠边角尺推平行线　　　　（b）用作图法划平行线

图 4-3　划平行线

2）用作图法划平行线，如图 4-3（b）所示。以已知平行线的距离为半径，用划规划两圆弧，作两圆弧的切线即得。

（5）垂直线的划法

垂直线的划法如图 4-4 所示。用靠边角尺紧靠工件的一边划出。

（6）其他线的划法

1）角度线通常用角度规划出，如图 4-5 所示。角度规用来划角度线或测量角度。

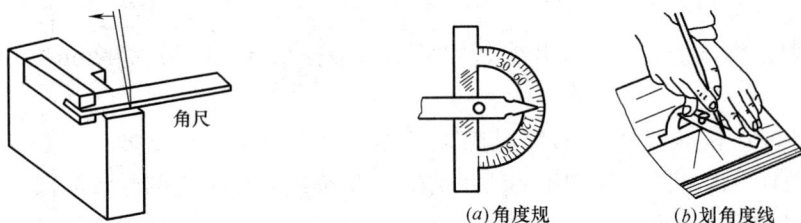

图 4-4　划垂直线

（a）角度规　　　（b）划角度线

图 4-5　角度规

2）圆弧的划法如图 4-6 所示，在直角上划圆弧、在两直角间划半圆、在锐角上划圆弧，通常用作图法划出。

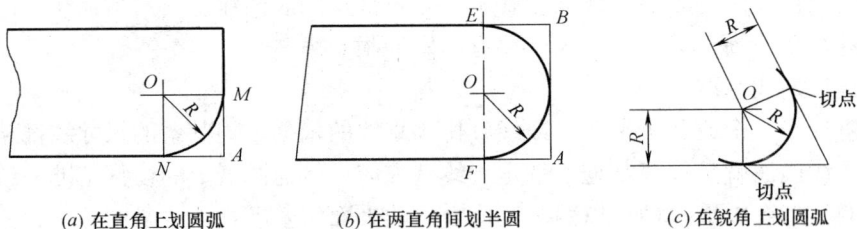

（a）在直角上划圆弧　　　　（b）在两直角间划半圆　　　　（c）在锐角上划圆弧

图 4-6　圆弧划法

3）正多边形的划法：在已知圆内划正方形、在已知圆内划正六方形，用几何作图法或用等弦长作图法划出。

3. 冲眼

（1）冲眼方法：冲眼时要看准位置，先将样冲外倾，使尖端对正线的正中。然后再将样冲直立冲眼，同时手要搁实，如图 4-7 所示。

（2）冲眼要求

1）对线位置要准确，冲点不能偏离线条。

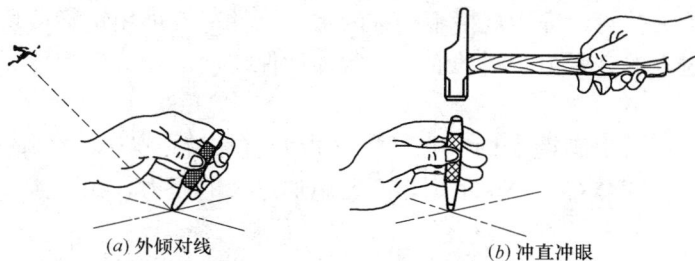

(a) 外倾对线　　　　　　(b) 冲直冲眼

图 4-7　样冲的使用方法

2）线条长而直时，冲眼距离可大些；线条短而曲时，冲眼距离要小些，但至少有三个冲眼；在线条交叉与转折处必须冲眼。

3）冲眼的深浅要适当，薄壁零件冲眼要浅些，应轻敲；光滑表面也要浅些；精加工表面严禁冲眼；粗糙表面冲眼要深些；钻孔的中心冲眼要大而深。

4）为检查钻孔后的位置是否正确，在划线时就应该划出几个同心检验圆，在与加工尺寸线相同的一个圆上冲眼。

二、锯削

用锉刀对工件表面进行切削加工，使工件达到图纸所要求的尺寸、形状和表面粗糙度。这种加工方法称为锉削。

用手锯分割原材料或加工工件的操作叫锯削。

1. 锯削工具的安装和选用

常用的锯削工具是手锯，如图 4-8 所示，手锯由锯弓和锯条组成。

（1）锯弓：锯弓用来张紧锯条，分为固定式和可调式两种，常用的是可调式。

（2）锯条：锯条根据锯齿的牙距大小分为粗齿、中齿和细齿三种，常用的长度规格是 300mm。

1）锯条应该根据所锯材料的软硬、厚薄来选用。粗齿锯条适宜锯削软材料或锯缝长的工件；细齿锯条适宜锯削硬材料、管子、薄板料及角铁。

2）锯条安装：可按加工需要，将锯条装成直向的或横向的，且锯齿的齿尖方向要向前，不能反装。锯条的绷紧程度要适当，若过紧，锯条会因受力而失去弹性，锯削时稍有弯曲，就会崩断；若过松，锯削时不但容易弯曲造成折断，而且锯缝易歪斜。

（3）台虎钳：又称台钳，如图 4-9 所示，是用来夹持工件的工具，分为固定式和回转式两种。台虎钳的规格用钳口的宽度表示，有 100mm、125mm 和 150mm 等。台虎钳在安装时，必须使固定钳身的工作面处于钳台边缘以外，钳台高度约 800～900mm。

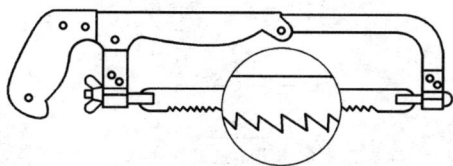

图 4-8　手锯

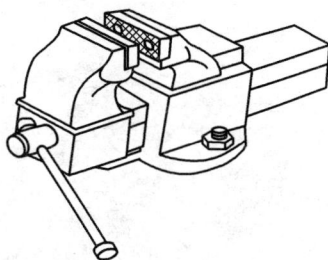

图 4-9　台虎钳

147

使用时，不可夹持与台虎钳规格不相称的过大工件；不可用钢管接长摇柄，或用手锤敲击摇柄，施加过大的夹紧力；活动面要经常加油保持润滑。

2. 锯削姿势

（1）手锯握法：右手满握锯柄（也可将食指伸直靠着弓架），控制锯削推力和压力；左手轻扶锯弓前端，配合右手扶正手锯，不要施加过大的压力，如图 4-10 所示。

（2）姿势

1）站立姿势：两脚按图 4-11 所示位置站稳。左脚跨前半步；膝部要自然并稍弯曲；右脚稍向后，右腿伸直；两脚均不要过分用力，身体自然稍前倾。

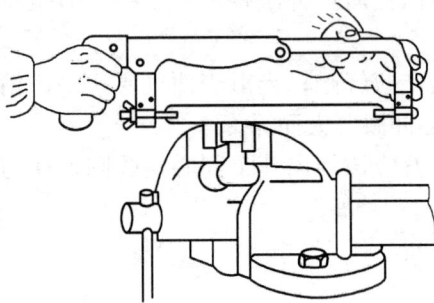

图 4-10　手锯握法

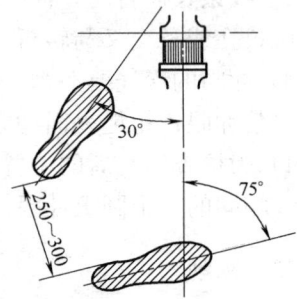

图 4-11　锯削操作站立位置

2）身体运动姿势：身体应与锯弓一起前推，右腿伸直稍向前倾，重心移至左脚，左膝弯曲，两腿成弓子步。当锯条推至 3/4 行程时，身体先回到原位，这时左膝微曲，右膝仍然伸直，重心后移，并顺势拉回手锯；当手锯收回近结束时，身体又与锯弓一起向前，做第二次锯削的前推运动。

3）锯削运动：锯弓的运动有上下摆动和直线运动两种，上下摆动式运动就是手锯前推时，身体稍向前倾，双手随着前推手锯的同时，左手上翘，右手下压；回程时右手上抬，左手自然跟回。这种方式较为省力，除锯削管材、薄板材和要求锯缝平直的采用直线式运动外，其余锯削都采用上下摆动式运动。

3. 锯削操作方法

（1）工件夹持：工件一般可任意夹在钳口的左右侧，锯缝应尽量靠近钳口且与钳口侧面保持平行。夹持要紧固，但也要防止过大的夹紧力将工件夹变形。

（2）起锯方法：起锯分远起锯和近起锯两种方法，如图 4-12 所示。起锯时为保证在工件的正确位置上起锯，可用左手拇指靠住锯条；起锯时施加的压力要小，往复行程要短，速度要慢，起锯角度约 15°。一般厚型、薄型工件都可用近起锯，管状工件可用远起锯。

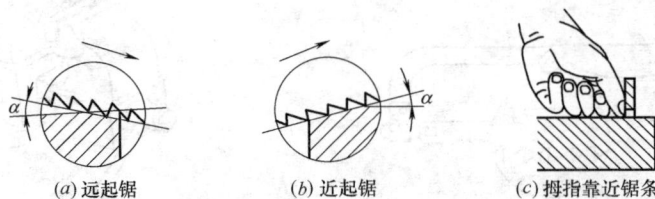

(a) 远起锯　　　　　(b) 近起锯　　　　　(c) 拇指靠近锯条

图 4-12　起锯方法

（3）锯削速度和压力

1）锯削速度以 20～40 次/min 为宜，锯削软材料可快些；硬材料可慢些。

2）锯削时应尽量利用锯条的全长，一次往复的距离不小于锯条全长的 2/3。

3）锯削硬材料时压力可大些，否则锯齿不易切入，造成打滑；锯削软材料时，压力要稍小些，否则锯齿切入过深会发生咬住现象。当工件快锯断时，推锯压力要轻，速度要慢，行程要短，并尽可能扶住工件即将掉落下来的部分。

4）锯削时，如发生锯齿进裂现象，应立即停锯，取出锯条，将断齿后的二、三个齿磨斜即可继续使用。

4. 锯削作业

（1）棒料的锯削：如果要求锯缝端面平整，则应从一个方向锯到底；如锯出的端面要求不高，可按几个方向锯下，锯到一定深度后，用手折断。

（2）管料的锯削：锯削前，要划出垂直于轴线的锯削线。当锯削到管料内壁应停锯，把管料向推锯方向转过一个角度，并沿原锯缝继续锯削到内壁处。这样逐渐改变方向不断地转锯，直至锯断为止，如图 4-13 所示。

（3）薄板料的锯削：锯削时应尽量从宽面上锯削，当只能从狭面上锯削时，则应该把它夹持在两块木板之间，如图 4-14 所示，连木板一起锯下。

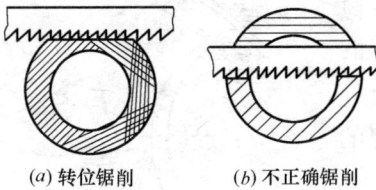

(a) 转位锯削　　(b) 不正确锯削

图 4-13　管料锯削

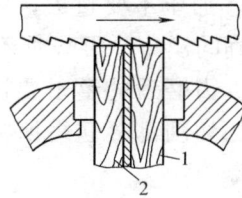

图 4-14　薄板料锯削方法

1—木垫；2—薄钢板

三、錾削

錾削是用手敲击錾子对工件进行切削加工的一种方法。

1. 錾削工具

（1）手锤：手锤如图 4-15（a）所示，它是钳工常用的敲击工具，由锤头、木柄和楔子组成。锤头用 T7 钢制成并经热处理淬硬，规格有 0.25kg、0.5kg 和 1kg 等。锤柄用比较坚硬的木材制成，长为 300～500mm。

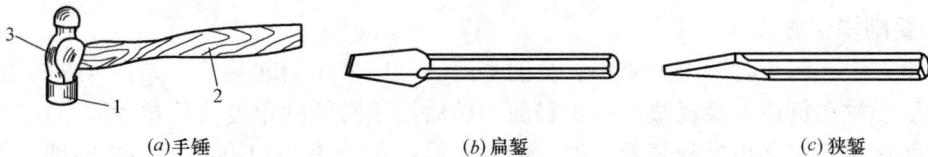

(a) 手锤　　　　(b) 扁錾　　　　(c) 狭錾

图 4-15　錾削工具

1—锤头；2—木柄；3—斜楔铁（楔子）

锤柄装入锤孔后用楔铁楔紧，以防锤头脱落。

（2）錾子：錾子是錾削的切削工具，是用工具钢锻打成型后进行刃磨，并经淬火和回

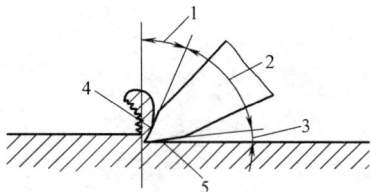

图 4-16 錾削示意图
1—前角；2—楔角；3—后角；
4—錾刃前面；5—錾刃后面

火处理而制成，扁錾和狭錾如图 4-15 (b) 图4-15 (c)所示。錾子錾削工件的示意图如图 4-16 所示。

錾削时，錾子的刃口要根据加工材料性质选用合适的几何角度，其中主要的是楔角和后角。

楔角是錾子切削刃前面和后面间的夹角，楔角应为錾子的几何中心线等分。楔角越小，錾子的刃口越锋利，但强度差；楔角大，錾子的强度较好，但錾削时阻力较大。錾削硬钢和铸铁时楔角取 60°～70°，錾削一般钢材取 50°～60°，錾削铜铝等软材料时一般取 30°～50°。

后角是錾子切削刃后面与切削面之间的夹角，后角取决于握錾位置，一般取 5°～8°。后角大，切入深，过大会造成錾削困难；过小则容易打滑。

錾子应按加工要求磨出适宜的楔角。

1）扁錾的刃口应略成凸圆弧形；狭錾的切削刃应与槽宽相适应，两个侧面的宽度应从切削刃口起向柄部逐步变窄。

2）錾子刃磨时，前后两刃面要光洁平整。刃磨时双手握錾，使切削刃高于砂轮中心，如图 4-17 所示。使切削刃在砂轮全宽上平稳均匀地左右移动，加压不要过大，两面要交替磨，以保证磨出正确的楔角。刃磨时还要经常蘸水冷却，以防其退火。刃磨后的錾子要进行淬火和回火处理，使錾子的切削部分获得所需的硬度和一定的韧性。

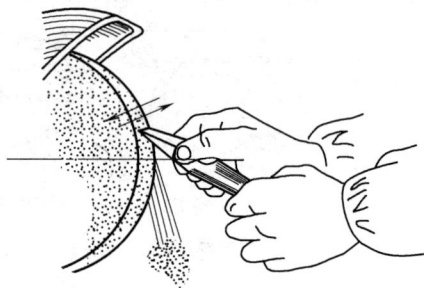

图 4-17 錾子的刃磨

① 淬火是把錾子切削部分约长 20mm 的一端加热到 750～780℃（呈樱红色）后，迅速取出，垂直地把錾子放入冷水中冷却，浸入深度约 5～6mm。錾子浸入水中冷却时，应沿水面缓慢的平行移动，其目的是加速冷却，提高淬火硬度，并使淬硬部分与未淬硬部分没有明显的界线，且避免出现淬火的软点。

② 回火是利用錾子本身的余热进行的。当淬火的錾子漏出水面部分呈黑色时，即从水中取出，擦去氧化皮，观察錾子刃部的颜色变化。对一般扁錾，其刃口部分呈紫红色与暗蓝色之间（紫色）的颜色时，对一般狭錾，其刃口部分呈黄褐色与红色之间（褐红色）的颜色时，将錾子再次放入水中冷却，即完成了錾子的回火。

2. 錾削操作方法

起錾方法：起錾时锤击力要小。錾削平面时，应采用斜起錾法，先在工件的边缘尖角处，将錾子放在负角，轻轻錾出一个斜面，然后按正常錾削角度（后角为 5°～8°）逐步向中间錾削。不能在夹角处起錾的工件，起錾时錾子的全部刃口贴在工件錾削部分的端面，錾出一个斜面，然后按正常角度錾削。錾削过程中，每錾 2～3 次后，可将錾子退回一些，观察錾削表面的平整情况，然后再继续錾削。

3. 平面的錾削

錾削较窄的平面，錾子的切削刃应与錾削方向保持一定的斜度，使切削刃与工件有较多的接触面。这样錾子易于掌握，錾削出的平面较平整。

4. 安全生产

（1）刃磨錾子时，人应站在砂轮机的斜侧位置，刃磨时应戴好防护眼镜。采用砂轮搁架时，搁架与砂轮相距应在 3mm 以内，刃磨时对砂轮不能施加太大的压力，不允许用棉纱裹住錾子进行刃磨。

（2）錾削时应设立防护网以防切屑飞出伤人。切屑要用刷子刷掉，不得用手擦或用嘴吹。

（3）錾子头部、锤子头部和柄部都不应沾油，以防滑出。发现锤子木柄有松动或损坏时，要立即装牢或更换，以免锤头脱落，飞出伤人。

（4）錾子头部有明显的毛刺时要及时磨掉，避免碎裂伤人。

四、锉削

锉削是用锉刀对工件表面进行切削加工的操作。锉削是钳工基本操作之一，主要用于零配件的修整及精加工。锉削的精度可达到 0.01mm，表面粗糙度可达 $Ra0.8$。

1. 锉刀

锉刀由优质碳素工具钢 T12、T13 或 T12A、T13A 制成，经热处理后切削部分硬度达 62～72HRC。它由锉身和锉柄两部分组成，各部分的名称如图 4-18 所示。

锉刀有大量锉齿，按锉齿的排列方向分，锉刀的齿纹有单齿纹和双齿纹两种。

图 4-18　锉刀各部分的名称

2. 锉刀的种类

（1）按用途不同，可分为普通钳工锉、异形锉和整形锉。

（2）普通钳工锉按其断面形状不同又可分为平锉（板锉）方锉、三角锉、半圆锉和圆锉 5 种。

（3）异形锉有刀口锉、菱形锉、扁三角锉、椭圆锉、圆肚锉等。异形锉主要用于锉削工件上特殊的表面。

（4）整形锉又称什锦锉，主要用于修整工件细小部分的表面。

3. 锉刀的规格及选用

锉刀的规格分尺寸规格和锉纹的粗细规格。

对于尺寸规格来说，圆锉以其断面直径，方锉以其边长为尺寸规格，其他锉刀以锉身长度表示。常用的有 100mm、150mm、200mm、250mm 和 300mm 等几种。

锉刀的选择应根据工件表面形状、尺寸大小、材料的性质、加工余量的大小以及加工精度和表面粗糙度要求的高低来进行。锉刀断面形状应与工件被加工表面形状相适应。其具体选用如图 4-19 所示。

4. 锉削的操作要点

（1）锉削时要保持正确的操作姿势和锉削速度。

（2）锉削速度一般为 40 次/min 左右。

（3）锉削时两手用力要平衡，回程时不要施加压力，以减少锉齿的磨损。

5. 安全生产

（1）锉刀放置时不要露出钳台边外，以防跌落伤人。

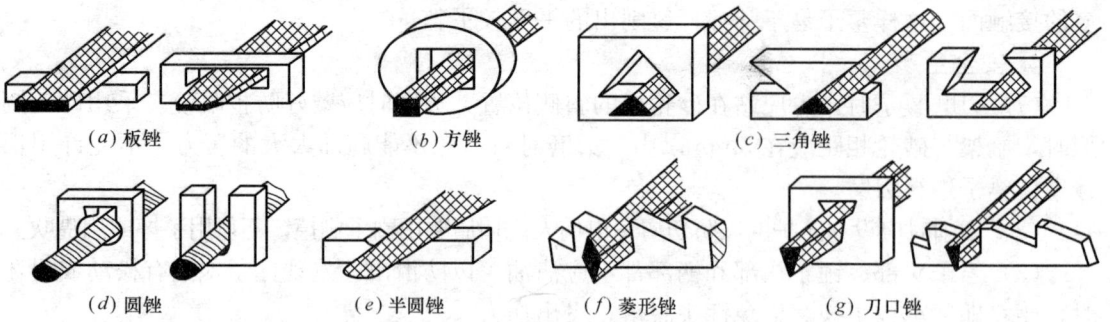

(a) 板锉　　　　　　(b) 方锉　　　　　　(c) 三角锉

(d) 圆锉　　　　(e) 半圆锉　　　　(f) 菱形锉　　　　(g) 刀口锉

图 4-19　锉刀的选用

（2）不能用嘴吹铁屑或用手清理铁屑，以防伤眼或伤手。

（3）不得使用无柄或手柄开裂的锉刀。

（4）锉削时不要用手去摸锉削表面，以防锉刀打滑而造成损伤。

（5）锉刀不得沾油和沾水。锉屑嵌入齿缝时必须用钢刷清除，不允许用手直接清除。

五、孔加工

1. 钻孔

钻孔是用钻头在实体材料上加工孔的方法，如图 4-20 所示。在钻床上钻孔时，钻头的旋转是主运动，钻头沿轴向移动是进给运动。

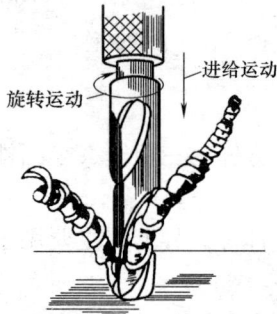

图 4-20　钻孔

（1）钻头：钻头由柄部、颈部和工作部组成。最常用的钻头是麻花钻头。钻柄分为圆柱形钻柄（一般用于直径小于 13mm 的钻头）和圆锥形钻柄（一般用于直径大于 13mm 的钻头），如图 4-21 所示。

（2）钻头切削部分的几何参数

钻头切削部分的几何参数有顶角、前角、后角、横刃斜角和螺旋角。前角的大小在主切削刃上的各点是不同的，主切削刃上每一点的后角是不等的。

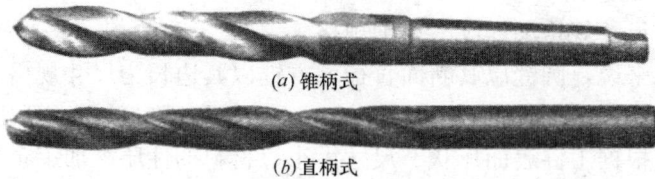

(a) 锥柄式

(b) 直柄式

图 4-21　麻花钻

（3）麻花钻的刃磨

钻头刃磨是在砂轮机上进行的，刃磨时钻头轴线顺时针旋转 $35°\sim 45°$，钻柄下摆角度约等于后角，按此步骤磨好一面，再磨另一面。钻头刃磨后常用目测法进行检查。

（4）钻孔方法

先在钻孔中心上打好样冲眼，备好冷却液以便冷却钻头。钻时先锪窝，以检查窝是否偏斜。

1）钻不通孔时，应按钻头深度调整挡块，并通过测量实际尺寸来检查钻孔深度是否准确。

2）钻深孔时，一般钻孔深度达到直径3倍时钻头要退出排屑，以后每钻进一定深度，钻头要退出排屑一次，以免钻头因排屑不畅而扭断。

3）直径超过30mm的大孔，先用0.5～0.7倍孔径的钻头先钻小孔，然后再用所需孔径的钻头扩孔。

4）在斜面上钻孔时，必须先在钻孔面上錾出一个与钻头相垂直的平面，然后再进行钻孔。

5）若两种材料不同，则在钻骑缝螺钉孔前，钻孔中心样冲眼要打偏在硬材料零件上，也就是钻孔时钻头要往硬材料一边"借料"，由于两种材料切削抗力不同，钻削过程中钻头朝软材料一边偏移，最后钻出的孔正好在两个零件中间。

（5）钻孔安全注意事项

工件钻孔时不准戴手套，女工必须戴帽子；当孔临近钻穿时要减小进刀量，并在工件下面垫上垫块；在钻孔过程中不准用手拿铁屑和用嘴吹铁屑。钻头未停止时，不准手握钻夹头。松紧钻头必须用钥匙，不准用东西敲打，钻头从钻头套中退出时要用斜铁敲出；钻床变速前应先停车后再进行变速；使用电钻时，要戴绝缘手套，脚踏绝缘板，以防止触电。

2. 扩孔

扩孔是用扩孔工具将工件上原来的孔径扩大的加工方法（见图4-22）。扩孔时背吃刀量（α_p）的计算公式为：

$$\alpha_p = \frac{D-d}{2}$$

常用的扩孔方法有：用麻花钻扩孔和用扩孔钻扩孔。扩孔钻如图4-23所示。

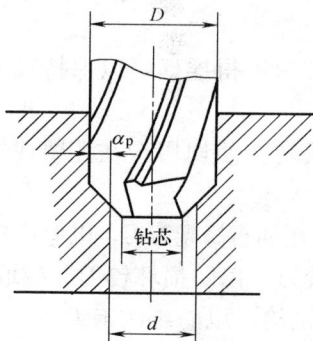

图 4-22　扩孔

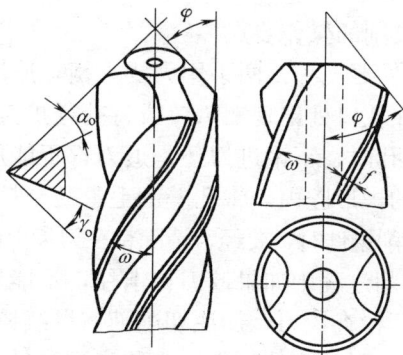

图 4-23　扩孔钻

3. 锪孔

锪孔是用锪钻在孔口表面锪出一定形状的孔或表面的加工方法。锪孔时应注意以下事项：

（1）锪孔时的进给量应为钻孔时的2～3倍，切削速度为钻孔时的1/3～1/2为宜。应尽量减小振动以获得较小的表面粗糙度值。

（2）若用麻花钻改磨成锪钻时，应尽量选用较短的钻头，并修磨外缘处刀具前面，使前角变小，以防振动和扎刀。还应磨出较小的后角，防止锪出多角形表面。

（3）镗钢材料的工件时，因切削热量大，应在导柱和切削表面上加注切削液。

4. 铰孔

铰孔是用铰刀从工件孔壁上切除微量金属层，以获得较高尺寸精度和较小表面粗糙度值的加工方法（见图4-24）。铰孔用的刀具称为铰刀。铰刀是精度较高的定尺寸多刃工具。由于它的刀齿数量较多、切削余量小，故切削阻力小、导向性好、加工精度高。一般尺寸精度可达IT9～IT7，表面粗糙度值可达Ra1.6。

（1）铰刀

铰刀由柄部、颈部和工作部分组成（见图4-25）。工作部分又由切削部分和校准部分组成。切削部分担负切去铰孔余量的任务。校准部分有棱边，主要起定向、修光孔壁、保证铰孔直径和便于测量等作用。为了减小铰刀和孔壁的摩擦，校准部分磨出倒锥量。铰刀齿数一般为4～8齿，为测量直径方便，多采用偶数齿。

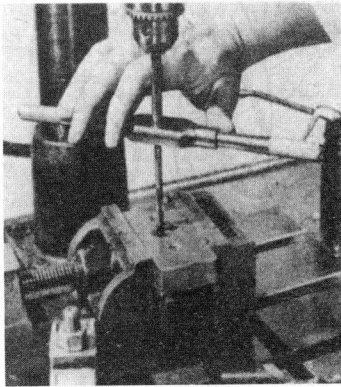

图4-24 铰孔（将钻床作为铰孔工装）

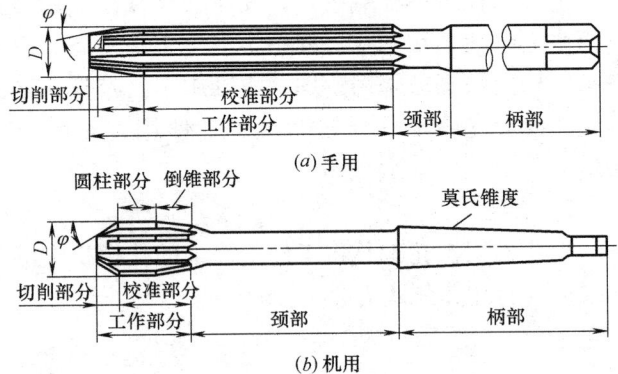

图4-25 铰刀

（2）铰削的操作要点

1）工件要夹正，两手用力要平衡，速度要均匀，铰刀不得摇摆，以保持铰削的稳定性，避免在孔口处出现喇叭口或将孔径扩大。

2）铰孔时，不论进刀还是退刀都不能反转。因为反转会使切屑卡在孔壁或铰刀刀齿后面形成的楔形腔内，将孔壁刮毛，甚至挤崩刀刃。

3）铰削钢件时，要经常清除粘在刀齿上的积屑，并可用油石修光刀刃，以免孔壁被拉毛。

4）铰削过程中如果铰刀被卡住，不能用力硬扳转铰刀，以防损坏铰刀。应取出铰刀，清除切屑，检查铰刀，加注切削液。继续铰削时要缓慢进给，以防再次卡刀。

5）机铰时，应使工件一次装夹进行钻、扩、铰，以保证铰刀中心线与钻孔中心线一致。铰孔完成后，要待铰刀退出后再停车，以防将孔壁拉出痕迹。

6）铰削尺寸较小的圆锥孔时，可先以小端直径钻出底孔，然后用锥铰刀铰削。对尺寸和深度较大的圆锥孔，为减小切削余量，铰孔前可先钻出阶梯孔，然后再用锥铰刀铰削。铰削过程中要经常用相配的锥销来检查铰孔尺寸。

六、螺纹加工

1. 攻螺纹

螺纹加工是金属切削中的重要内容之一。螺纹加工的方法多种多样，比较精密的螺纹

154

一般都在机床上加工，而机修钳工常用的加工方法是攻螺纹和套螺纹。攻螺纹是用丝锥在工件孔中切削出内螺纹的加工方法（见图4-26）。

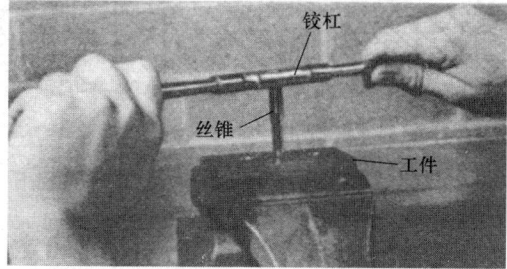

图 4-26 攻螺纹

（1）攻螺纹用的工具

1）丝锥：丝锥分手用丝锥和机用丝锥，如图 4-27 所示。

① 丝锥的结构。丝锥由柄部和工作部分组成。柄部是攻螺纹时被夹持的部分，起传递扭矩的作用。工作部分由切削部分 L_1 和校准部分 L_2 组成，切削部分的前角 $\gamma_0 = 8° \sim 10°$，后角 $a_0 = 6° \sim 8°$，起切削作用。校准部分有完整的牙型，用来修光和校准已切出的螺纹，并引导丝锥沿轴向前进。

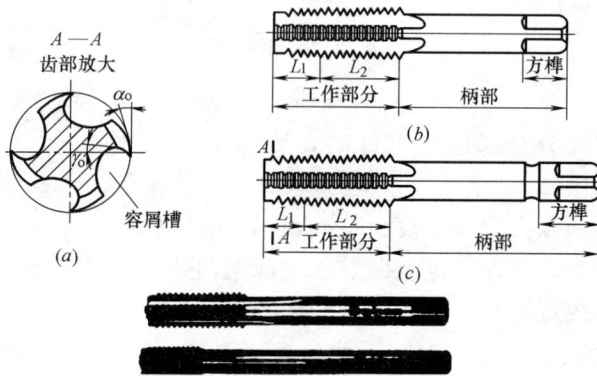

图 4-27 丝锥

② 成组丝锥切削用量。分配攻螺纹时，为了减小切削力和延长丝锥寿命，一般将整个切削工作量分配给几支丝锥来承担。通常 M6～M24 丝锥每组有两支；M6 以下及 M24 以上丝锥每组有三支；细牙螺纹丝锥每组有两支。成组丝锥切削用量的分配形式有两种，如图 4-28 所示。

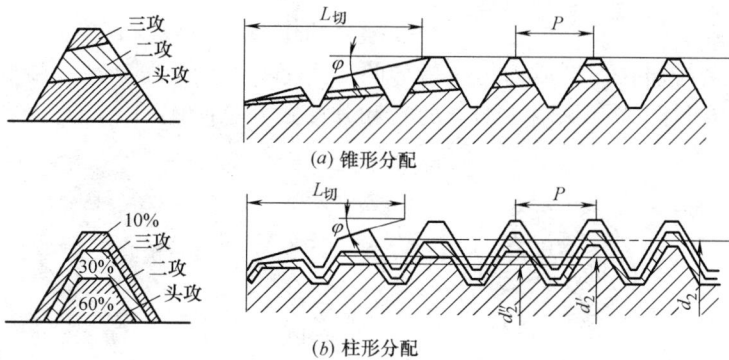

图 4-28 成组丝锥切削用量分配

2）铰杠是手工攻螺纹时用来夹持丝锥的工具。铰杠分丁字形铰杠和普通铰杠两类。每类铰杠又有固定式和活络式两种。

（2）攻螺纹的操作要点

1）攻螺纹前先划线，打底孔，并在螺纹底孔的孔口倒角，倒角直径可大于螺纹大径，以方便丝锥顺利切入，并可防止孔口被挤压出凸边。

2）起攻时，可用手掌按住铰杠中部，沿丝锥轴线用力加压，另一只手配合作顺向旋进；或两手握住铰杠两端均匀施压，并将丝锥顺向旋进，保证丝锥中心线与孔中心线重合（见图4-29）。

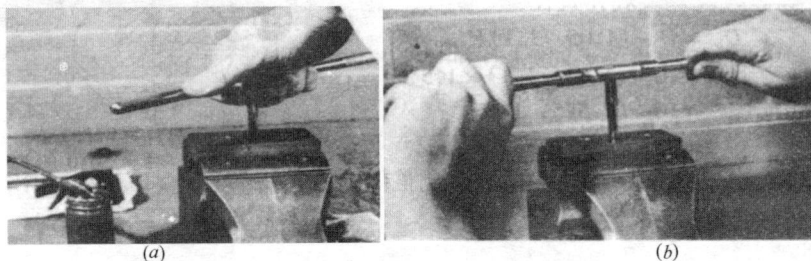

图4-29 起攻方法

3）当丝锥攻入1～2圈后，应及时从前后、左右分别检查丝锥的垂直度，并不断校正。丝锥的切削部分全部进入工件时，要经常倒转1/4～1/2圈，使切屑碎断后排出。

4）攻螺纹时，必须以头攻、二攻、三攻顺序攻削至标准尺寸。

5）攻不通孔螺纹时，可在丝锥上做好深度标记，并经常退出丝锥，清除孔内切屑。

6）在韧性材料上攻螺孔时，要加合适的切削液。

2. 套螺纹

图4-30 套螺纹

套螺纹是用板牙在外圆柱面（或外圆锥面）上切削出外螺纹的加工方法（见图4-30）。

（1）套螺纹用的工具

1）板牙：板牙是加工外螺纹的工具，它由合金工具钢或高速钢制成并经淬火处理。

如图4-31（a）所示，板牙由切削部分、校准部分和排屑孔组成。它本身就像一个圆螺母，在它上面钻有几个排屑孔而形成刀刃。板牙两端面都有切削部分，待一端磨损后，可换另一端使用。板牙有封闭式（见图4-31（b））和开槽式（见图4-31（c））两种结构。

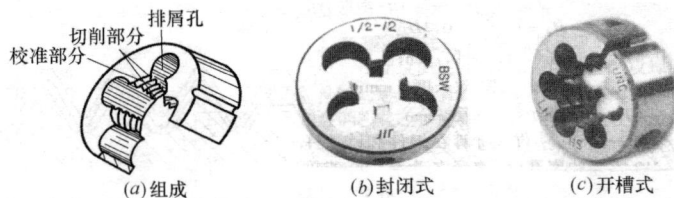

(a)组成　　(b)封闭式　　(c)开槽式

图4-31 板牙

2）板牙架：板牙架是装夹板牙的工具，板牙放入后，用锁紧螺钉紧固。

（2）套螺纹的操作要点

1）套螺纹前应将圆杆端部倒成 15°～20° 的斜角，锥体的最小直径要比螺纹小径小。对于重要螺纹端部通常倒成 45° 的斜角。

2）套螺纹时应保持板牙的端面与圆杆轴线垂直。

3）开始时为了使板牙切入工件，要在转动板牙时施加轴向压力，待板牙切入工件后不再施压。

4）为了断屑，板牙也要时常倒转一下，但与攻螺纹相比，切屑不易产生堵塞现象。

5）在韧性材料上套螺孔时，要加合适的切削液。

七、弯形与矫正

1. 弯形

弯形是将坯料（如板料、条料或管子等）弯成所需要形状的加工方法（见图 4-32）。

（1）弯形概述

弯形使材料产生塑性变形，因此，只有塑性好的材料才能进行弯形。图 4-33（a）为弯形前的钢板，图 4-33（b）为弯形后的情况。钢板弯形后它的外层材料伸长（图中 e—e 和 d—d），内层材料缩短（图中 a—a 和 b—b），而中间有一层材料（图中 c—c）弯形后长度不变，称为中性层。弯形过程中也有弹性变形，为抵消材料的弹性变形，弯形过程中应多弯些。

图 4-32　弯形

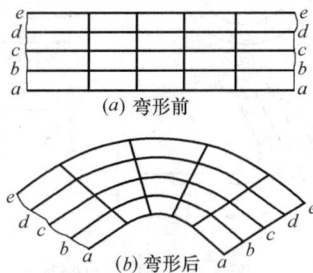

(a) 弯形前

(b) 弯形后

图 4-33　钢板弯形前后

（2）弯形坯料长度的计算

坯料经弯形后，只有中性层的长度不变，因此，计算弯形工件坯料长度时，可按中性层的长度进行计算。但当材料弯形后，中性层并不在材料的正中，而是偏向内层材料一边。试验证明，中性层的实际位置与材料的弯曲半径 r 和材料的厚度 t 有关，如图 4-34 所示。

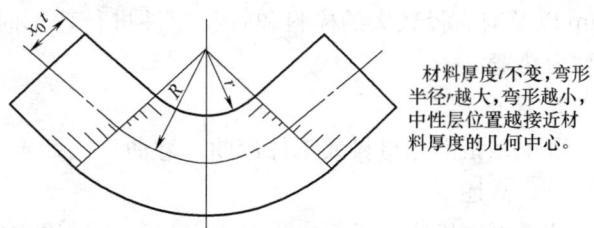

材料厚度 t 不变，弯形半径 R 越大，弯形量越小，中性层位置越接近材料厚度的几何中心。

图 4-34　弯形时中性层的位置

表 4-1 为中性层位置系数 x_0 的值。从表中 r/t 的值可以看出，当弯形半径 $r \geqslant 16t$ 时，中性层在材料的中间（即中性层与材料几何中心重合）。在一般情况下，为简化计算，当 $r/t \geqslant 8$ 时，可按 $x_0 = 0.5$ 进行计算。

157

r/t	0.25	0.5	0.8	1	2	3	4	5	6	7	8	10	12	14	≥16
x_0	0.2	0.25	0.3	0.35	0.37	0.4	0.41	0.43	0.44	0.45	0.46	0.47	0.48	0.49	0.5

弯形的形式有多种，如图 4-35 所示为常见的几种。图中（a）（b）（c）为内面带圆弧的制件，（d）是内面为直角的制件。内面带圆弧制件的坯料长度等于直线部分（不变形部分）与圆弧中性层长度（弯形部分）之和。圆弧部分中性层长度的计算式为：

$$A = \pi(r + x_0 t)a/180$$

式中　A——圆弧部分中性层长度，mm；

　　　r——弯形半径，mm；

　　　x_0——中性层位置系数（参见表 4-1）；

　　　t——材料厚度（或坯料直径），mm；

　　　a——弯形角（即弯形中心角）。

内面弯形成不带圆弧的直角制件时，其坯料长度的计算可按弯形前后坯料的体积不变，采用 $A = 0.5t$ 的经验公式求出。如图 4-36 所示。

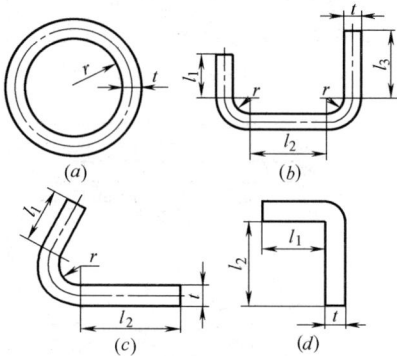

图 4-35　常见的弯形形式

（a）、（b）、（c）内面带圆弧的制件；

（d）内面为直角的制件

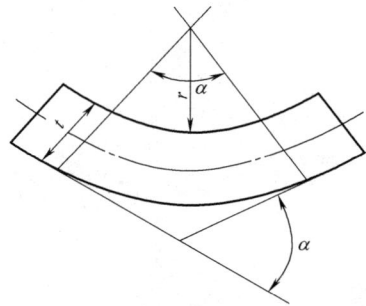

图 4-36　弯形角与弯形中心角

（3）弯形方法

弯形方法有冷弯和热弯两种：在常温下进行的弯形称为冷弯；当弯形材料厚度大于 5mm 以及对直径较大的棒料和管料工件进行弯形时，常需要先将工件加热，这种弯形方法称为热弯。

2. 矫正

矫正是指消除材料或工件弯曲、翘曲、凸凹不平等缺陷的加工方法。

（1）概述

矫正可在机床上进行，也可手工进行。这里主要介绍钳工常用的手工矫正方法。手工矫正是将材料（或工件）放在平板、铁砧或台虎钳上，采用锤击、弯形、延展或伸张等进行矫正的方法。

矫正的实质就是让金属材料产生一种塑性变形，来消除原来不应存在的塑性变形。矫正过程中，材料要受到锤击、弯形等外力作用，使材料内部组织发生变化，造成硬度提高、性质变脆，这种现象称为冷作硬化。冷作硬化给继续矫正或下道工序加工带来困难，必要时应进行退火处理，恢复材料原来的力学性能。

按矫正时被矫正工件的温度分类，可分为冷矫正和热矫正两种。

（2）手工矫正常用的工具

1）平板和铁砧：平板、铁砧及台虎钳都可以作为矫正板材或型材的基座。

2）软、硬锤子：矫正一般材料均可采用钳工常用锤子；矫正已加工表面、薄钢件或有色金属制件时，应采用铜锤、木锤或橡胶锤等软锤子。如图 4-37 所示为木锤矫正板料。

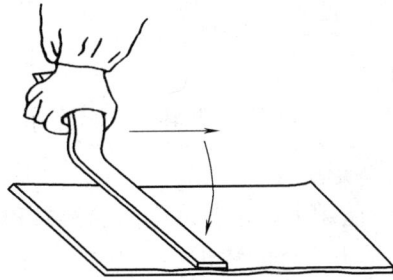

3）抽条和拍板：抽条是采用条状薄板料弯成的简易手工工具，它用于抽打较大面积的板料，如图 4-38 所示。拍板是用质地较硬的檀木制成的专用工具，主要用于敲打板料。

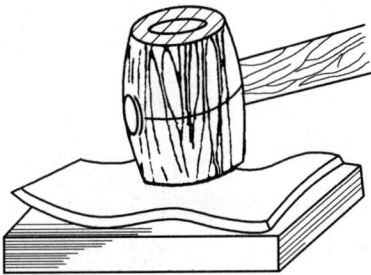

图 4-37 木锤矫正板料   图 4-38 用抽条抽板料

4）螺旋压力工具（或压板）：适用于矫正较大的轴类工件或棒料。

（3）矫正方法

1）延展法

金属薄板最容易产生中部凸凹、边缘呈波浪形，以及翘曲等变形。采用延展法矫正，如图 4-39 所示。图 4-39（a）中箭头所示方向，即锤击位置。锤击时，由里向外逐渐由轻到重，由稀到密。如图 4-39（b）所示，锤击点应从中间向四周，按图中箭头所

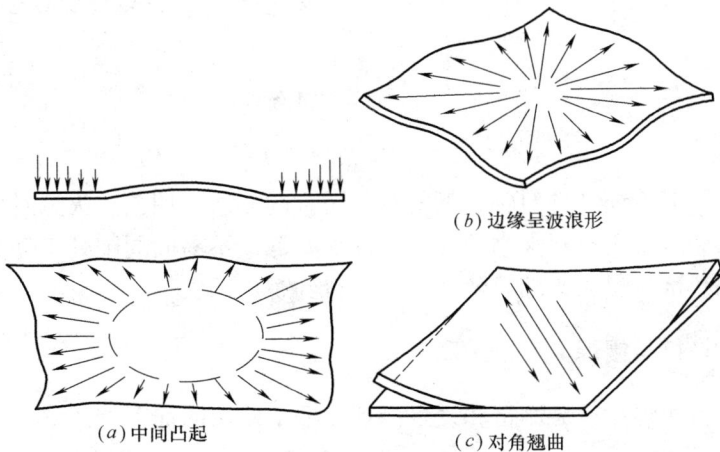

（b）边缘呈波浪形

（a）中间凸起   （c）对角翘曲

图 4-39 薄板的矫平

示方向，密度逐渐变稀，力量逐渐减小，经反复多次锤打，使板料达到平整。如果薄板发生对角翘曲，就应沿另外没有翘曲的对角线锤击使其延展而矫平，图 4-38（c）所示。

2）扭转法

扭转法用来矫正条料的扭曲变形，如图 4-40 所示。

3）伸张法

伸张法用来矫正各种细长线材的变形，如图 4-41 所示。

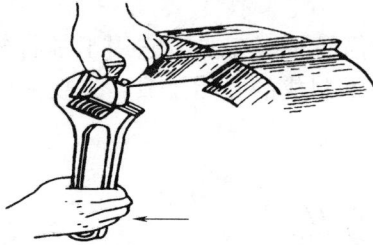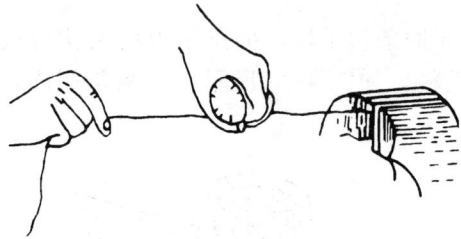

图 4-40　扭转法　　　　　　　　　　　图 4-41　伸张法

4）弯形法

弯形法用来矫正各种弯曲的棒料和在宽度方向上变形的条料。

① 轴类零件的矫正：先查明弯曲状况和部位，作上标记，然后在压力机上，用两块 V 型架支承，在轴的突出部位加压，以消除弯曲变形。

② 丝杠矫直：如图 4-42 所示，用百分表查出丝杠凹处并作上标记，将丝杠凸处朝下放在矫平板上，用锤子和凹形厚刃錾子敲击丝杠各凹处的螺纹小径表面，使凹处材料伸长而逐渐矫直。

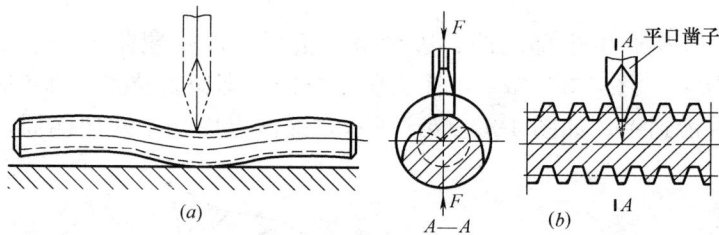

图 4-42　锤击矫正丝杠

5）热矫正法

利用金属的热胀冷缩特性对轴、型材进行矫直的方法。用乙炔火焰对弯曲的最高点加热，使其受热膨胀，由于材料在高温时力学性能降低，不易向周围处于低温的材料方向膨胀，而冷却后加热部位材料收缩，使弯曲部位得到矫正。

八、铆接、粘接与锡焊

铆接、粘接与锡焊是机器制造和设备修理中经常使用的加工方法。

1. 铆接

铆接是用铆钉将两个或两个以上工件组成不可拆卸的整体的连接。

（1）概述

铆接过程：将铆钉插入被铆接工件的孔中，并把铆钉头紧贴工件表面，然后将铆钉杆的一端镦粗成为铆合头。

目前，在很多工件的连接中，铆接已逐渐被焊接所代替，但因铆接有操作方便、连接可靠等优点，所以在机器、设备、工具制造中，仍有较多的应用。

（2）铆钉

按制造材料不同，铆钉可分为钢质、铜质、铝质铆钉等；按其形状不同，可分为平头、半圆头、沉头、半圆沉头、管状空心、皮带铆钉等。

标记铆钉时，一般要标出直径、长度和国家标准序号。如铆钉 5×20 GB/T 867—1986，表示铆钉直径为5mm，长度为20mm，国家标准序号为GB/T 867—1986。

2. 锡焊

锡焊是常用的一种连接方法，如图4-43所示。

锡焊时，工件材料并不熔化，只是将焊锡熔化而把工件连接起来。锡焊的优点是传送热量少，被焊工件不产生热变形，焊接设备简单，操作方便。锡焊常用于强度要求不高或密封性要求较好的连接。

（1）锡焊工具

锡焊常用的工具有烙铁、烘炉和喷灯等。烙铁有电烙铁和非电加热烙铁（简称烙铁）两种，如图4-44所示。

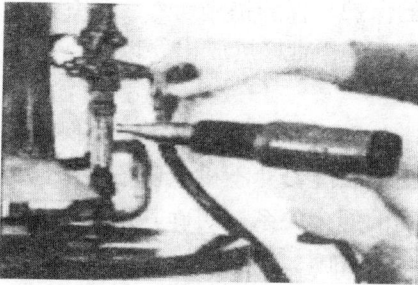

图 4-43　锡焊

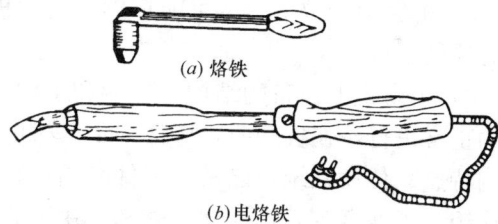

(a) 烙铁

(b) 电烙铁

图 4-44　烙铁

（2）焊料与焊剂

锡焊用的焊料称为焊锡，焊锡是一种锡铅合金，熔点一般在 $180\sim300℃$ 之间。焊剂又称焊药。焊剂的作用是消除焊缝处的金属氧化膜，提高焊锡的流动性，增加焊接强度。

（3）锡焊工艺

1）用锉刀、锯条片或砂纸清除焊接处的油污和锈蚀。

2）按焊接工件的大小选择不同功率的烙铁，接通电源或用火加热烙铁。烙铁首先加热到 $250\sim550℃$（切忌温度过高），然后在氯化锌溶液中浸一下，再蘸上一层焊锡。用木片或毛刷在工件焊接处涂上焊剂。

3）将烙铁放在焊缝处，稍停片刻，使工件表面发热，然后均匀缓慢地移动，使焊锡填满焊缝。

4）用锉刀清除焊接后残余焊锡，并用热水清洗焊剂，然后擦净烘干。

第二节　机电设备拆卸、清洗和装配

一、机电设备拆卸

1. 机电设备拆卸的一般规则

机电设备都是由许多零部件组合成的。需要修理的机电设备，必须经过拆卸才能对失效零部件进行修复或更换。如果拆卸不当，往往会造成零部件损坏，设备精度降低，有时甚至无法修复。机电设备拆卸的目的是为了便于检查和修理零部件，拆卸工作量约占整个修理工作量的20%。因此，为保证修理质量，在动手解体机电设备前，必须周密计划，对可能遇到的问题有所估计，做到有步骤地进行拆卸，一般应遵循下列规则和要求。

（1）拆卸前的准备工作

1）拆卸场地的选择与清理。拆卸前应选择好工作场地，不要选有风沙、尘土的地方。工作场地应是避免闲杂人员频繁出入的地方，以防止造成意外的混乱。不要使泥土、油污等弄脏工作场地的地面。机电设备进入拆卸场地之前应进行外部清洗，以保证机电设备的拆卸不影响其精度。

2）保护措施。在清洗机电设备外部之前，应预先拆下或保护好电气设备，以免其受潮损坏。对于易氧化、锈蚀等的零件要及时采取相应的保护、保养措施。

3）拆卸前的放油。尽可能在拆卸前将机电设备中的润滑油趁热放出，以利于拆卸工作的顺利进行。

4）了解机电设备的结构、性能和工作原理。为避免拆卸工作的盲目性，确保修理工作的正常进行，在拆卸前，应详细了解机电设备各方面的状况，熟悉机电设备各个部分的结构特点、传动系统，以及零部件的结构特点和相互间的配合关系，明确其用途和相互间的作用，以便合理安排拆卸步骤和选用适宜的拆卸工具或设施。

（2）拆卸的一般原则

1）根据机电设备的结构特点，选择合理的拆卸步骤。机电设备的拆卸顺序，一般是由整体拆成总成，由总成拆成部件，由部件拆成零件；或由附件到主机，由外部到内部。在拆卸比较复杂的部件时，必须熟读装配图，并详细分析部件的结构以及零件在部件中所起的作用，特别应注意那些装配精度要求高的零部件。这样，可以避免混乱，使拆卸有序，达到利于清洗、检查和鉴定的目的，为修理工作打下良好的基础。

2）合理拆卸在机电设备的修理拆卸中，应坚持能不拆的就不拆、该拆的必须拆的原则。若零部件可不必经拆卸就符合要求，则不必拆开，这样不但可减少拆卸工作量，而且还能延长零部件的使用寿命。如对于过盈配合的零部件，拆装次数过多会使过盈量消失而致使装配不紧固；对较精密的间隙配合件，拆后再装，很难恢复已磨合的配合关系，从而加速零件的磨损。但是，对于不拆开难以判断其技术状态而又可能产生故障的，或无法进行必要保养的零部件，则一定要拆开。

（3）拆卸时的注意事项

在机电设备修理中，拆卸时还应考虑到修理后的装配工作，为此应注意以下事项：

1）对拆卸零件要做好核对工作或做好记号。机电设备中有许多配合的组件和零件，由于经过选配或重量平衡等，所以装配的位置和方向均不允许改变。如汽车发动机中各缸的挺杆、推杆和摇臂，在运行中各配合副表面得到较好的磨合，不宜变更原有的配合关系；如多缸内燃机的活塞连杆组件，是按重量成组选配的，不能在拆装后互换；再如发动机的连杆与下盖，拆卸时应该先检查有无装配记号或平衡标记。因此在拆卸时，有原记号的要核对，如果原记号已错乱或有不清晰者，则应按原样重新标记，以便安装时对号入位，避免发生错乱。

2）分类存放零件。对拆卸下来的零件的存放应遵循如下原则：同一总成或同一部件的零件应尽量放在一起，根据零件的大小与精密度分别存放；不应互换的零件要分组存放；怕脏、怕碰的精密零部件应单独拆卸与存放；怕油的橡胶件不应与带油的零件一起存放；易丢失的零件，如垫圈、螺母要用铁丝串在一起或放在专门的容器里；各种螺栓和螺柱应装上螺母存放；钢铁件、铝质件、橡胶件和皮质件等零件，应按材质的不同，分别存放于不同的容器中。

3）保护拆卸零件的加工表面。在拆卸过程中，一定不要损伤拆卸下来的零件的加工表面，否则将给修复工作带来麻烦，并会因此而引起漏气、漏油、漏水等故障，也会导致机械设备的技术性能降低。

2. 典型零部件的拆卸方法

典型零部件的拆卸应遵循拆卸的一般原则，并结合各自的特点，采用相应的拆卸方法来达到拆卸的目的。

（1）齿轮副的拆卸

为了提高传动链精度，对传动比为1的齿轮副采用误差相消法装配，即将一个外齿轮的最大径向圆跳动处的齿间与另一个齿轮的最小径向圆跳动处的齿间相啮合。为避免拆卸后再装配的误差不能消除，拆卸时在两齿轮的相互啮合处作上记号，以便装配时恢复原精度。

（2）轴上定位零件的拆卸

在拆卸齿轮箱中的轴类零件时，必须先了解轴的阶梯方向，进而决定拆卸轴时的移动方向，然后拆去两端轴盖和轴上的轴向定位零件。如紧固螺钉、圆螺母、弹簧垫圈、保险弹簧等零件。先要松开装在轴上的齿轮、齿套等不能通过轴盖孔的零件的轴向紧固关系，并注意轴上的键能随轴通过各孔，才能用木锤击打轴端而拆下轴。否则不仅拆不下轴，还会造成对轴的损伤。

（3）螺纹联接的拆卸

螺纹联接在机电设备中是应用最为广泛的联接方式，具有结构简单、调整方便和可多次拆卸装配等优点。其拆卸虽比较容易，但往往因重视不够、工具选用不当、拆卸方法不正确等而造成损坏。因此拆卸螺纹联接件时，一定要注意选用合适的呆扳手或旋具，尽量不用活扳手。对于较难拆卸的螺纹联接件，应先弄清楚螺纹的旋向，不要盲目乱拧或用过长的加力杆。拆卸双头螺柱时，要用专用的扳手。

1）断头螺钉的拆卸。有螺钉断头在机体表面及以下和螺钉断头露在机体表面外一部分等情况，根据这些情况，可选用不同的方法进行拆卸。

当螺钉断头在机体表面及以下时，可以采用下列方法进行拆卸：

① 在螺钉上钻孔，打入多角淬火钢杆，将螺钉拧出，如图 4-45 所示。注意打击力不可过大，以防损坏机体上的螺纹。

② 在螺钉中心钻孔，攻反向螺纹，拧入反向螺钉旋出，如图 4-46 所示。

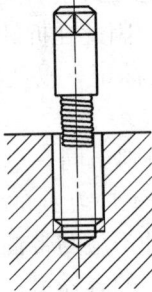

图 4-45　多角淬火钢杆拆卸断头螺钉　　　　图 4-46　攻反向螺纹拆卸断头螺钉

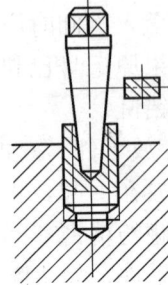

③ 在螺钉上钻直径相当于螺纹小径的孔，再用同规格的螺纹刃具攻螺纹；或钻相当于螺纹大径的孔，重新攻一比原螺纹直径大一级的螺纹，并选配相应的螺钉。

④ 用电火花在螺钉上打出方形或扁形槽，再用相应的工具拧出螺钉。

当螺钉的断头露在机体表面外一部分时，可以采用下列方法进行拆卸：

① 在螺钉的断头上用钢锯锯出沟槽，然后用一字旋具将其拧出；或在断头上加工出扁头或方头，然后用扳手拧出。

② 在螺钉的断头上加焊一弯杆［见图 4-47（a）］或螺母［见图 4-47（b）］拧出。

③ 当断头螺钉较粗时，可用扁錾子沿圆周剔出。

2）打滑内六角圆柱头螺钉的拆卸。

内六角圆柱头螺钉用于紧固定联接的场合较多。当内六角磨圆后会产生打滑现象而不容易拆卸，这时用一个孔径比螺钉头外径稍小一点的六角螺母，放在内六角螺钉头上，如图 4-47 所示，然后将螺母与螺钉焊接成一体，待冷却后用扳手拧六角螺母，即可将螺钉迅速拧出。

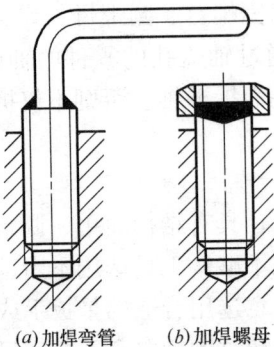

(a)加焊弯管　　(b)加焊螺母

图 4-47　露在机体表面外断头螺钉的拆卸　　图 4-48　拆卸打滑内六角圆柱头螺钉

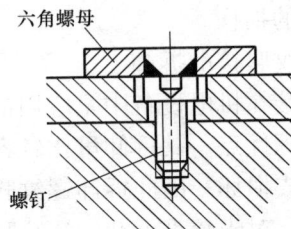

3）锈死螺纹件的拆卸。锈死螺纹件有螺钉、螺柱、螺母等，当其用于紧固或连接时，由于生锈而很不容易拆卸，这时可采用下列方法进行拆卸。

164

① 用手锤敲击螺纹件的四周，以振松锈层，然后拧出。

② 可先向拧紧方向稍拧一点，再向反方向拧，如此反复拧紧和拧松，逐步拧出。

③ 在螺纹件四周浇些煤油或松动剂，浸渗一定时间后，先轻轻锤击四周，使锈蚀面略微松动后，再行拧出。

④ 若零件允许，还可采用快速加热包容件的方法，使其膨胀，然后迅速拧出螺纹件。

⑤ 采用车、锯、錾、气割等方法，破坏螺纹件。

4) 成组螺纹联接件的拆卸：成组螺纹联接件的拆卸，除要按照单个螺纹件的方法拆卸外，还要做到以下几点：

① 首先将各螺纹件拧松 1～2 圈，然后按照一定的顺序，先四周后中间再按对角线方向逐一拆卸，以免力量集中到最后一个螺纹件上，造成难以拆卸或零部件的变形和损坏。

② 对于难拆部位的螺纹件要先拆卸下来。

③ 拆卸悬臂部件的环形螺柱组时，要特别注意安全。首先要仔细检查零部件是否垫稳，起重索是否捆牢，然后从下面开始按对称位置拧松螺柱进行拆卸。最上面的一个或两个螺柱，要在最后分解吊离时拆下，以防事故发生或零部件损坏。

④ 注意仔细检查在外部不易观察到的螺纹件，在确定整个成组螺纹件已经拆卸完后，方可将螺纹联接件分离，以免造成零部件损坏。

（4）过盈配合件的拆卸

拆卸过盈配合件，应视零件配合尺寸和过盈量的大小，选择合适的拆卸方法以及工具和设备，如拔轮器、压力机等，不允许使用铁锤直接敲击零部件，以防损坏零部件。在无专用工具的情况下，可用木锤、铜锤、塑料锤或垫以木棒（块）、铜棒（块）用铁锤敲击。无论使用何种方法拆卸，都要检查有无销钉、螺钉等附加固定或定位装置，若有应先拆下；施力部位必须正确，以使零件受力均匀不歪斜，如对轴类零件，力应作用在受力面的中心；要保证拆卸方向的正确性，特别是带台阶、有锥度的过盈配合件的拆卸。

滚动轴承的拆卸属于过盈配合件的拆卸范畴，它的使用范围较广泛，因为其有拆卸特点，所以在拆卸时，除要遵循过盈配合件的拆卸要点外，还要考虑到它自身的特殊性。

1) 拆卸尺寸较大的轴承或其他过盈配合件时，为了使轴和轴承免受损害，要利用加热来拆卸。使轴承内圈加热来拆卸轴承的情况：加热前把靠近轴承的那一部分轴用石棉隔离开来，然后在轮上套上一个套圈使零件隔热，再将拆卸工具的抓钩抓住轴承的内圈，迅速将加热到 100℃ 的油倾到在轴承内圈上，使轴承内圈加热，然后开始从轴上拆卸轴承。

2) 齿轮两端装有圆锥滚子轴承的外圈，如图 4-48 所示。当用拔轮器不能拉出轴承的外圈时，可同时用干冰局部冷却轴承的外圈，然后迅速从齿轮中拉出圆锥滚子轴承的外圈。

3) 拆卸滚动球轴承时，应在轴承内圈上加力拆下；拆卸位于轴末端的轴承时，可用小于轴承内径的铜棒、木棒或软金属抵住轴端，轴承下垫以垫块，再用锤子敲击，如图 4-49 所示。

若用压力机拆卸位于轴末端的轴承，可用图 4-50 所示的加垫块法将轴承压出。用此方法拆卸轴承的关键是必须使垫块同时抵住轴承的内、外圈，且着力点正确。否则，轴承将受损伤。垫块可用两块等高的方铁或 U 型和两半圆形垫铁。

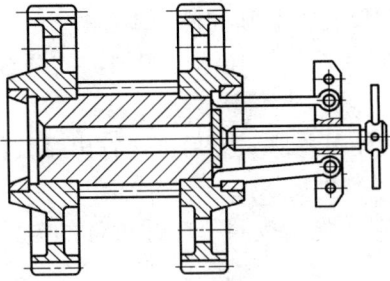

图 4-49 轴承的冷却拆卸

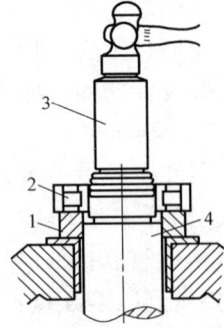

图 4-50 用手锤、铜棒拆卸轴承
1—垫块；2—轴承；3—铜棒；4—轴

如果用拔轮器拆卸位于轴末端的轴承，则必须使抓钩同时勾住轴承的内、外圈，且着力点也必须正确，如图 4-50 所示。

4）拆卸锥形滚柱轴承时，一般将内、外圈分别拆卸。如图 4-53（a）所示，将拔轮器张套放入外圈底部，然后伸入张杆使张套张开勾住外圈，再扳动手柄，使张套外移，即可拉出外圈。用图 4-53（b）所示的内圈拉头来拆卸内圈，先将拉套套在轴承内圈上，转动拉套，使其收拢后，下端凸缘压入内圈的沟槽，然后转动手柄，拉出内圈。

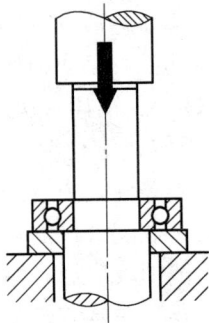

图 4-51 压力机拆卸轴承

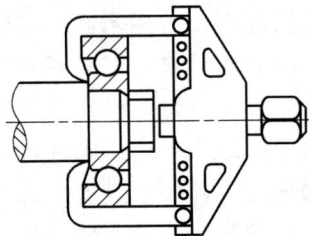

图 4-52 拔轮器拆卸轴承

5）如果因轴承内圈过紧或锈死而无法拆卸，则应破坏轴承内圈而保护轴，如图 4-54 所示。操作时应注意安全。

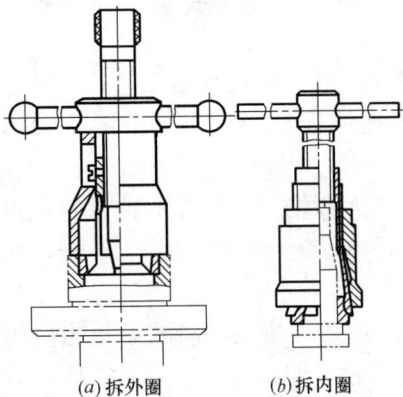

(a)拆外圈   (b)拆内圈

图 4-53 锥形滚柱轴承的拆卸

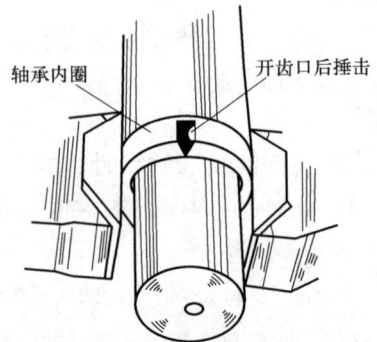

轴承内圈   开齿口后捶击

图 4-54 报废轴承的拆卸

166

（5）不可拆连接件的拆卸

不可拆连接件有焊接件和铆接件等，焊接、铆接属于永久性连接，在修理时通常不拆卸。

1）焊接件的拆卸：可用锯割、等离子切割，或用小钻头排钻孔后再锯，也可用氧炔焰气割等方法。

2）铆接件的拆卸：可用錾子切割掉或锯割掉，或气割掉铆钉头，或用钻头钻掉铆钉等。操作时，应注意不要损坏基体零件。

二、零件的清洗和检验

对拆卸后的机械零件进行清洗是修理工作的重要环节。清洗方法和清理质量，对零件鉴定的准确性、设备的修复质量、修理成本和使用寿命等都将产生重要影响。

零件的清洗包括清除油污、水垢、积炭、锈层和旧涂装层等。

1. 零件的清洗

（1）脱脂

清除零件上的油污，常采用清洗液，如有机溶剂、碱性溶液、化学清洗液等。清洗方法有擦洗、浸洗、喷洗、气相清洗及超声波清洗等。清洗方式有人工清洗和机械清洗。

机电设备修理中常用擦洗的方法，即将零件放入装有煤油、轻柴油或化学清洗剂的容器中，用棉纱擦洗或毛刷刷洗，以去除零件表面的油污。这种方法操作简便、设备简单，但效率低，用于单件小批量生产的中小型零件及大型零件的工作表面的脱脂。一般不宜用汽油作清洗剂，因其有溶脂性，会损害工人身体且容易造成火灾。

喷洗是将具有一定压力和温度的清洗液喷射到零件表面，以清除油污。这种方法清洗效果好、生产率高，但设备复杂，适用于形状不太复杂、表面有较严重油垢的零件的清洗。

清洗不同材料的零件和不同润滑材料产生的油污，应采用不同的清洗剂。清洗动、植物油污，可用碱性溶液，因为它能与碱性溶液起皂化反应，生成肥皂和甘油溶于水。但碱性溶液对不同的金属有不同程度的腐蚀性，尤其对铝的腐蚀较强。因此清洗不同的金属零件应该采用不同的配方，表 4-2 和表 4-3 分别列出了清洗钢铁零件和铝合金零件的配方。

清洗钢铁零件的配方（kg）　　　　　　　　　　表 4-2

成分	配方 1	配方 2	配方 3	配方 4
苛性钠	7.5	20		
碳酸钠	50		5	
磷酸钠	10	50		
硅酸钠		30	2.5	
软肥皂	1.5		5	3.6
磷酸三钠			1.25	9
磷酸氢二钠			1.25	
偏硅酸钠				4.5
重铝酸钠				0.9
水（L）	1000	1000	1000	450

清洗铝合金零件的配方（kg）　　　　　　　　　　　　　　表 4-3

成分	配方1	配方2	配方3
碳酸钠	1.0	0.4	1.5～2.0
重铝酸钠	0.05		0.05
硅酸钠			0.5～1.0
肥皂			0.2
水（L）	100	100	100

矿物油不溶于碱溶液，因此清洗零件表面的矿物油油垢，需加入乳化剂，使油脂形成乳油液而脱离零件表面。为加速去除油垢的过程，可采用加热、搅拌、压力喷洗、超声波清洗等措施。

（2）除锈

零件表面的腐蚀物，如钢铁零件的表面锈蚀，在机械设备修理中，为保证修理质量，必须彻底清除。根据具体情况，目前主要采用机械、化学和电化学等方法进行清除。

1）机械法除锈：利用机械摩擦、切削等作用清除零件表面锈层。常用方法有刷、磨、抛光、喷砂等。单件小批量生产或修理中可由人工打磨锈蚀表面；成批生产或有条件的场合，可采用机器除锈，如电动磨光、抛光、滚光等。喷砂法除锈是利用压缩空气，把一定粒度的砂子通过喷枪喷在零件锈蚀的表面上，这样不仅除锈快，还可为涂装、喷涂、电镀等工艺做好表面准备，经喷砂处理的表面可达到干净、有一定粗糙度的表面要求，从而提高覆盖层与零件的结合力。

2）化学法除锈：利用一些酸性溶液溶解金属表面的氧化物，以达到除锈的目的。目前使用的化学溶液主要是硫酸、盐酸、磷酸或其混合溶液，加入少量的缓蚀剂。其工艺过程是：脱脂—水冲洗—除锈—水冲洗—中和—水冲洗—去氢。为保证除锈效果，一般都将溶液加热到一定的温度，严格控制时间，并要根据被除锈零件的材料，采用合适的配方。

3）电化学法除锈：电化学除锈又称为电解腐蚀，这种方法可节约化学药品，除锈效率高、除锈质量好，但消耗能量大且设备复杂。常用的方法有阳极腐蚀，即把锈蚀件作为阳极，故称为阳极腐蚀；还有阴极腐蚀，即把锈蚀件作为阴极，用铅或铅锑合金作阳极。阳极腐蚀的主要缺点是当电流密度过高时，易腐蚀过度，破坏零件表面，故适用于外形简单的零件；阴极腐蚀无过蚀问题，但氢容易浸入金属中，产生氢脆，降低零件塑性。

（3）清除涂装层

清除零件表面的保护涂装层，可根据涂装层的损坏程度和保护涂装层的要求，进行全部或部分清除。涂装层清除后，要冲洗干净，准备再喷刷新涂层。

清除方法一般是采用手工工具，如刮刀、砂纸、钢丝刷或手提式电动、风动工具进行刮、磨、刷等。有条件时可采用化学方法，即用各种配制好的有机溶剂、碱性溶液退漆剂等。使用碱性溶液退漆剂时，可涂刷在零件的漆层上，使之溶解软化，然后再用手工工具进行清除。

使用有机溶剂时，要特别注意安全。工作场地要通风、防火，操作者要穿戴防护用具，工作结束后，要将手洗干净，以防中毒。使用碱性溶液退漆剂时，不要让铝制零件、皮革、橡胶、毡质零件接触，以免腐蚀损坏。操作者要戴耐碱手套，避免皮肤接触受伤。

2. 机械零件的检测方法

目前，常用的检测方法有：检视法、测量法和隐蔽缺陷的无损检测法。一般视生产需要选择其中某些适宜的方法来检测，以便作出全面的技术鉴定。

（1）检视法

它主要是凭人的器官（眼、手和耳等）感觉或借助于简单工具（放大镜、手锤等）、标准块等进行检验、比较和判断零件的技术状态的一种方法。显然，此法简单、易行，且不受条件限制，因而普遍采用；但要求检视人员要有实践经验，而且只能作定性分析和判断，是目前检测中不可缺少的重要方法。

（2）隐蔽缺陷的无损检测法

无损检测的主要任务是确定零件隐蔽缺陷的性质、大小、部位及其取向等，因此，在具体选择无损检测法和操作时，必须结合零件的工作条件，考虑其受力状况、生产工艺、检测要求与效果及其经济性等。

目前，生产中常用的无损检测法主要有：渗透、磁粉、超声波和射线等。

1）渗透检测法：其原理是，在清洗后的零件表面上涂上渗透剂，渗透剂通过表面缺陷毛细管作用进入缺陷中，这时可利用缺陷中的渗透剂能以颜色显示缺陷，或在紫外线照射下能够产生荧光将缺陷的位置和形状显示出来。渗透检测法的原理如图 4-55 所示。

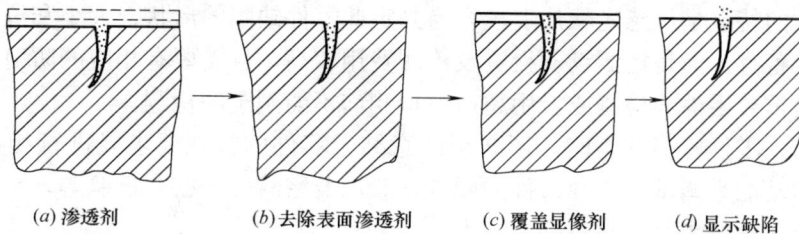

(a)渗透剂　　(b)去除表面渗透剂　　(c)覆盖显像剂　　(d)显示缺陷

图 4-55　渗透检测法原理及过程

用此法检测方便、简单，能检测出任何材料制作的零件和零件任何结构形状表面上约 1mm 左右宽的微裂纹。

2）磁粉检测法：其原理是，利用铁磁材料在电磁场作用下能够产生磁化。被测零件在电磁场作用下，由于其表面或近表面（几毫米之内）存在缺陷，磁力线只能绕过缺陷产生磁力线泄漏或聚集形成局部磁化吸附磁粉，从而显示出缺陷的位置、形状和取向。如图 4-56 所示为磁粉检测法的原理。

采用磁粉检测时，必须注意磁化方法的选择，使磁力线方向尽可能垂直或以一定角度穿过缺陷，以获得最佳的检测效果；同时需注意检测后的退磁处理，以免影响使用。此法设备简单、检测可靠、操作方便，但是只能用于铁磁材料零件表面和近表面缺陷的检测。

3）超声波检测法：其原理是，利用某些物质的压电效应产生的超声波在介质中传播时遇到不同介质间的介面（内部裂纹、夹渣和缩孔等缺陷）会产生反射、折射等特性。通过检测仪器可将超声波在缺陷处产生的反射、折射波显示在荧光屏上，从而确定零件内部缺陷的位置、大小和性质等。超声波检测法原理如图 4-57 所示。

此法的主要特点是穿透能力强、灵敏度高；适用范围广，不受材料限制；设备轻巧、使用方便，可到现场检测，但只适用于检测零件的内部缺陷。

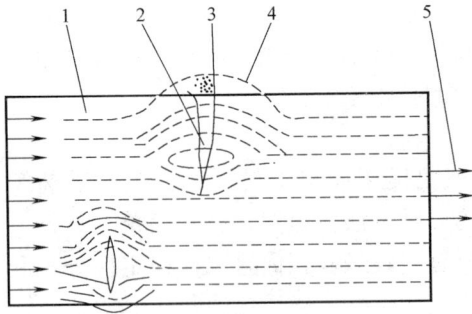

图 4-56 磁粉检测法原理
1—零件；2—缺陷；3—局部缺陷；
4—泄漏磁通；5—磁力线

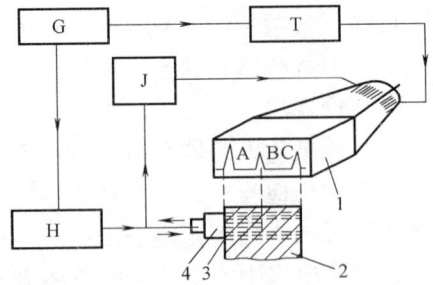

图 4-57 超声波检测法原理
A—初始脉冲；B—缺陷脉冲；C—底脉冲；
G—同步发生器；H—高频脉冲发生器；
J—接收放大器；T—时间扫描器

4）射线检测法：它是利用射线（x 射线）照射，使其穿过零件，如果遇到缺陷（裂纹、气孔、疏松或夹渣等），射线则较容易透过的特点。这样从被测零件缺陷处透过射线的能量较其他地方多。当这些射线照射到软片，经过感光和显影后，形成不同的黑度（反差），从而分析判断出零件缺陷的形状、大小和位置。

此法最大的特点是从感光软片上较容易判定此零件缺陷的形状、大小和位置，并且软片可长期保存备查。但是检测设备投资及检测费用较高，且需要有相应的防射线的安全措施，只用于对重要零件的检测或者用超声波检测尚不能判定的检测。

必须指出，零件检测分类时，还必须注意结合零件的特殊要求以进行相应的特殊试验，如高速运动的平衡试验、弹性件的弹性试验以及密封件的密封试验等，只有这样才能对零件作出全面的技术鉴定与正确的分类。

三、典型零部件装配

1. 机械装配的一般工艺原则和要求

一部庞大复杂的机电设备是由许多零件和部件所组成的。按照规定的技术要求，将若干个零件组合成组件，由若干个组件和零件组合成部件，最后由所有的部件和零件组合成整台机电设备的过程，分别称为组装、部装和总装，统称为装配。

机电设备修理后质量的好坏，与装配质量的高低有密切的关系。机电设备修理后的装配工艺是一个复杂细致的工作，是按技术要求将零部件连接或固定起来，使机电设备的各个零部件保持正确的相对位置和相对关系，以保证机电设备所应具有的各项性能指标。若装配工艺不当，即使有高质量的零件，机电设备的性能也很难达到要求，严重时还可能会造成机电设备或人身事故。因此，修理后的装配必须根据机电设备的性能指标，严肃认真地按照技术规范进行。做好充分周密的准备工作，正确选择并熟悉和遵从装配工艺是机电设备修理装配的两个基本要求。

（1）装配的技术准备工作

1）研究和熟悉机电设备及各部件总成装配图和有关技术文件与技术资料。了解机电设备及零部件的结构特点、作用、相互连接关系及其连接方式。对于那些有配合要求、运动精度较高或有其他特殊技术条件的零部件，应引起特别的重视。

2) 根据零部件的结构特点和技术要求，确定合适的装配工艺、方法和程序。准备好必备的工具、量具及夹具和材料。

3) 按清单清理检测各备装零件的尺寸精度与制造或修复质量，核查技术要求，凡有不合格者一律不得装配。对于螺柱、键及销等标准件稍有损伤者，应予以更换，不得勉强留用。

4) 零件装配前必须进行清洗。对于经过钻孔、铰削、镗削等机械加工的零件，要将金属屑末清除干净；润滑油道要用高压空气或高压油吹洗干净；相对运动的配合表面要保持洁净，以免因脏物或尘粒等混杂其间而加速配合件表面的磨损。

(2) 装配的一般工艺原则

装配时的顺序应与拆卸顺序相反。要根据零部件的结构特点，采用合适的工具或设备，严格仔细按顺序装配，注意零部件之间的方位和配合精度要求。

1) 对于过渡配合和过盈配合零件的装配，如滚动轴承的内、外圈等，必须采用相应的铜棒、铜套等专门工具和工艺措施进行手工装配，或按技术条件借助设备进行加温、加压装配。如遇到装配困难的情况，应先分析原因，排除故障，提出有效的改进方法，再继续装配，千万不可乱敲乱打、鲁莽行事。

2) 对油封件必须使用心棒压入，对配合表面要经过仔细检查和擦净，若有毛刺应经修整后方可装配；螺柱联接按规定的拧紧力矩值分次均匀紧固；螺母紧固后，螺柱的露出螺牙不少于两个且应等高。

3) 凡是摩擦表面，装配前均应涂上适量的润滑油，如轴颈、轴承、轴套、活塞、活塞销和缸壁等。各部件的密封垫（纸板、石棉、钢皮、软木垫等）应统一按规格制作。自行制作时，应细心加工，切勿让密封垫覆盖润滑油、水和空气的通道。机电设备中的各种密封管道和部件，装配后不得有渗漏现象。

4) 过盈配合件装配时，应先涂润滑油脂，以利于装配和减少配合表面的初磨损。另外，装配时应根据零件拆卸下来时所作的各种安装记号进行装配，以防装配出错而影响装配进度。

5) 对某些有装配技术要求的零部件，如装配间隙、过盈量、灵活度、啮合印痕等，应边安装边检查，并随时进行调整，以避免装配后返工。

6) 在装配前，要对有平衡要求的旋转零件按要求进行静平衡或动平衡试验，合格后才能装配。这是因为某些旋转零件如带轮、飞轮、风扇叶轮、磨床主轴等新配件或修理件，可能会由于金属组织密度不匀、加工误差、本身形状不对称等原因，使零部件的重心与旋转轴线不重合，在高速旋转时，会因此而产生很大的离心力，引起机电设备的振动，加速零件磨损。

7) 每一个部件装配完毕，必须进行严格仔细地检查和清理，防止有遗漏或错装的零件，特别是对要求固定安装的零部件要检查。严防将工具、多余零件及杂物留存在箱体之中，确信无疑之后，再进行手动或低速试运行，以防机电设备运转时发生意外事故。

2. 典型零部件的装配工艺

（1）螺纹联接件的装配

1) 螺纹及螺纹联接的种类

根据母体形状，螺纹分圆柱螺纹和圆锥螺纹。根据牙形分三角形、矩形、梯形和锯齿形。普通形螺纹用 M 表示；梯形螺纹用 Tr 表示；非螺纹密封的管螺纹用 G 表示。

螺纹联接是利用螺纹零件构成的可拆连接，螺纹联接的连接零件除紧固件外，还包括螺母、垫圈以及防松零件等。其联接方式有螺栓联接、双头螺柱联接、螺钉联接和紧定螺钉联接。

2）螺纹联接的拧紧

螺纹联接拧紧的目的是增强联接的刚性、紧密性和防松能力。控制拧紧力矩有许多方法，常用的有控制扭矩法、控制扭角法、控制螺纹伸长法及断裂法等方法。

① 控制扭矩法：用测力扳手或定扭矩扳手使预紧力达到给定值，直接测得数值。

② 控制螺纹伸长法：通过控制螺栓伸长量，以控制预紧力的方法，如图 4-58 所示。螺母拧紧前，螺栓的原始长度为 L_1（螺栓与被联接件间隙为零时的原始长度）。按预紧力要求拧紧后螺栓的伸长量为 L_2。

其计算式为：

$$L_2 = L_1 + P_0/C_L \quad （mm）$$

式中　P_0——预紧力为设计或技术文件中要求的值，N；

　　　C_L——螺栓刚度（按规范的规定计算）。

③ 断裂法：如图 4-59 所示。在螺母上切一定深度的环形槽，拧紧时以环形槽断裂为标志控制预紧力大小。

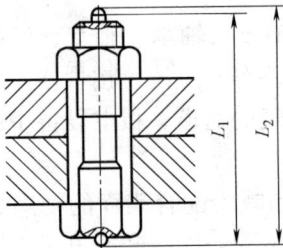

图 4-58　螺栓伸长量的测量

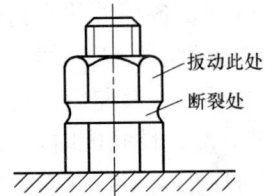

图 4-59　断裂法控制预紧力

3）螺纹联接的一般要求

① 图纸中规定对材质有要求的螺栓与螺母，不得用普通螺栓或螺母代替。

② 用双螺母锁紧时，薄螺母在厚螺母下，每根螺栓不得用两个同样的垫圈，采用弹簧垫圈时，只能使用一个。

③ 螺栓与螺母拧紧后，螺栓应露出螺母 2～4 个螺距；沉头螺钉拧紧后，钉头应埋入机件内，不得外露。

④ 重要的螺纹联接件都有规定的拧紧力矩，安装时必须用指针式扭力扳手按规定拧紧螺柱。对成组螺纹联接的装配，施力要均匀，按一定次序轮流拧紧，如图 4-59 所示。如有定位装置（销）时，应该先从定位装置（销）附近开始。

⑤ 螺纹联接件的装配和拆卸一样，不仅要使用合适的工具、设备，还要按技术文件的规定施加适当的拧紧力矩。表 4-4 列出的是拧紧碳素钢螺纹件的参考力矩。

用扳手拧紧螺柱时，应视其直径的大小来确定是否用套管加长扳手，尤其是螺柱直径在 20mm 以内时要注意用力的大小，以免损坏螺纹。

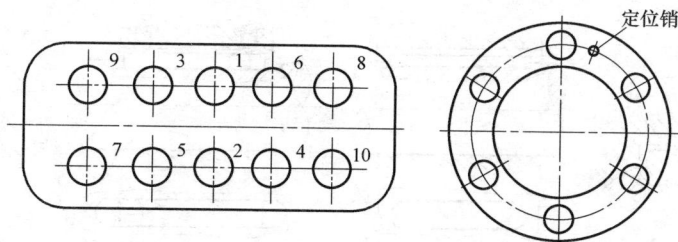

图 4-60　螺纹组拧紧顺序

拧紧碳素钢螺纹件的标准力矩（40 号钢）　表 4-4

螺纹尺寸（mm）	M8	M10	M12	M14	M16	M18	M20	M22	M24
标准拧紧力矩(N·m)	10	30	35	53	85	120	190	230	270

⑥ 螺栓、螺母要求热装配时，螺栓加热伸长到规定尺寸后，方可拧紧螺母，并应正确拧至规定位置，严禁拧过规定范围；加热装配时，对角的两根螺栓或螺柱应同时进行；加热时，应尽量避免螺纹部分受热，若无法避免时，宜将螺母套在螺栓上一起加热。

4）螺纹联接的防松

在静载荷下，螺纹联接能满足自锁条件，螺母、螺栓头部等支承面处的摩擦也有防松作用。但在冲击、振动或变载荷下，或当温度变化大时，联接有可能松动，甚至松开，所以螺纹联接时，必须考虑防松问题。

防松的根本目的在于防止螺纹副相对转动，防止摩擦力矩减小和螺母回转。螺纹联接的防松方法，按照其工作原理可分为摩擦防松、机械防松、铆冲防松等。粘合防松法近年来得到了发展，它是在旋合的螺纹间涂以液体密封胶，硬化后使螺纹副紧密粘合。这种防松方法，效果良好且具有密封作用。此外，还有一些特殊的防松方法适用于某些专业产品的特殊需要（需要时可参考有关资料）。螺纹联接的常用防松方法见上篇《机械零件知识》联接部分。

（2）键联接装配

键主要用于轴和毂零件（如齿轮、蜗轮等），实现周向固定以传递扭矩的轴毂联接。其中，有些还能实现轴向以传递轴向力，有些则能构成轴向动联接。

1）键是标准件，有松键联接、紧键联接和花键联接三大类型。

① 松键联接：包括平键和半圆键，平键分为普通平键、导向平键和滑键，用于固定、导向联接。普通平键用于静联接；导向平键和滑键用于动联接（零件轴向移动量较大），如图 4-61 所示。松键联接以键的两侧面为工作面，键与键槽的工作面间需要紧密配合，而键的顶面与轴上零件的键槽底面之间则留有一定间隙。

② 紧键联接：用于静联接，常见的有打楔键和普通平键。楔键的上下两面是工作面，分别与毂和轴上键槽的底面贴合，键的上表面具有 1：100 斜度；切向键由两个斜度为1：100 的单边倾斜楔组成。装配后，两楔型斜面相互贴合，共同楔紧在轴毂之间，如图4-61 所示。

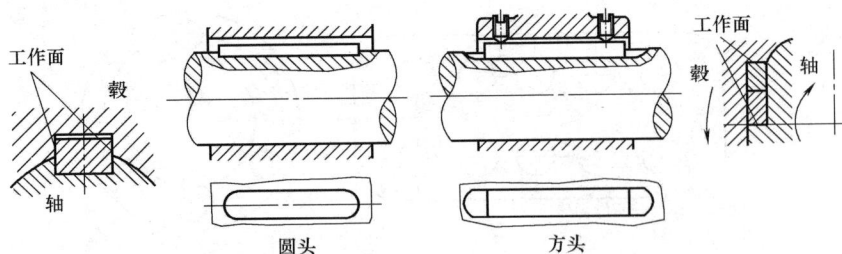

图 4-61　普通平键联接

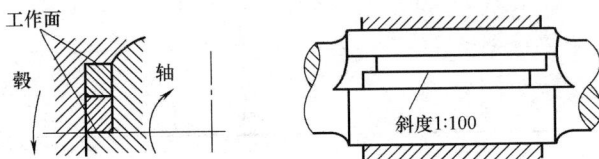

图 4-62　切向键联接

③ 花键联接：靠轴和毂上的纵向齿的互压传递扭矩，可用于静或动联接。根据花键齿形不同，花键联接分为矩形、渐开线和三角形三种。

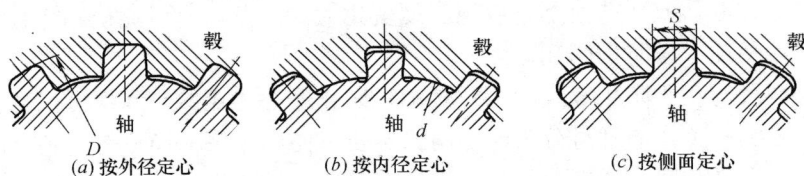

(a) 按外径定心　　　　(b) 按内径定心　　　　(c) 按侧面定心

图 4-63　矩形花键联接及定心方式

其中矩形花键联接应用较广，它有三种定心方式，如图 4-63 所示。

2）键联接的装配

① 键联接前，应将键与槽的毛刺清理干净，键与槽的表面粗糙度、平面度和尺寸在装配前均应检验。

② 普通平键、导向平键、薄型平键和半圆键，两个侧面与键槽一般有间隙，重载荷、冲击、双向使用时，间隙宜小些，与轮毂键槽底面不接触。

③ 普通楔键的两斜面间以及键的侧面与轴和轮毂键槽的工作面间，均应紧密接触；装配后，相互位置应采用销固定。

④ 花键为间隙配合时，套件在花键轴上应能自由滑动，没有阻滞现象。但不能过松，用手摆动套件时，不应感觉到有明显的周向间隙。

（3）销联接装配

销联接通常只用于传递不大的载荷，或者作为安全装置。销的另一重要用途是固定零件的相互位置，起着定位、联接或锁定零件的作用。它是组合加工装配时的重要辅助零件。

1）销的形式和规格，应符合设计及设备技术文件的规定。

174

2）装配销时不宜使销承受载荷，根据销的性质，宜选择相应的方法装入。

3）对定位精度要求高的销和销孔，装配前检查其接触面积，应符合设备技术文件的规定；当无规定时，宜采用其总接触面积的50％～75％。圆柱销不宜多次装拆，否则会降低定位精度和连接的紧固性。

（4）联轴器和离合器装配

联轴器和离合器是连接不同机构中的两根轴使之一同回转并传递扭矩的一种部件。前者只有在机器停车后用拆卸的方法才能把两轴分开；后者不必采用拆卸方法，在机器工作时就能使两轴分离或接合。

按照被联接两轴的相对位置和位置的变动情况，联轴器可分为两大类：固定式联轴器——用在两轴能严格对中并在工作中不发生相对位移的地方；可移式联轴器——用在两轴有偏斜或在工作中有相对位移的地方，可移式联轴器按照补偿位移的方法不同分为刚性可移式联轴器和弹性可移式联轴器两类。弹性可移式联轴器又可按刚度性能不同分为定刚度弹性可移式联轴器和变刚度弹性可移式联轴器。

1）联轴器装配的一般原则

① 联轴器装配时，两轴的同轴度与联轴器端面间隙，必须符合设计、规范或设备技术文件的规定。

② 联轴器的同轴度应根据设备安装精度的要求，采用不同的方法测量，如用刀口直尺、塞尺或百分表等测量。

③ 联轴器套装时，一般为过盈配合使联轴器和轴牢固地连在一起，有冷装配法和热装配法。如联轴器直径过小，过盈量又不大时，可采用冷装配法；如联轴器直径较大，过盈量又大时，应采用热装配。

④ 联轴器装配前，应检查键的配合和测量轴与孔的过盈量。联轴器与轴装配好后，用百分表测量轴向和径向跳动值（即同心度和端面瓢偏度）并确定其偏差位置，用刀口直尺检查同轴度时应将误差点消除。

a. 凸缘联轴器装配时，两个半联轴器端面应紧密接触，保证两轴的同轴度（轴心的径向位移不应大于0.03mm，并应用百分表测量）。保证各联接件联接可靠，受力均匀，不允许有自动松脱现象。

b. 弹性套柱销联轴器装配时，两轴心径向位移、两轴线倾斜和端面间隙的允许偏差应符合要求。弹性圈套入柱销为过盈配合，弹性圈与中联轴器柱销孔间应有间隙，柱销应全部装上弹性圈后，再装入联轴器的联接螺栓孔。

c. 弹性套柱销联轴器装配时，两轴心径向位移、两轴线倾斜和端面间隙的允许偏差应符合要求。两个半联轴器联接前，将两轴作相对转动，任意两螺栓孔相对时，柱销应能自由地穿入。

d. 齿式联轴器装配，如图4-64所示。

齿式联轴器装配时，两轴心径向位移、两轴线倾斜和端面间隙的允许偏差应符合表4-5的规定。

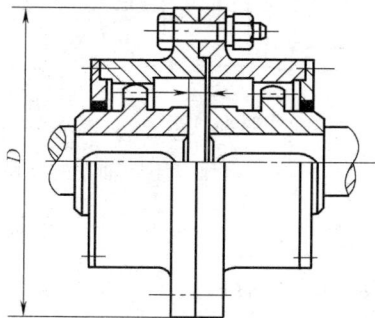

图4-64 齿式联轴器

联轴器外形最大直径 D(mm)	两轴心径向位移(mm)	两轴线倾斜	端面间隙 s(mm)
170～185	0.30	0.5/1000	2～4
220～250	0.45		
290～430	0.65	1.0/1000	5～7
490～590	0.90	1.5/1000	
680～780	1.20		7～10

e. 十字沟槽联轴器，如图 4-65 所示。这种联轴器主要用来联接平行位移的或角位移很小的两根轴。它是由两个端面开有凹槽的联轴器和一个两面都有榫的圆盘组成的。凹槽的中心线分别通过两轴的中心，两榫中线相互垂直并通过圆盘中心。当主动轴旋转时，通过中间盘带动另一个联轴盘转动。同时凸块可在凹榫中游动，以适应两轴之间存在的一定径向偏移和小量的轴向移动。

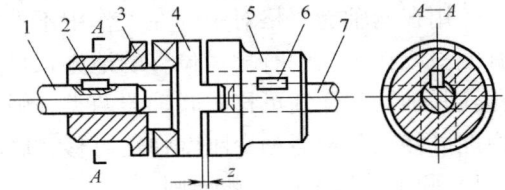

图 4-65　十字沟槽联轴器

1、7—轴；2、6—键；4—圆盘；3、5—联轴器

f. 十字轴式万向联轴器是用于两交叉轴传动的联轴器。装配时半圆滑块与叉头的虎口面或扁头平面的接触应均匀，接触面积大于 60%，在半圆滑块与扁头之间所测得的总间隙值，应符合产品标准和技术文件的规定。

2）联轴器不同轴度的测量计算步骤

① 首先在联轴器圆周端面上划出 0°、90°、180°、270°四个位置进行测量。

② 将半联轴器 A 和 B 装设专用工具并临时相互连接（仅作一起转动的松旷连接），在径向轴向分别装一只百分表。

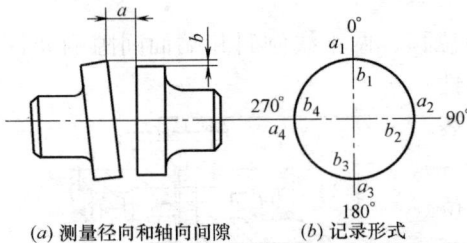

(a) 测量径向和轴向间隙　　(b) 记录形式

图 4-66　联轴器不同轴度的测量方法

③ 测量时以 A 或 B 端的中心线作基准，找另一端的同轴度，A 和 B 一起转动，以顶点为 0°时（百分表调零），每转 90°，在每个位置上测量两个联轴器的径向数值 a 和轴向数值 b，按图 4-66 所示形式做好记录。

④ 对测出数值进行复查

a. 将联轴器再向前转，核对各位置的测量数值有无变动，转回 0°时，表针应回到零。

b. 读数应有：

$$a_1 + a_3 = a_2 + a_4$$
$$b_1 + b_3 = b_2 + b_4$$

176

c. 当上述数值不相等时，应检查原因（如轴有窜动、表架抖动、表计量不准等），消除后重新测量。

⑤ 不同轴度计算公式

a. 径向位移：$\quad a_x=(a_2-a_4)/2 \quad a_y=(a_1-a_3)/2$

实际径向位移：$\qquad a=\sqrt{a_x^2+a_y^2}$

b. 轴向位移：$\quad b_x=(b_2-b_4)/d \quad b_y=(b_1-b_3)/d$

实际轴向位移：$\qquad b=\sqrt{b_x^2+b_y^2} \quad （d—测点处直径）$

3）离合器

根据工作原理的不同，离合器有嵌入式、摩擦式、磁力式等数种。它们分别利用牙或齿的啮合、工作表面间的摩擦力、电磁的吸力等来传递扭矩。离合器装配要求为：

① 离合器的装配应使离合器接合和分开动作灵活；能传递足够的扭矩；传动平稳。

② 摩擦式离合器装配时，各弹簧的弹力应均匀一至，各连接销轴部分应无卡住现象，摩擦片的连接铆钉应低于表面 0.5mm。

③ 圆锥离合器的外锥面应接触均匀，其接触面积应不小于 85%。

④ 嵌入式离合器回程弹簧的动作应灵活，其弹力应能使离合器脱开。

⑤ 滚柱超越离合器的内外环表面应光滑无毛刺，各调整弹簧的弹力应一至，弹簧滑销应能在孔内自由滑动，不得有卡住现象。

（5）过盈配合件的装配

零件之间的配合，由于工作情况不同，有间隙配合、过盈配合和过渡配合。其中过盈配合在机械零件的连接中应用十分广泛。

过盈配合件装配前应测量孔和轴的配合部位尺寸及进入端倒角角度与尺寸。测量孔和轴时，应在各位置的同一径向平面上互成 90°方向各测一次，求出实测过盈量平均值。根据实测的过盈量平均值，按设计要求和表 4-6 选择装配方法。

过盈配合件的装配方法

表 4-6

配合类别	基孔制	基轴制	配合特征	装配方法
过渡配合	H_7/H_6	H_7/h_6	用于稍有过盈的定位配合，例如用于消除振动用的定位配合	一般用于木锤装配
	H_7/H_6	H_7/h_6	平均过盈比 H_6/K_6（或 H_7/h_6）大，用于有较大过盈的更精密的定位	用锤或压力机装配
过盈配合	H_7/P_6	P_7/h_6	小过盈配合，用于配合精度特别重要，能以最好的定位精度达到部件的刚性及同轴度要求，但不能用来传递摩擦负荷，需要时易拆除	用压力机装配
	H_7S_6	S_7/h_6	中等压入配合，用于钢制和铁制零件的半永久性和永久性装配，可产生相当大的结合力	一般用压力机装配，对于较大尺寸和薄壁零件需用温差法装配
	H_7/U_6	U_7/h_7	具有更大的过盈，依靠装配的结合力传递一定负荷	用温差法装配

过盈配合装配方法常用的有冷态装配和温差法装配。

1）冷态装配

冷态装配是指在不加热也不冷却的情况下进行压入装配。压入装配应考虑压入时所需要的压力和压入速度，一般手压时为 1.5t；液压式压床为 10～100t；机械驱动的丝杆压床为 5t。压入装配时的速度一般不宜超过 2～5m/s。

冷态装配时，为保证装配工作质量，应遵守下列几项规定：

① 装配前，应检查互配表面有无毛刺、凹陷、麻点等缺陷；

② 被压入的零件应有导向装配，以免歪斜而引起零件表面的损伤；

③ 为了便于压入，压入件先压入的一端应有 1.5～2mm 的圆角或 30°～45°的倒角，以便对准中心和避免零件的棱角边把互配零件的表面刮伤；

④ 压入零件前，应在零件表面涂一薄层不含二硫化钼添加剂的润滑油，以减少表面刮伤和装配压力。

2）温差法装配

温差法装配的零件，其连接强度比常温下零件的连接强度要大得多。过盈量大于 0.1mm 时，宜采用温差法装配。零件加热温度，对于未经热处理的装配件，碳钢的加热温度应小于 400℃；经过热处理的装配件，加热温度应小于回火温度。温度过高，零件的内部组织就会改变，且零件容易变形而影响零件的质量。

加热装配温度计算公式：

$$t_r = (Y_{max} + \Delta)/a_2 d + t$$

式中　t_r——包容件加热温度，℃；

　　Y_{max}——最大过盈值，mm；

　　　Δ——最小装配间隙，mm，可按表 4-7 选取；

　　a_2——加热线膨胀系数，$10^{-6}/℃$；

　　d——配合直径，mm；

　　t——环境温度，℃。

冷态装配时，冷却温度计算公式：

$$t_r = (Y_{max} + \Delta)/a_1 d + t$$

式中　t_r——被包容件加热温度，℃；

　　a_1——冷却线膨胀系数，$10^{-6}/℃$；钢的线膨胀系数为 $11 \times 10^{-6}/℃$。

最小装配间隙　　　　　　　　　　　　　　　　　　　　　　　　表 4-7

配合直径 d(mm)	≤3	3～6	6～10	10～18	18～30	30～50	50～80
最小间隙(mm)	0.003	0.006	0.010	0.018	0.030	0.050	0.059
配合直径 d(mm)	80～120	120～180	180～250	250～315	315～400	400～500	>500
最小间隙(mm)	0.069	0.079	0.090	0.101	0.111	0.123	

3）热装配加热方法

热装配加热方法常用的有木柴（或焦炭）加热、氧加热、乙炔加热、热油加热、蒸汽加热和电感应加热。

热油装配时，机油加热温度不应超过 100～120℃。使用蒸汽将包容件加热的蒸汽加热法，若使用过热蒸汽加热机件时，其加热温度可以比在机油中的加热温度略高，但应注意防止机件加工面生锈。

178

4）冷却装配

对于包容件尺寸较大的，热装配时不但需要花费很大能量和时间，而且还需要特殊装置和设备，这种零件装配时，一般选择冷却装配法。常用的冷却方式有利用液化空气和固态二氧化碳（干冰）或电冰箱冷却等。干冰加酒精加丙酮冷却温度可为$-75℃$；液氨冷却温度可为$-120℃$；液氮冷却温度可为$-190\sim-195℃$。

（6）滑动轴承的安装

1）轴承座的安装

安装轴承座时，必须把轴瓦和轴套安装在轴承座上，按照轴套或轴瓦的中心进行找正，同一传动轴的所有轴承中心必须在一条直线上。找正轴承座时，可通过拉钢丝或平尺的方法来找正它们的位置。

2）轴承的装配要求

① 上、下轴瓦背与相关轴承孔的配合表面的接触精度应良好。根据整体式轴承的轴套与座孔配合过盈量的大小，确定适宜的压入方法。尺寸和过盈量较小时，可用手锤敲入；在尺寸或过盈量较大时，则宜用压力机压入。对压入后产生变形的轴套，应进行内孔的修刮，尺寸较小的可用铰削；尺寸较大时则必须用刮研的方法。

剖分式轴承上、下轴瓦与相关轴颈的接触不符合要求时，应对轴瓦进行研、刮，刮瓦后的接触精度应符合设计文件的要求。刮瓦时要在设备精平以后进行，对开式轴瓦一般先刮下瓦，后刮上瓦；四开式轴瓦先刮下瓦和侧瓦，再刮上瓦。

② 轴瓦间隙大小应符合设计文件和规范的要求。厚壁轴瓦上下瓦的结合面应接触良好，未拧紧螺钉时，用0.05mm塞尺从外侧检查结合面，塞入深度不大于结合面宽度的1/3；与轴颈的单侧间隙应为顶间隙的$1/2\sim2/3$，可用塞尺检查，塞尺塞入的长度一般不小于轴颈的1/4。顶间隙可用压铅法并配合塞尺检查。薄壁轴承轴瓦与轴颈的配合间隙及接触状况一般由机械加工精度保证，其接触面一般不允许刮、研。

用压铅法检查轴瓦与轴颈顶间隙时，铅丝直径不宜超过顶间隙的3倍，在轴瓦中分面处宜加垫片，并扣上瓦盖加以一定紧力进行测量。顶间隙可按下列公式计算：

$$S_1=b_1(a_1+a_2)/2$$
$$S_2=b_2(a_3+a_4)/2$$

式中　　　　S_1——一端顶间隙，mm；

　　　　　　S_2——另一端顶间隙，mm；

　　　　　　b_2、b_1——轴颈上各段铅丝压扁后的厚度，mm；

a_1、a_2、a_3、a_4——轴瓦合缝处接合面上各垫片的厚度或铅丝压扁后的厚度，mm。

如果实测的顶间隙小于规定的值，则应在上下轴瓦之间加垫片；若实测的顶间隙大于规定的值，则用刮削上下轴瓦结合面或减少垫片的方法来调整。

③ 润滑油通道应干净，位置应正确。

④ 在工作条件下，不发生烧瓦及"胶合"的情况。

⑤ 在轴承的所有零件中，只允许轴颈与轴衬之间发生滑动，上瓦与上瓦盖之间应有一定的紧力。

（7）滚动轴承的装配

滚动轴承在装配前必须经过洗涤，以使新轴承上的防锈油（由制造厂涂在其上）被清

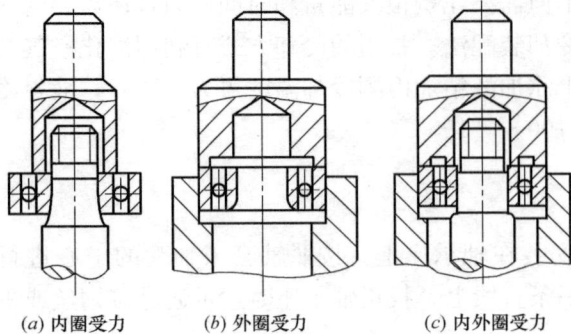

(a) 内圈受力   (b) 外圈受力   (c) 内外圈受力

图 4-67 滚动轴承的安装

除掉，同时也清除掉在储存和拆箱时落在轴承上的灰尘和泥沙。根据轴承尺寸、轴承精度、装配要求和设备条件，可以采用手压床和液压机等装配方法。若无条件，可采用适当的套管，用锤子打入，但不能直接敲打轴承。图 4-67 所示为各种心轴安装滚动轴承的情况。

根据轴承的不同特点，可以选用常温装配、加热装配和冷却装配等方法。

1）常温装配。如图 4-68 所示，是用齿条手压床把轴承装在轴上的情况。轴承与手压床之间垫以垫套，用手扳动手压床的手把，通过垫套将轴承压在轴上。

图 4-69 所示为用垫棒敲击，进行轴承装配（垫棒一般用黄铜制成）。

2）加热装配。安装滚动轴承时，若过盈量较大，可利用热胀冷缩的原理装配。即用油浴加热等方法，把轴承预热至 80～100℃，然后进行装配。图 4-70 所示为用来加热轴承的特制油箱，轴承加热时放在槽内的格子上，格子与箱底有一定距离，以避免轴承接触到比油温高得多的箱底而形成局部过热，且使轴承不接触到箱底沉淀的脏物。

有些小型轴承可以挂在吊钩上在油中加热，如图 4-71 所示。

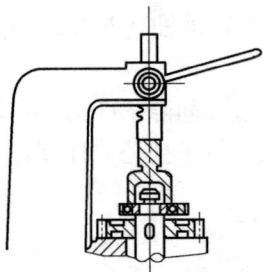

图 4-68 手压床安装轴承

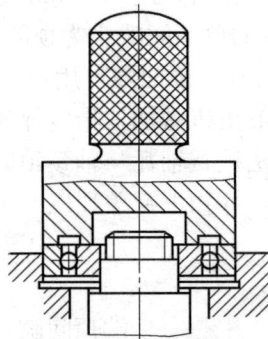

图 4-69 垫棒敲击安装轴承

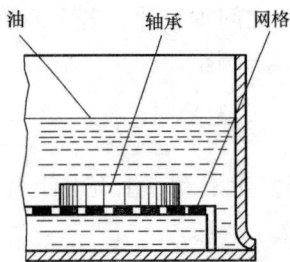

图 4-70 网格加热轴承

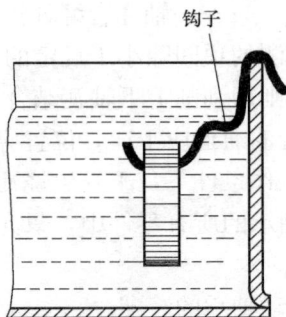

图 4-71 吊钩加热轴承

180

3）冷却装配。装在座体内的轴承外环，可以用干冰先行冷却或者将轴承放在零下40～50℃的工业冰箱里冰冷10～15min，使轴承尺寸缩小，然后装入座孔。

装配轴承时，有时需要将滚动轴承的内外座圈，同时装在轴和轴套上。此时最好是制作一个外径小于外座圈外径，内径大于内座圈内径的垫环，然后将套管或铜棒放在垫环上，锤击套管或铜棒。这样可使内外座圈同时受力，彼此之间没有相对的轴向移动，可以避免滚珠和滚道的损伤，如图4-72所示。

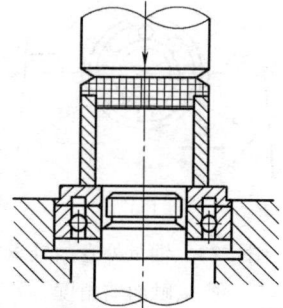

图4-72　用垫环安装轴承

4）压力机压入法：用锤击法，不论采用紫铜棒，还是采用套管，都不十分理想，因为它们传到轴承上的力都是冲击力，而且又不均匀。为了使轴承受力对称、均匀，避免冲击，常采用压入的方法，即用压力机代替锤头，传递力量仍然利用套管。

5）在剖分式轴承座上的安装：应先将轴承装在轴上，然后整体放在轴承座里，盖上轴承盖即可。但是剖分式轴承座不允许有错位和轴瓦口两侧间隙过小的现象，若有此情况，应该用刮刀进行修整。轴瓦（轴套）与上盖接触面的夹角应在80°～120°之间，与底座接触面的夹角应为120°，如图4-73所示。并且上、下接触面都应在座孔面的中间。

6）止推轴承的安装：止推轴承的活套圈与机座之间应保证0.25～1.0mm的间隙，如图4-74所示。当它的两个座圈内径不一致时，应把内径小的座圈安装在紧靠轴肩处。因此安装前要进行测量，否则容易装错。

所有滚动轴承座盖上的止口都不应偏斜，止口端面应垂直于盖的对称中心线；如有偏斜，要加以修正。油毡、皮胀圈等密封装置，必须严密。迷宫式的密封装置，在装配时应填入干油。装配轴承时还要检查轴承外圈是否堵住油孔及油路。

滚动轴承径向有一定的间隙，其最大间隙位置应在上面，当轴承座上盖拧紧螺钉后，其间隙不应有变化。在拧紧螺钉前后，用手轻轻转动轴承时，感觉应当同样轻快、平稳，不应有沉重的感觉。

7）滚动轴承间隙量的调整：滚动轴承的间隙分为径向和轴向两种，间隙的作用是保证滚动体的正常运转、润滑以及作为热膨胀的补偿量。

滚动轴承安装时，一般需要调整间隙的都是圆锥滚子轴承，它的调整是通过轴承外圈来进行的，主要的调整方法有以下三种。

① 垫片调整：先用螺钉将卡盖把紧，直至止口与轴承外圆端面没有任何间隙为止，如图4-75所示，同时最好将轴转动，然后用塞尺量出卡盖与机体间的间隙，再加上所需要的轴向间隙，即等于所需要加垫的厚度。假定需要几层垫片叠起来用时，其厚度一定要以螺钉把紧之后再卸下来测量的结果为准，不能以几层垫片直接相加的厚度为准，否则会造成误差。

② 螺钉调整：如图4-76所示，先把调整螺钉1上的锁紧螺母2松开，然后拧紧调整螺钉，使它压到止推环上，止推环挤向外座圈，直到轴转动时吃力为止。最后根据轴向间隙的要求将调整螺钉倒转一定的角度，并把锁紧螺母2拧紧，以防调整螺钉在设备运转中产生松动。

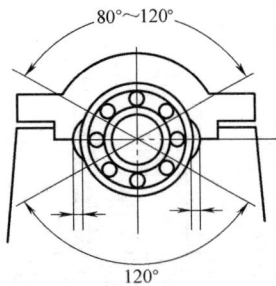

图 4-73　轴承外套与轴承
　　　座接触面的角度

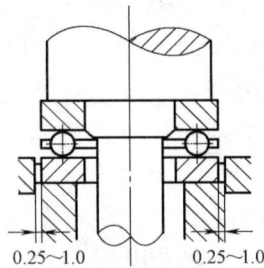

图 4-74　止推轴承的活套圈

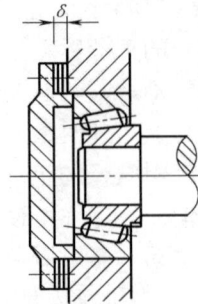

图 4-75　垫片调整法与机
　　　座之间的装配间隙

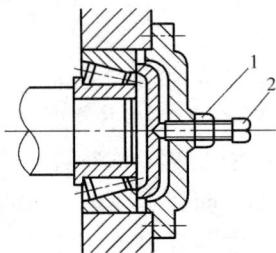

图 4-76　螺钉调整
1—调整螺钉；2—锁紧螺母

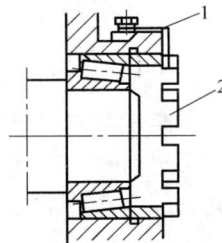

图 4-77　止推环调整
1—止推环；2—止动片

③ 止推环调整：如图 4-77 所示，先拧紧止推环 1，直到轴转动吃力为止，然后根据轴向间隙的要求，将止推环轴承安装好之后，倒拧一定的角度，最后用止动片 2 予以固定。轴承间隙调整好以后，还要进一步检查调整的是否正确，可以用塞尺或百分表测量轴向间隙值，以达到检查目的。

（8）齿轮的装配方法

机床齿轮的修理装配并不是一个简单的机械装配过程，而是将被装配的齿轮、轴及轴承等多种零件，按照一定的工艺要求，通过正确的装配方法装配起来，并要经过必要的调整，从而提高齿轮的传动精度，减少噪声，避免冲击，使齿轮传动装置能长久可靠地工作。

修理装配中的齿轮多数是旧齿轮，已被磨损，而且两个啮合的齿轮，其磨损程度也不完全一致。这样，齿轮装配就较复杂。为了保证齿轮装配质量，应注意以下一些问题：

1）对于主要用来传递动力的齿轮，应尽可能维持其原来的吻合状态，以减少噪声。

2）对用于分度的齿轮传动，装配时不仅要减少噪声，而且还要保证分度均匀。在调整时尽量取齿侧间隙的最小值，同时使节圆半径的跳动量最小。

3）装配时要使轴承的松紧程度适当。太松，轴承旋转时会产生噪声；太紧，则当轴受热时没有膨胀的余地，使轴弯曲变形，影响齿轮的啮合。

柱齿轮的装配方法如下：

1）零件检查

圆柱齿轮的装配，要求成对吻合的齿轮，轴线必须在同一平面内，并且互相平行，两齿轮轴线应有正常啮合的中心距。因此装配前应检查全部零件，尤其是齿轮箱和轴。检查时应注意以下两点：

① 齿轮箱各有关轴孔应互相平行，中心距偏差应在公差范围之内。否则，应进行修复。

② 轴不能有弯曲，必要时要予以校正。待所有零件检查合格后，要进行清洗以待装配。

2）装配与检查

① 装配顺序最好按与传递运动相反的方向进行，即从最后的被动轴开始，以便于调整。

② 当安装一对旧齿轮时，要仍按照原来磨合的轴向位置装配。否则将会产生振动，并使噪声增大。

③ 每装完一对齿轮，应检查齿面啮合情况和齿侧间隙。

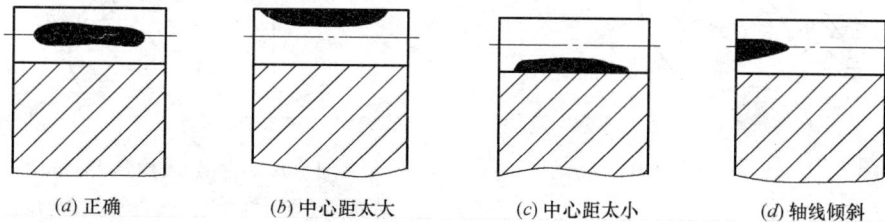

(a) 正确　　　　(b) 中心距太大　　　　(c) 中心距太小　　　　(d) 轴线倾斜

图 4-78　圆柱齿轮啮合印痕

a. 齿面啮合检查：齿面啮合情况常用涂色法检查。在主动轮齿面上涂一薄层红丹粉，使齿轮啮合旋转，检查另一齿轮齿面上的接触印痕，如图 4-77 所示。正确的啮合应使印痕沿节圆线分布。印痕的啮合精度见表 4-8。

齿轮接触精度　　　　　　　　　　　　　　　　　　表 4-8

	精度等级	6	7	8	9
印痕(%)	按齿高度≥	50	45	40	30
	按齿宽度≥	70	60	50	40

齿轮轴向位置啮合要求是：当啮合齿轮轮线宽度≤20mm 时，轴向错位不得超过 1mm；轮缘宽度＞20mm 时，不得大于 5％齿宽，最大不得大于 5ram（两啮合齿轮轮缘宽度不同时，按其中较窄的计算）。

b. 齿侧间隙检查：齿侧间隙是指互相啮合的一对齿轮在非工作面之间沿法线方向的距离。齿侧间隙的检查，可用塞尺、百分表或压铅丝等方法来实现。

塞尺法：用塞尺直接测量齿轮的顶间隙和侧间隙。

压铅法：如图 4-79 所示，压铅法是测量顶间隙和侧间隙最常用的方法。测量时将直径不超过间隙 3 倍的铅丝，用油脂粘在直径较小的齿轮上；铅丝长度不应小于 5 个齿距；对于齿宽较大的齿轮，沿齿宽方向应均匀放置至少 2 根铅条。然后使齿轮啮合滚压，压扁后的铅丝厚度，就相当于顶间隙和侧间隙的数值，其值可用千分尺测量。铅丝最后部分的厚度为顶间隙，相邻的最薄处的部分的厚度之和为侧间隙。齿侧间隙应符合设备技术文件的规定。

如图 4-80 所示为用百分表检测齿侧间隙。将百分表架 4 放在箱体上，把检验杆 2 装在轴 1 上，百分表触头 3 顶住检验杆。然后转动齿轮轴 1，让另一齿轮固定，记下百分表指针读数，按下式计算间隙：

$$\delta_0 = \delta_1 R / L$$

式中 δ——齿侧间隙，mm；

δ_1——百分表读数；

R——转动齿轮的节圆半径，mm；

L——检验杆旋转中心到百分表测点的距离，mm。

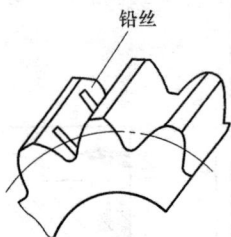

图 4-79 压铅法检测间隙

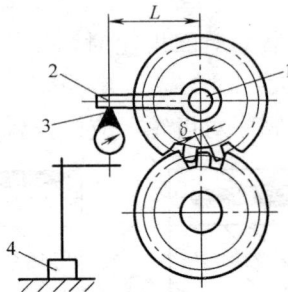

图 4-80 用百分表检测齿侧间隙
1—齿轮轴；2—检验杆；3—百分表触头；4—表座

四、典型及精密部件检修与刮研

1. 齿轮副的检修

齿轮副经过一定时间的运转，会产生不同程度的磨损。齿轮磨损严重或齿崩裂，一般情况下均采用更换的方法，由于小齿轮和大齿轮啮合，往往小齿轮磨损快，所以应及时更换小齿轮，以免加速大齿轮磨损，更换时要注意齿轮的压力角要相同；以免加速机构及齿轮的磨损。蜗轮副的修理，主要包括蜗轮座和蜗轮副的修理，圆锥齿轮因磨损造成侧间隙时，其修理方法是沿轴线移动调整。

对于大模数齿轮的局部崩裂，可用气焊把金属熔化堆积在损坏的部分，然后经过回火，再加工成准确的齿形。

2. 滑动轴承的检修

（1）整体式滑动轴承的修理

这种轴承一般采用更换的方法，但对大型轴承或贵重金属材料的轴承，可采用金属喷镀的方法，或将轴套切去部分，然后合拢以缩小内孔，再在缺口上用铜焊补满，最后通过喷镀或镶套以增大外径。

（2）内柱外锥式滑动轴承的修理

这类轴承修理应根据损坏情况进行。如工作表面没有严重擦伤，而仅作精度修整时，可以通过螺母来调整间隙。当工作表面有严重擦伤时，应重新刮研轴承，恢复其配合精度。当没有调节余量时，可采用加大轴承外锥圆直径的方法，如采用电化铜的方法，增加它的调节余量。另外，也可在轴承小端，切去部分圆锥以加长螺纹长度，从而增加它的调节范围，当轴承变形或磨损严重时，则应更换新的轴承。

（3）剖分式（对开式）滑动轴承的修理

对开式滑动轴承经使用后，如工作表面轻微磨损，可以通过调整垫片重新进行修刮，以恢复其精度。对于巴氏合金轴瓦，如工作表面损坏严重时，可重新浇巴氏合金，并经机械加工，再进行修刮，直至符合要求为止。

3. 轴的修理

（1）一般轴的修复工艺

轴变形弯曲。当轴颈小于 50mm，轴的弯曲变形量大于 0.06/1000 时，采用冷校直，用百分表检验其弯曲量，并在最大弯曲点作记号，然后放在专用的工具或压力机上进行校直。当轴颈大于 50mm，不适于冷校直时，可采用热校法，它是用气焊加热最大弯曲处或相邻部位，使轴的局部受热膨胀，使伸长量达到原轴最大弯曲值的 2～3 倍（根据轴的直径大小而定），然后迅速冷却使轴校直。采用热校直的方法简单可靠，精度可达 0.03mm。

当轴颈的磨损量小于 0.2mm，需要具有一定硬度时，可采用镀铬的方法进行修复，镀铬层的厚度一般为 0.1～0.2mm，为保证原尺寸精度，镀层应具有 0.03～0.1mm 的磨削余量。受冲击荷载的零件，因镀铬层受冲击易剥落，故不宜镀铬。

（2）主轴的修复工艺

主轴的精度比一般轴的要求高，主轴容易磨损和损伤的部位主要是在轴颈和主轴锥孔部分。主轴轴颈可用百分尺测量其椭圆度、锥度。如轴颈表面粗糙度磨损小且均匀，可用调整轴承间隙的方法来消除，如轴颈圆度或圆柱度超差，可以用磨削加工来提高精度。

第三节　设备安装工艺

一、概述

1. 机械设备安装的基本概念

机械设备安装是按照一定的技术条件，将机械设备或其他单独部件正确地安放和牢固的固定在基础上，使其在空间获得需要的坐标位置。机械设备安装质量的好坏，直接影响设备效能的正常发挥。机械设备安装的工艺过程包括：基础的验收、清理和抄平，设备部件的拆洗和装配，设备的吊装，设备安装位置的检测和找正，二次灌浆以及试运转等。

机械设备正确的安装位置，由机器或其单独部件的中心线、标高和水平性所决定，安装机械设备时，要求其中心线、标高或水平性绝对正确是不可能的，当中心线、标高和水平性的偏差不影响机械设备的安全连续运转和寿命时，则是允许的。机械设备安装的实际偏差必须在允许的偏差内（称为安装精度）。同时，还要保证机器及其单独部件牢固地固定在基础上，防止其在工作中由于动载荷等的作用脱离正确的工作位置。

2. 安装的主要工艺过程

概括起来，一台机械设备从运抵安装现场到它投入生产或具备使用条件，都必须经过基础的验收，设备开箱验收、起重和搬运，基础放线和设备划线，设备就位，找正找平，设备固定，拆卸、清洗、装配及设备的试运转直到工程验收等基本安装工艺。

3. 设备安装三要素

机械设备的安装位置的检测与调整工作是调整设备安装工艺过程中的主要工作，它的目的是调整设备的中心线、标高和水平性，使三者的实际偏差达到允许偏差要求，即保证安装精度。这一调整过程称为找正、找平、找标高。这些工作进行的好坏，是机械设备整个安装过程中的关键，对安装质量及投产后性能的发挥有着重大的影响。

二、施工准备

1. 技术准备

（1）设备图、安装基础图、工艺流程图、产品使用说明书。

（2）土建相关的图纸。

（3）国家规定的施工规范及标准。

（4）施工平面布置图。

2. 主要器具及材料

（1）中小型机具：电焊机、砂轮机、导链、千斤顶、钳工移动操作台、轮轴节定心卡具、钢丝绳、手电筒、各种钳工工具及专用工具。

（2）材料：钢板、橡胶板、道木、木板、铜皮、铅丝、煤油、汽油、砂布、金相纸、塑料布、白布、棉纱、尼龙绳、脱脂液等。

（3）仪器仪表：水准仪、千分表、外径千分尺、内径千分尺、游标卡尺、水平仪、塞尺、钢板尺、卷尺、转速表等。

（4）大型吊车、运输车辆。

3. 现场作业条件

（1）设备房内墙面、门窗及内部粉刷等基本完毕，能遮蔽风、沙、雨、雪。

（2）接通水源、电源，运输和消防道路畅通。

（3）土建设备基础已完成。

三、基础验收、放线

1. 基础验收

（1）主要技术要求

1）基础重心与设备重心应在同一铅垂线上，其允许偏移不得超过基础中心至基础边缘水平距离的 $3\%\sim5\%$。

2）基础标高、位置和尺寸，必须符合生产工艺要求和技术条件。

3）同一基础应在同一标高线上，但设备基础不得与任何房屋基础相连，而且要保持一定的间距。

4）基础的平面尺寸应按设备的底座轮廓尺寸而定，底座边缘至基础侧面的水平距离应不小于 100mm。

5）设备安装在混凝土基础上，当其静荷载 $P\geqslant100\text{N/m}^2$ 时，则混凝土基础内要放两层由直径 10mm 的钢筋以 15cm 方格编成的钢筋网加固，上层钢筋网低于基础表面不应小于 5cm，其上下层钢筋网的总厚度不应小于 20cm。

6）凡精度较高，且不能承受外来的动力，或本身振动大的设备，必须敷设防振层，以减小振动的振幅，并防止其传播。

7）有可能遭受化学液体或侵蚀性水分影响的基础，应设置防护水泥。

（2）基础的验收

1）所有基础表面的模板、地脚螺栓固定架及露出基础外的钢筋等都要拆除，杂物（碎砖、脱落的混凝土块等）及脏物和水要全部清除干净，地脚螺栓孔壁的残留木壳应全部拆除。

2）对基础进行外观检查，不得有裂纹、蜂窝、空洞、露筋等缺陷。

3）按设计图样的要求，检查所有预埋件（包括地脚螺栓）的正确性。

4）根据设计尺寸的要求，检查基础各部尺寸是否与设计要求相符合，如有偏差，不得超过允许偏差（见表4-9）。

设备基础尺寸和位置的质量要求 　　　　　表4-9

序号	项　　目		允许偏差（mm）
1	基础坐标位置（纵、横轴线）		±20
2	基础各不同平面的标高		+0
			−20
3	基础上平面外形尺寸		±20
	凸台上平面外形尺寸		−20
	凹穴尺寸		+20
4	基础上平面的水平度（包括地坪上需安装设备的部分）	每米	5
		全长	10
5	竖向偏差	每米	5
		全高	20
6	预埋地脚螺栓	标高（顶端）	+20
			0
		中心距（在根部和顶部两处测量）	±20
7	预留地脚螺栓孔	中心位置	±10
		深度	+20
			0
		孔壁的铅垂度	20
8	预埋活动地脚螺栓锚板	标高	+20
			0
		中心位置	±5
		水平度（带槽的锚板）	5
		水平度（带螺纹孔的锚板）	2

（3）基础偏差处理

设备基础经过检查验收，如发现有不符合要求的部分，应进行处理，使其达到设计要求。一般情况下，经常出现的偏差有两种：一种是基础标高不符合设计要求，另一种是地脚螺栓位置偏移。至于整个基础中心线误差和外形尺寸偏差过大的情况，比较少见。为此，对基础偏差的处理，可采用下列方法：

1）当基础标高达不到要求时，如基础过高，可用凿子铲低；过低时，可在原来的基础表面进行麻面后再补灌混凝土，或者用增加金属支架的方法来解决。

2）当基础偏差过大时，可用改变地脚螺栓的位置，来调整基础的中心。

3）地脚螺栓的偏差：如果是一次灌浆，在偏差较小的情况下，可把螺栓用气焊枪烤红，矫正到正确位置；如偏差过大，对于较小的螺栓，可挖出重新预埋；对于较大的螺栓，挖到一定深度后割断，中间焊上一块钢板。

4）上述处理方法的实施，必要时，要征得设计、建设单位等的认定。基础经过处理合格后，方可进行设备安装。

（4）设备基础的强度检查

对混凝土的质量检查，主要是检验其抗压强度，因为它是反映混凝土能否达到设计标号的决定因素。有特殊要求的机械设备，安装前应对基础进行强度测定。

1）中、小型设备基础的强度测定

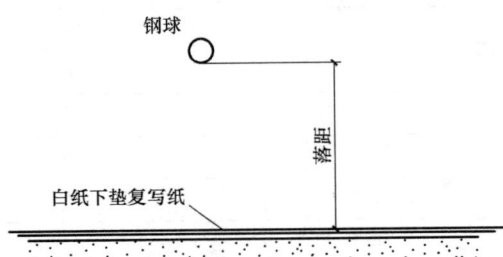

图 4-81　钢球试验冲击法

通常可用钢球撞痕法进行测定，检测方法如图 4-81 所示。在被检测的基础上，放一张白纸，白纸下面垫上一张复写纸，将钢球举到一定高度（落距）时，让其自由下落到白纸上，然后测定白纸上留下撞痕直径的大小，查撞痕直径与混凝土强度值的关系即可得基础强度。

2）大型设备基础的强度测定

为了避免基础因设备工作时产生的振动而引起下沉，在设备安装前，应对基础进行预压试验，加压的重量为设备重量的 1.25～1.5 倍，时间为 3～5d。预压物可用钢材、砂子、石子等。预压物应均匀地放在基础上，以保证基础均匀下沉。在预压期间要经常观察下沉情况。预压工作应进行到基础不再继续下沉为止。

2. 基础放线

（1）平面位置放线采用几何法放线。放线前，应将基础表面冲洗干净，清除孔洞内一切杂物。

1）根据施工图和有关建筑物的柱轴线、边沿线或标高线划定设备安装的基准线（即平面位置纵、横向和标高基准线）。

2）较长的基础可用经纬仪或吊线的方法，确定中心点，然后划出平面位置基准线（纵、横向基准线）。

3）基准线被就位的设备覆盖，但就位后又必须复查的应事先将基准线引出，并做好标志。

（2）根据建筑物或划定的安装基准线测定的标高，用水准仪转移到设备基础适当位置上，并划定标高基准线或埋设标高基准点。根据基准线或基准点检查设备基础的标高以及预留孔或预埋件的位置是否符合设计或规范要求。

（3）对于联动设备的轴心线，如轴心线较长，放线有误差时，可架设钢丝替代设备中心基准线。

（4）相互有连接、排列或衔接关系的设备，应按设计要求，划定共同的安装基准线。必要时，应按设备的具体要求，埋设临时或永久性的中心标板或基准线点，埋设标板应符合下列要求：

1）标板中心线应尽量与基础中心线一致；

2）标板顶端应外露 4~6mm，切勿凹入；

3）埋设时要用高强度水泥砂浆，最好把标板焊在基础的钢筋上；

4）待基础养护期满后，在标板上定出中心线，打上冲眼，在周围划红漆作为明显的标志。

（5）设备定位基准对安装基准线的允许偏差应符合表 4-10 的规定。

设备定位基准对安装基准线的允许偏差　　　　表 4-10

项目	允许偏差（mm）	
	平面位置	标高
与其他设备无机械联系的	±10	+20，−10
与其他设备有机械联系的	±2	±1

3. 基础研磨

对大型设备、高转速机组及安装精度要求较高或运行中有冲击的设备基础，为了机组的稳定性和受力均匀，应根据设计及设备技术要求，对基础安放垫铁部位（超过垫铁四周约 20~30mm）进行研磨。

机组各垫铁位置确定后，用扁铲对基础进行加工，应避免产生孔洞。基础研磨时，用水平仪在平垫板上测量水平度，其纵横之差一般不大于 0.1/1000，用着色法检查垫铁与基础的接触面积，其接触面积一般不小于 70%，并均匀分布。垫铁与基础研磨好后，用水平仪或连通管测量各垫铁间的高差，以垫铁厚度和垫铁块数调整各组垫铁的标高，各组间的相对高差应控制在 1mm 以内，并且每组垫铁一般不超过 5 块，并少用薄垫铁。

垫铁位置以外的设备基础表层，凡需二次灌浆的部位应将基础表面浮浆打掉，并清洗干净，方能进行设备就位。若采用座浆法放置垫铁，则设置垫铁基础部位凿出座浆坑。座浆坑的长度和宽度应比垫铁的长度和宽度大 60~80mm；座浆坑凿入基础表面的深度不应小于 30mm，且座浆层混凝土的厚度不应小于 50mm。

四、设备搬运与开箱检查

1. 设备搬运

设备搬运前应熟悉有关专业规程、设计和设备技术文件对设备搬运的要求，了解箱体的重量以及设备结构、捆扎点等，并根据运输道路确定搬运方案，对大型长体设备要明确支承点和吊运捆扎点。

2. 设备开箱检查

（1）设备开箱应在有关人员参加下做好下述准备工作：

1）查对箱号及设备型号，检查包装情况；

2）清除箱板上的灰尘、泥土等污物；

3）开箱时应从顶板开始拆除，查明箱内情况后，再采取适当方式拆除其他箱板。箱板拆除后应立即移到远处，以免箱板上的钉子刺伤手足。

（2）开箱时必须遵守下列事项：

1）开箱时应采用合理的工具，如起钉器和撬杠，严禁用大锤向箱体猛烈敲击；

2）注意零件的合并与分拆，应按零件图纸加以核对；

3）防腐涂料未清洗前，不得转动和滑动可转动的部件，禁止盲目敲打；

4）对有缺陷和损坏的部分，应重点检查，若缺陷部分导致安装质量达不到"规范"要求，应协同各方另行确定安装质量和标准，并做好记录。

（3）设备开箱后，在有关人员参加下，应做好如下记录：

1）箱号、箱数及包装情况；

2）设备名称、型号和规格与施工图纸是否符合；

3）装箱清单、随机技术文件、资料及专用工具；

4）设备有无变形，表面有无损伤和锈蚀情况；

5）其他需要记录的事项。

（4）设备开箱后的保管

1）不能及时投入组装的零部件，应将检查时所擦去的油脂重新涂好。

2）对易碎、易散失和精密的零部件等，应单独登记编号，以免混淆或遗失。

3）各种设备、零部件和专用工具等，施工中应妥善保管，防止变形、损坏、锈蚀、错乱或丢失，工程完工后，归还业主。

4）设备箱内的电气、仪表件应由有关专业人员进行检查和保管。

五、地脚螺栓、垫铁和灌浆

1. 地脚螺栓

地脚螺栓的作用，是靠金属表面与混凝土间的粘着力和混凝土在钢筋上的摩擦力而将设备与基础牢固的连接。

（1）地脚螺栓的分类

地脚螺栓可分为死地脚螺栓、活地脚螺栓和胀锚地脚螺栓三种。

1）死地脚螺栓：通常用来固定工作时没有强烈振动和冲击的中小型设备，它往往与基础浇灌在一起，其长度一般在 300～1000mm 之间。其头部多做成开叉和带钩的形状，有时还在钩孔中穿上一根横杆以防扭转和增大抗拔能力。

2）活地脚螺栓：通常用来固定工作时有强烈振动和冲击的重型设备，安装活地脚螺栓的螺栓孔内一般不用混凝土浇灌（多数情况下只装砂），当需要移动设备或更换地脚螺栓时较为方便，它的长度一般为 1～4m。其结构一种是螺栓两端都带有螺纹，均使用螺母；另一种是顶端带有螺纹，下端呈"T"字形。活地脚螺栓必须与锚板配合使用。

3）胀锚地脚螺栓：又称固定式或膨胀螺栓。这种地脚螺栓的特点是依靠螺杆在地脚螺栓孔内楔住的办法，使地脚螺栓与混凝土连成一体。胀锚地脚螺栓比死地脚螺栓施工简单、方便，定位精确。大多数情况下，螺栓直径限制在 25mm 以下，并且要求在混凝土上打出高度精确的地脚螺栓孔。

（2）地脚螺栓的选用

地脚螺栓、螺母和垫圈，一般都是随设备带来，它应符合设计和设备安装说明书的规定。如无规定可参照下列原则选用：

1）地脚螺栓的直径应小于设备底座上地脚螺栓孔的直径，其关系按表4-11选用。

地脚螺栓直径与设备底座上地脚螺栓孔直径的关系（mm）   表 4-11

孔径	12～13	13～17	17～22	22～27	27～33	33～40	40～48	48～55	55～65
螺栓直径	10	12	16	20	24	30	36	42	48

2）每一个地脚螺栓，应根据标准配一个垫圈和一个螺母，对振动较大的设备，应加锁紧螺母或双螺母。

3）地脚螺栓的长度应按施工图规定，如无规定可按下式确定：

$$L=15D+S+(5～10)\text{mm}$$

式中　L——地脚螺栓的长度，mm；

　　　D——地脚螺栓的直径，mm；

　　　S——垫铁高度、机座和螺母厚度以及预留余量（2～3牙）的总和，mm。

（3）地脚螺栓的敷设

地脚螺栓在敷设前，应将其上的锈垢、油质清洗干净，但螺纹部分要涂上油脂。然后检查其与螺母配合是否良好。敷设地脚螺栓的过程中，应防止杂物掉入螺栓孔内。

1）死地脚螺栓的敷设

① 一次浇灌法

在浇灌基础时，预先把地脚螺栓埋入，与基础同时浇灌称为一次浇灌法。根据螺栓埋入深度不同，可分为全部预埋和部分预埋两种形式。在部分预埋时，螺栓上端留有一个100mm×100mm、深 22～300mm 的方形调整孔，供调整之用。一次浇灌法的优点是减少模板工程，增加地脚螺栓的稳定性、坚固性和抗振性，其缺点是不便于调整。

采用一次浇灌法时，地脚螺栓要用地脚螺栓定位板来定位，如图 4-82 所示。制作地脚螺栓定位板时，定位板孔径应比地脚螺栓直径大 0.5～1.0mm，规孔钻孔，钻孔误差不得大于 0.5mm。定位板厚度不得小于 8mm，剪切加工，保证定位板无变形。用地脚螺栓定位板固定好地脚螺栓后，在浇灌混凝土前，要对地脚螺栓的中心距、垂直度和标高进行测量和检查。地脚螺栓中心距允许偏差小于等于 3～5mm、垂直度允许偏差小于等于 $L/100$（L 为地脚螺栓长度），标高允许偏差小于等于 5～10mm。

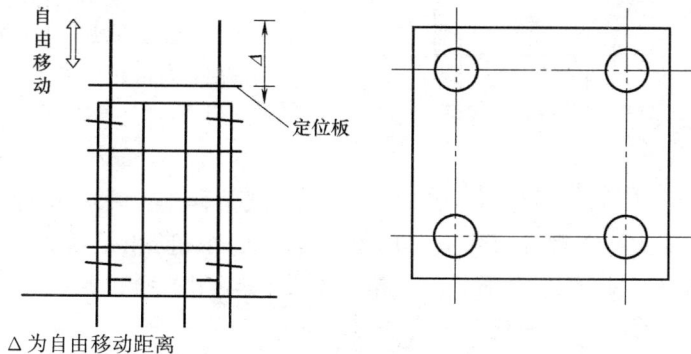

图 4-82　地脚螺栓定位板

② 二次浇灌法

在浇灌基础时，预先在基础上留出地脚螺栓的预留孔，安装设备时穿上螺栓，然后用混凝土或水泥砂浆把地脚螺栓浇灌死，此法优点是便于安装时调整；缺点是不如一次浇灌法牢固。

在敷设二次浇灌地脚螺栓时，应注意其下端弯钩处不得碰底部，至少要留出 100mm 的间隙，螺栓到孔壁的各个侧面距离不能少于 15mm，如间隙太小，灌浆时不易填满，混凝土内就会出现孔洞。如设备安装在地下室顶上的混凝土板或混凝土楼板上，则地脚螺栓弯钩端应钩在钢筋上，如为圆钢筋，还应在弯钩端上穿一圆钢棒。

2）活地脚螺栓的敷设

在设备安装之前，先将锚板敷设好，要保持平正稳固，在安装活地脚螺栓时，螺栓孔内不要浇灌混凝土，以便于设备的调整，或更换地脚螺栓。活地脚螺栓下端如是螺纹的，安装时要拧紧，以免松动；下端是 T 字形的，在安装时，应在其上端打上方向标记，标记要与下端 T 字形头一致。这样当放在基础内时，便于了解它是否与锚板的长方孔成 90°交角。

（4）地脚螺栓的安装

地脚螺栓安装时应垂直，其垂直度允许误差为 $L/100$。地脚螺栓如不垂直，必定会使螺栓的安装坐标产生误差，对安装造成一定的困难。同时由于螺栓不垂直，使其承载外力的能力降低，螺栓容易破坏或断裂。同时，水平分力的作用会使机座沿水平方向转动，因此，设备不易固定。有时已安装好的设备，很可能由于这种分力作用而改变位置，造成返工或质量事故。由于地脚螺栓安装垂直度超过允许偏差，会使螺栓在一定程度上承受额外的应力，所以地脚螺栓的垂直度对设备安装质量有很大影响。

（5）地脚螺栓的检查及其问题处理

地脚螺栓埋设的好坏，直接影响设备安装的质量。有些设备对标高、位置的准确性要求很严，特别是自动化程度高的联动设备，要求更严。因此，在地脚螺栓埋设之后和设备安装之前，必须对其进行检查和矫正。当发生偏差而必须进行处理时，应根据设备的具体情况，采用不同的处理方法。

1）地脚螺栓中心偏差的处理

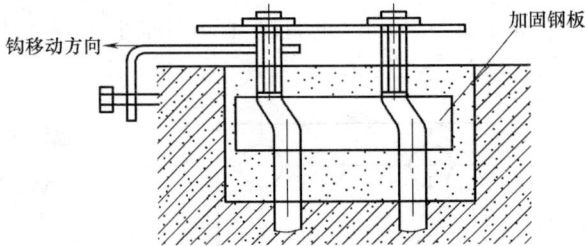

图 4-83　用钩矫正地脚螺栓

① 当螺栓直径在 24～30mm 以下，中心线偏移 10mm 以内时，可先用氧乙炔焰把螺栓烤红，再用大锤将螺栓敲弯，或用千斤顶压弯，也可以用螺栓钩矫正，如图 4-83 所示，矫正后要用钢板焊牢加固。

② 当螺栓直径小于 30mm，中心线偏移 10～30mm 时，要先用氧乙炔焰把螺栓烤红，再用大锤将螺栓敲弯后，用钢板焊牢加固，防止拧紧螺栓时复原。

③ 若螺栓间距不对，将螺栓用氧乙炔焰烤红之后，用大锤将螺栓敲弯，在中间焊上钢板加固，在以后灌浆时把它灌死。

④ 对于大螺栓（直径在 30mm 以上）发生较大偏差时，可按图 4-83 所示的方法处理。即将螺栓切断之后，用一块钢板焊在螺栓中间。如螺栓强度不够，可在螺栓两侧焊上两块加固钢板，其长度不应小于螺栓直径的 3～4 倍。

2）地脚螺栓标高偏差的处理

① 螺栓过高时，须将高出部分割去再套螺纹，套螺纹时，要防止油类滴到混凝土基

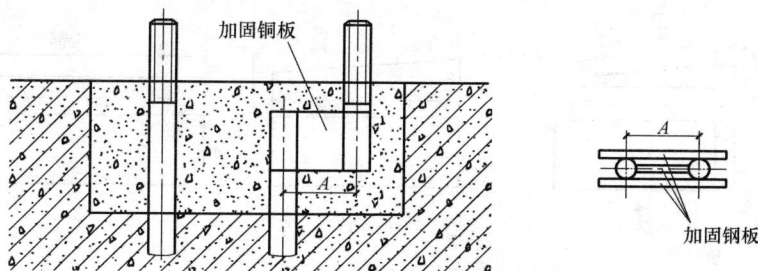

图 4-84 大直径螺栓偏差的处理

础上腐蚀和影响基础的质量。

② 螺栓偏低但偏差值不大时（在 15mm 以内），可用氧乙炔焰把螺栓烤红，然后把它拉长。拉长的方法是用两迭垫板作支座，再在其上边架一块中间有孔的钢板套在地脚螺栓上，上面用螺母拧紧，借助拧紧螺母的力量将螺栓烤红处拉长。螺栓直径拉细处，必须加焊 2~3 块钢板，作为加固之用。如设备已放在基础上搬动不便，在机座凸缘强度足够的情况下，就可以直接在底座上拧紧螺母，把螺栓拉长。当拧到适当长度后，必须将螺母松开，以免螺栓冷却后拉力过大，甚至压裂底座凸缘。

③ 如螺栓过低（低于其要求高度 15mm），不能用加热法拉长，可在螺栓周边挖一深坑，在距坑底约 100mm 处将螺栓切断，另焊一新制作的螺栓，标高要符合要求，然后再用圆钢加固。圆钢长度一般是螺栓直径的 4~5 倍。

3）地脚螺栓在基础内松动的处理

在拧紧地脚螺栓时，可能将螺栓拔活，此时应先将螺栓调整到原位置，然后在螺栓上焊纵横两个 U 形钢筋，最后用水将坑内清洗干净并灌浆，待混凝土凝固后再拧紧螺母。

4）活地脚螺栓偏差的处理

活地脚螺栓偏差的处理方法，大致与死地脚螺栓的方法相同，只是可以将地脚螺栓取出来处理。如螺栓过长，可在机床上切去一段再套螺纹；如螺栓过短，可用热锻法伸长；如位置不符，用弯曲法矫正。

2. 垫铁

垫铁用于设备的找正找平，使机械设备安装达到所要求的标高和水平，同时承担设备的重量和拧紧地脚螺栓的预紧力，并将设备的振动传给基础，以减小设备的振动。

（1）垫铁的种类和规格

垫铁按其材质分为铸造垫铁和钢制垫铁；按其形状分为平垫铁、斜垫铁、开口垫铁、钩头垫铁和可调垫铁等。

1）平垫铁：又名矩形垫铁，用于承受主要负荷和有较强连续振动的设备。

2）斜垫铁：不承受主要负荷，与同代号的平垫铁配合使用。安装时成对使用应采用同一斜度。斜垫铁与平垫铁配合使用时的规格和尺寸，如图 4-85 和表 4-12 所示。

3）开口垫铁：用于安装在金属结构上面的设备，或用于设备是由两个以上地脚支承且地脚面积较小的场合。

4）钩头垫铁：多用于不需要设置地脚螺栓的金属切削机床的安装。

5）可调垫铁：一般用于精度要求较高的金属切削机床的安装。

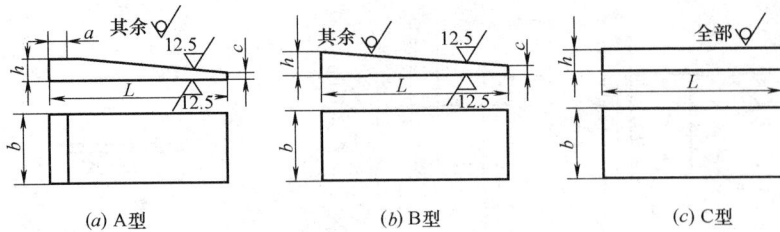

(a) A型   *(b)* B型   *(c)* C型

图 4-85 斜垫铁和平垫铁

斜垫铁与平垫铁的规格和尺寸

表 4-12

斜 垫 铁									平垫铁C型		
A 型					B 型						
代号	L (mm)	b (mm)	c(mm)		代号	L (mm)	b (mm)	c (mm)	代号	L (mm)	b (mm)
			最小	最大							
斜1A	100	50	3	4	斜1A	90	50	3	平1	90	50
斜2A	140	70	4	8	斜2A	120	70	4	平2	120	70
斜3A	180	90	6	12	斜3A	160	90	6	平3	160	90
斜4A	220	110	8	16	斜4A	200	110	8	平4	200	110
斜5A	300	150	10	20	斜5A	280	150	10	平5	280	150
斜6A	400	200	12	24	斜6A	380	200	12	平6	380	200

（2）垫铁的敷设方法

1）标准垫法

如图 4-86 所示，这种垫法是将垫铁放在地脚螺栓的两侧。这是放置垫铁的基本做法，一般多采用这种垫法。

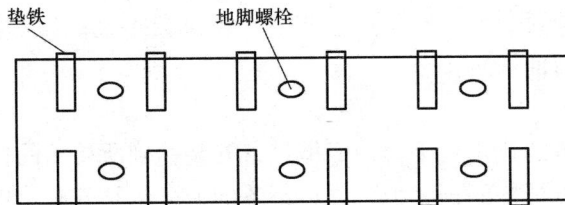

图 4-86 标准垫法

2）十字形垫法

如图 4-87 所示，这种垫法适用于设备较小，地脚螺栓距离较近的情况。

3）筋底垫法

如设备底座下部有筋时，要把垫铁垫在筋底下面，以增强设备的稳定性。

4）辅助垫法

如图 4-88 所示，地脚螺栓距离过大时，应在中间加一组辅助垫铁，这种垫法称为辅助垫法。

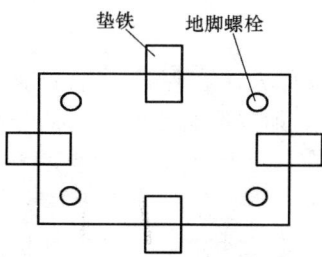

图 4-87　十字形垫法　　　　　　　　　图 4-88　辅助垫法

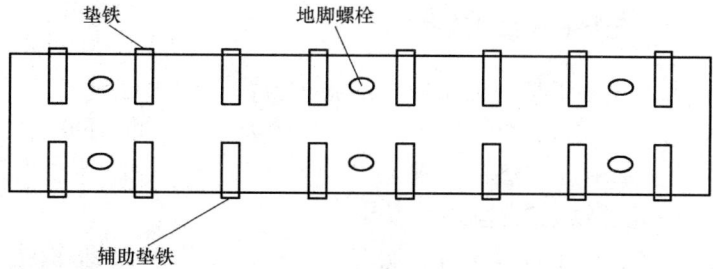

（3）敷设垫铁时的注意事项

1）在基础上放垫铁的位置要铲平，使垫铁与基础全部接触，接触面积要均匀。

2）垫铁应放在地脚螺栓的两侧，避免地脚螺栓拧紧时，引起机座变形。

3）垫铁间一般允许间距为 70～100cm，过大时，中间应增加垫铁。

4）垫铁应露出设备外边 20～30mm，以便于调整，而垫铁与螺栓边缘的距离可保持在 50～150mm，便于螺孔内的灌浆。

5）垫铁的高度一般在 30～100mm 之间，如过高会影响设备的稳定性，过低不便于二次灌浆的捣实。

6）每组垫铁块数不宜过多，一般不超过 3 块。厚的放在下面，薄的放在上面，最薄的放在中间。在拧紧地脚螺栓时，每组垫铁拧紧程度要一致，不允许有松动现象。

7）设备找平找正后，对于钢板垫铁要点焊在一起。

3. 灌浆层的质量要求

（1）灌浆工作应在气温 50℃ 以上进行，否则要采取措施，如用温水搅拌或掺入一定数量的早强剂等。当用温水搅拌时，水温不得超过 60℃，以免水泥产生假凝，影响混凝土质量。用早强剂时，一般可采用氯化钙（$CaCl_2$），其掺入量不得超过水泥重量的 3%。灌浆后，应用草袋、草席等物进行保养。

（2）一次精平后不需要再调整的设备，在精平后 24h 内，必须集中力量灌浆完毕，否则应复测后再灌浆。

（3）灌浆时先用木板在设备四周围好，以作模板用，模板到设备底座外缘的距离：中、小型设备为 60～80mm，大型设备为 80～100mm，其高度视具体情况而定。当设备底座下整个面积不全部灌浆时，应根据具体情况安设内模板，灌浆层承受设备荷载时，则必须安设内模板，且模板至设备底座面外缘的距离不得小于 100mm，更不得小于底座面的宽度，其高度不得小于底座底面至基础或地坪间的净高。设备底座外缘的灌浆层，在拆除模板后，应抹粉灰裙，使之平整、美观，并在上表面做出斜度，以防油、水流向设备底座。

（4）设备底座下的灌浆层的要求：当需要承受主要载荷时，其厚度不得小于 25mm，当只起固定作用时，如固定垫铁、防止油、水流入设备底座等，灌浆层的厚度可小于 25mm，并可灌注水泥砂浆。

（5）灌浆层不得有裂缝、蜂窝、麻面等缺陷，当要求灌浆层与设备底座面紧密接触时，其接触面间不得有空隙，接触应均匀。

195

六、无垫铁施工工艺

无垫铁施工是一种比较新的施工方法，国内已有应用。这种方法在保证质量的前提下，可节约大量钢材。对于那些产生较大振动、冲击的设备，必须采取必要的防振动、冲击措施，以保证设备的正常工作。

1. 无垫铁施工过程

无垫铁施工过程与有垫铁施工过程大致相同，无垫铁施工的设备找正、找平、找标高时，同样可用斜垫铁、调整垫铁、调整螺栓等工具来进行。所不同的是：当调整工作完毕，地脚螺栓拧紧后，即进行二次灌浆，在养护期满后，便将调整垫铁、调整螺栓拆掉，然后将留出的位置灌满灰浆，并再次拧紧地脚螺栓，同时进一步复查水平、标高、中心线是否有变化。

2. 无垫铁灌浆材料的配合比和要求

采用无垫铁施工时，一次灌浆所用的砂浆应用膨胀水泥拌制而成。其标号可用强度等级 52.5～62.5 的水泥加 4/1000 铝粉拌制成。砂浆的配合比为水泥：砂子：水：铝粉＝1：2：0.4：0.004（重量比）。对砂浆的要求是水灰比要小，以提高其强度和防止收缩。对水灰比的粘湿程度可用手检查，当用手捏砂浆时能捏成块，而没有水分挤出，手放开后能慢慢散开，砂浆达到这样的要求方可进行二次灌浆工作。

3. 无垫铁施工注意事项

（1）作无垫铁施工用的调整垫铁的组数，应根据设备的形状及地脚螺栓的间距而定。

（2）如设备说明书上有特殊规定时，应按说明书规定进行施工调整。如无规定时，可用一般的斜垫铁、调整垫铁和调整螺栓来进行施工调整。

（3）安放垫铁处的基础应铲平，并在调整垫铁下面垫上平垫铁。

（4）使用无垫铁施工时，设备的二次灌浆层，原则上应不小于 100mm。

（5）设备底座为空心时，应将其灌满砂浆，或在二次灌浆时使用压力灌浆法。

（6）设备找正找平后，应先将地脚螺栓拧紧，再进行二次灌浆。

（7）灌浆前，应在垫铁周边安放模板，以便灌浆后取出垫铁。

（8）二次灌浆层达到一定强度后，才允许抽出垫铁。

（9）垫铁取出后，应复查设备精度是否符合要求。

4. 座浆法

设备安装工程中，近年来常采用座浆法施工，这是一种比较新的安装工艺。座浆法施工首先将混凝土基础施工完毕，然后定出设备垫铁的位置，并用工具铲除安装垫铁处的表面混凝土，呈现出凹坑，再安放模箱，浇灌不收缩水泥砂浆，根据垫铁标高要求安装垫铁，待养护达到要求后，即可进行设备安装。

（1）配合比（重量比）

座浆法的砂浆一般由砂子、石子、水泥、水等配制而成。有的还掺入防收缩剂等其他辅助材料。配合比直接影响座浆法施工质量。座浆法使用的水泥是无收缩水泥。膨胀水泥及高标号水泥，用水量一般为水泥用量的 37％～40％（质量分数）。配合比有下面几种：

1）强度等级为 62.5 的砂浆：水泥：砂子：石子：水＝1：1：1：0.37；

2）防收缩剂：水泥：砂子：水＝1：1：1：0.4；

3）水泥：砂子：石子：水＝1：1：1：适量。

（2）座浆法施工步骤

1）座浆前先将基础安放垫铁位置处的表面混凝土铲除，并用水冲洗干净，再用压缩空气吹去积水。

2）座浆时将模箱放在安装垫铁的位置上。然后将里面捣实，达到表面平整，并略有出水现象为止。

3）用水平仪测定垫铁标高和水平度。如有高低不平时，调整垫铁下面的砂浆厚度即可。

4）达到标准强度 36h 后即可安装设备。

5）垫铁每组用三块，其中平垫铁一块、斜垫铁两块。

七、设备就位、找正

设备就位：设备开箱后，基础经验收合格，基准点和中心点标板已完成埋设，设备基础放线以后，设备就可以就位了。设备就位是把设备安放到设备的基础上。设备就位的方法很多，根据设备重量、现场条件及起重运输机械等选择不同的设备就位方式。

设备的找正：设备的找正主要是找中心、找标高和找水平，使三者均达到规范要求。设备找正的依据，一是设备基础上的安装基准线；二是设备本身划出的中心线，即定位基准线。设备找正的主要内容是使定位基准线与安装基准线的偏差在允许的范围之内。设备找正可分两步进行。

1. 设备初平

主要是对设备中心、标高位置和设备水平的初步找正。设备初平通常与设备的吊装就位同时进行，即设备吊装就位时要安放垫铁、安装地脚螺栓，并对设备初步找正。

（1）设备中心找正

设备在基础上就位以后，就可以根据中心标板上的基准点挂设中心线，用中心线确定和检查设备纵、横水平方向的位置，从而找正设备的正确位置。中心线挂在线架上，线架有活动式和固定式两种。线架的拉线用直径为 0.5～0.8mm 的钢丝，中心线的长度不宜超过 40m，线架两端重物约为 20kg，拉线时一般拉紧力应为钢丝抗拉强度的 30%～80%，拉力太小则线下垂而晃动，影响安装精度。吊线坠的尖对准设备基础表面上的中心点，检查结果要准确。

中心线挂好以后，即可进行设备找正。首先要找出每台设备的中心点，才能确定设备的正确位置。一般圆形零部件不易找中心，这时可采用挂边线与圆轴相切的方法找中心。有些设备还可以根据加工的两个圆孔找中心。

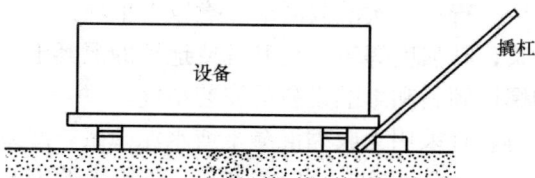

图 4-89　撬杠拨正

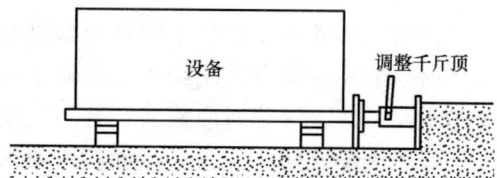

图 4-90　千斤顶拨正

当设备的中心找出来以后，就可检查设备中心与基础中心的位置是否一致，如不一致则需要拨正设备，拨正设备的方法有：撬杠拨正（见图 4-88）、千斤顶拨正（见图 4-89）等。对于大型设备还可以用滑轮或花篮螺栓拨正等。

（2）设备标高找正

在厂房内的各种设备，相互之间都有各自的标高。通常规定厂房内地平面的高度为零，高于地平面以"＋"号表示，低于地平面以"－"号表示。基准点就是测量标高的依据，基准点上面的数字表示零点以上多少毫米，基准点下面的数字表示零点以下多少毫米。

在安装施工图中，标高的数值均应注明。测量设备的标高面均选择在精密的、主要的加工面上。

找标高时，对于连续生产的联动机组要尽量减少基准点，调整标高时，要兼顾水平度的调节，二者要同时进行调整。在找正设备标高数值时，一般使设备高度超出设计标高 1mm 左右，这样在拧紧地脚螺栓后，标高就会接近设计规定的数值。

（3）水平找正

在调整设备标高时，要兼顾设备的水平找正。水平找正一般是用水平仪在设备加工面上进行找正。

调整标高和水平度的方法：一般设备多用垫铁将设备升起，以调整设备的水平度和标高，对于复杂精密设备，不宜使用斜垫铁来调整，因斜垫铁往往用锤击的方法打入，振动大。要采用可调垫铁调整设备的标高和水平度，此外使用千斤顶也可使设备起落，达到找正的目的。

常用的三点找正法是在设备底座下选择适当的位置，用三组调整垫铁来调整设备的标高、中心线和水平度。第一步是在放入调整垫铁后使设备标高略高于设计标高 1~2mm；第二步是将永久垫铁放入预先安排的位置，其松紧程度以用手锤轻轻敲入为准，要使全部垫铁都达到这种要求；第三步是将调整垫铁放松，将机座落在永久垫铁上，并拧紧地脚螺栓，在拧紧地脚螺栓的同时，要检查设备的标高、水平度、中心线和垫铁的松紧度，检查合格后，将调整垫铁拆除。再用水平仪复查水平度，达到标准要求后，即调整完毕。

2. 设备精平

精平是在设备初平的基础上（地脚螺栓已灌浆固定，混凝土强度不低于设计强度的75％），对设备的水平度、垂直度、平面度、同心度等进行检测和调整，使设备完全达到安装规范的要求，是对设备进行最后一次检查调整。如大型精密机床、气体压缩机和透平机等，均应在初平的基础上，对设备各主要部件相互关系进行规定项目的检测和调整。

八、设备二次灌浆

设备二次灌浆是在精平的各项检测合格之后进行。二次灌浆时应注意以下事项：

（1）灌浆一般宜采用细碎石混凝土或水泥浆，其强度等级应比基础或地坪的混凝土强度等级高一级。灌浆时应捣实，并不应使地脚螺栓倾斜和影响设备的安装精度。

（2）当灌浆层与设备底座面接触要求较高时，宜采用无收缩混凝土或水泥砂浆。灌浆层厚度不应小于25mm，如仅用于固定垫铁或防止油、水进入的灌浆层，且灌浆无困难时，其厚度可小于25mm。灌浆前应敷设外模板。外模板距设备底座面外缘的距离不宜小于 60mm。模板拆除后，表面应进行抹面处理。当设备底座下不需要全部灌浆，且灌浆层需承受设备负荷时，应敷设内模板。

（3）灌浆工作要一次完成，安装精度要求高的设备的二次灌浆，应在精平后 24h 内进行，否则应对安装精度重新检查测量。

九、设备试运转与验收

1. 设备试运转

（1）设备试运转的目的

设备试运转的目的是检验设备在设计、制造和安装等方面是否符合工艺要求和满足设备技术参数，设备的运行特性是否符合生产的需要，并对设备试运转中存在的缺陷进行分析处理。

（2）设备试运转前的检查与准备

1）设备及其附属装置、管路等均应全部施工完毕，并经验收合格。润滑、液压、冷却水、气（汽）、电气、仪表控制等附属装置均应按系统检验完毕，并符合试运转的要求。

2）设备试运转用料、工具，检测用仪器仪表、记录表格和消防安全设施等均应符合试运转的要求

3）对大型、复杂和精密设备，应编制试运转方案或操作规程。

4）参加试运转的人员，应熟悉设备的构造、性能、设备技术文件，并应掌握操作规程及试运转操作。

5）设备试运转现场照明应充足，周围环境应清扫干净，设备附近不得进行有粉尘或噪声较大的作业。

（3）设备试运转的步骤

设备试运转的步骤为先无负荷，后负荷；先单机，后联动；分别从单件至部件，从部件至组件，从组件至单机（台）设备。由数台设备联成机组时，应在单台设备分别试运转合格后，方能联动试运转。在上一步骤未合格前，不得进行下一步骤的试运转。

（4）设备无负荷及负荷试运转

设备试运转应按设备说明书规定和操作程序进行。其中连续运转时间和断续运转时间无规定时，应按各类设备安装验收规范的规定执行。

（5）设备试运转时应进行下列各项检查：

1）设备在试运转中应首先注意运转的声音，运转时应平稳无噪声，否则应停机检查。

2）随时对设备温度、振动、转速、轴位移、膨胀、各部压力和电机电流等进行监测。

3）设备试运转中应检查液压系统、液体静压支持部件、转动部件、系统介质、各传动机构和安全联锁装置等是否符合要求。

4）注意监视设备轴承温度。一般滑动轴承温升不应超过 35℃，最高温度不应超过 70℃；滚动轴承温升不应超过 40℃，最高温度不应超过 80℃；导轨温升不应超过 15℃，最高温度不应超过 100℃，油箱油温最高不得超过 60℃。

2. 工程验收

安装工程竣工后，应由建设单位会同有关部门对施工单位按各类设备安装工程施工及验收规范进行工程验收，然后交付设备使用单位。工程验收时，安装单位应向设备使用单

位提供下列资料：

（1）竣工图或按实际完成情况注明修改部分的施工图；

（2）修改设计的有关文件（设计修改通知单、施工技术核定单、图纸会审记录等，在施工过程中如发现有设计不合理和不符合实际处应及时提出意见或修改建议，经有关部门研究决定后，才能按修改后的图纸施工，有关设计修改后的文件交工时应提交使用单位）；

（3）主要材料的出厂合格证和检验记录或试验资料；

（4）重要焊接工作的焊接记录及检验记录；

（5）隐蔽工程记录；

（6）各重要工序自检和交接记录；

（7）重要灌浆所用混凝土的配合比和强度试验记录；

（8）试运转记录；

（9）重大问题及其处理的文件；

（10）其他有关资料。

第五章　典型设备安装操作技能

第一节　通用机械设备安装工艺

一、泵安装

泵是把机械能转变为液体势能和动能的一种动力设备。按工作原理分有叶片式、容积式和其他类型的泵（如真空泵、射流泵等）；按压力又分为低压泵、中压泵和高压泵。

1. 施工准备

（1）技术准备

1）已编制施工方案，重点部位已绘制综合布管图，并通过审批。

2）建筑、结构轴线、坐标、标高已交接、确认。

3）已进行技术交底，并做好记录。

（2）材料质量要求

1）核对水泵的名称、型号、规格等有关技术参数是否符合设计要求和国家标准要求。

2）水泵外观完好，无损伤、损坏和锈蚀情况；管口封闭完好；说明书、合格证等随机文件应齐全；按装箱清单检查随箱附零配件、工具等应齐全。

3）水泵的主要安装尺寸应符合水泵房现场实际尺寸要求。

4）对输送特殊介质的水泵应核对主要零件、密封件以及垫片的品种和规格是否符合要求。

（3）主要机具仪表

1）机具：捯链、滑轮、绳索、撬棍、滚杠、木方、千斤顶、活动扳手、铁锤、线坠、平板车、人字梯、冲击钻、电焊机、油漆桶、钢丝刷、油刷、棉纱等。

2）仪表：水平尺、塞尺、直角尺、钢尺、卷尺、百分表、游标卡尺。

（4）作业条件

1）土建工程施工完毕，室内装修基本完成，施工现场已清理干净。

2）预埋管道、套管及预留孔洞等核对完毕，坐标、标高正确，符合要求。

3）水泵基础已放线复核，坐标、标高、强度等符合要求。

4）施工临时用电、照明已通过验收。

5）材料设备已进场，质量符合要求，需报验的材料设备已办理报验手续。

2. 基础检验

基础坐标、标高、尺寸、预留孔洞应符合设计要求。基础表面平整、混凝土强度达到设备安装要求。

（1）水泵基础的平面尺寸，无隔振安装时应较水泵机组底座四周各宽出 100～

150mm；有隔振安装时应较水泵隔振基座四周各宽出150mm。基础顶部标高，无隔振安装时应高出泵房地面完成面100mm以上，有隔振安装时应高出泵房地面完成面50mm以上，且不得形成积水。基础外围周边设有排水设施，便于维修时泄水或排除事故漏水。

（2）水泵基础表面和地脚螺栓预留孔中的油污、碎石、泥土、积水等应清除干净；预埋地脚螺栓的螺纹和螺母应保护完好；放置垫铁部位表面应凿平。

3. 水泵就位

将水泵放置在基础上，用垫铁将水泵找正找平。水泵安装后同一组垫铁应点焊在一起，以免受力时松动。

（1）水泵无隔振安装

水泵找正找平后，装上地脚螺栓，螺杆应垂直，螺杆外露长度宜为螺杆直径的1/2。地脚螺栓二次灌浆时，混凝土的强度应比基础高1～2级，且不得低于C25；灌浆时应捣实，并不应使地脚螺栓倾斜和影响水泵机组的安装精度。

（2）水泵隔振安装

1）卧式水泵隔振安装卧式水泵机组的隔振措施是在钢筋混凝土基座或型钢基座下安装橡胶减振器（垫）或弹簧减振器，如图5-1所示。

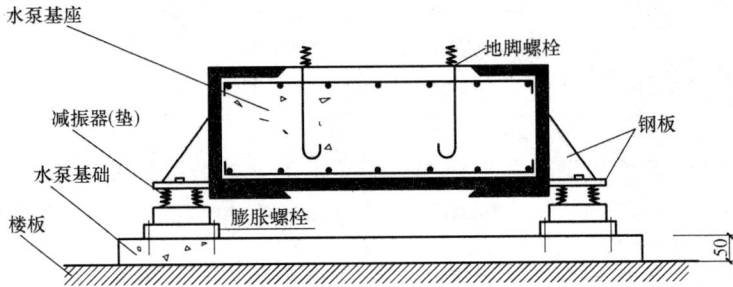

图5-1 卧式水泵隔振安装

2）立式水泵隔振安装

立式水泵机组的隔振措施是在水泵机组底座或钢垫板下安装橡胶减振器（垫），如图5-2所示。

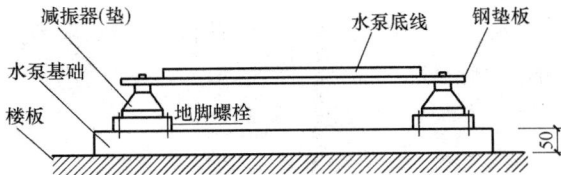

图5-2 立式水泵隔振安装

3）水泵机组底座和减振基座或钢垫板之间采用刚性联接。

4）减振垫或减振器的型号规格、安装位置应符合设计要求。同一个基座下的减振器（垫）应采用同一生产厂的同一型号产品。

5）水泵机组在安装减振器（垫）过程中必须采取防止水泵机组倾斜的措施。当水泵机组减振器（垫）安装后，在安装水泵机组进出水管道、配件及附件时，亦必须采取防止水泵机组倾斜的措施，以确保安全施工。

（3）大型水泵现场组装

大型水泵的水泵与电机分离需在现场组装时，注意事项如下：

1）在混凝土基础上按照设计图纸制作型钢支架，并用地脚螺栓固定在基础上，进行粗水平。

2）水泵与电机就位。

就位前电机如需做抽芯检查，应保证不磕碰电机转子和定子绕组的漆包线皮。检查定子槽内有无异物；测试转子与定子间隙是否均匀，有无扫腰现象；电机轴承是否完好。更换润滑油。水泵如需清洗，需解体进行。当采用轴瓦形式时，需检测轴瓦间隙，避免出现过松或抱轴现象。

水泵和电机的联轴器用键与轴固定，要求安装平正。可采用角尺或水平尺测量。一切就绪即可就位。

4. 检测与调整

（1）用水平仪和线坠对水泵进出口法兰和底座加工面进行测量与调整，对水泵进行精安装，整体安装的水泵，卧式泵体水平度不应大于 0.1/1000，立式泵体垂直度不应大于 0.1/1000。

（2）水泵与电机采用联轴器连接时，用百分表、塞尺等在联轴器的轴向和径向进行测量和调整，联轴器轴向倾斜不应大于 0.8/1000，径向位移不应大于 0.1mm。

（3）调整水泵与电机同心度时，应松开联轴器上的螺栓、水泵与电机和底座联接的螺栓，采用不同厚度的薄钢板或薄铜皮来调整角位移和径向位移。微微撬起电机或水泵的某一需调整的角，将剪成如图 5-3 所示形状的薄钢板或薄铜皮垫在螺栓处。当检测合格后，拧紧原松开的螺栓即可。

5. 润滑与加油

检查水泵的油杯并加油，盘动联轴器，水泵盘车应灵活，无异常现象。

6. 试运转

打开进水阀门、水泵排气阀，使水泵灌满水，将水泵出水

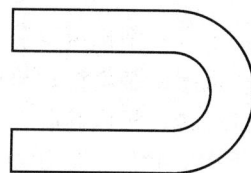

图 5-3 薄钢板调整垫片

管上阀门关闭。先点动水泵，检查有无异常、电动机的转向是否符合泵的转向要求。然后启动水泵，慢慢打开出水管上阀门，检查水泵运转情况、电机及轴承温升、压力表和真空表的指针数值、管道连接情况，应正常并符合设计要求。

二、风机安装

风机是把机械能转变为气体势能和动能的一种动力设备。按工作原理分为叶片式、容积式；按压力又分为通风机、鼓风机和压气机。

施工准备、基础检查与验收、地脚螺栓、垫铁的安装同泵安装。

1. 轴承箱的找正、找平

整体安装的轴承箱的纵向和横向安装水平偏差不应大于 0.10/1000，在轴承箱中分面处进行测量，其纵向安装水平也可在主轴上进行测量；左、右分开式轴承箱在每个轴承箱中分面的纵向偏差不应大于 0.04/1000；横向安装水平偏差不应大于 0.08/1000；主轴轴颈处的安装水平偏差不应大于 0.04/1000；轴承孔对主轴轴线在水平面内的对称度偏差不应大于 0.06mm（即测量轴承箱两侧密封径向间隙之差）。对有滑动轴承的通风机，轴瓦与轴颈、推力瓦与推力盘和轴瓦紧力等的安装应符合设备技术文件的规定。

2. 机壳安装

对于转子和轴承座组合在一起的风机，安装时，必须先将风机外壳下部初步就位，然后再安装转子和轴承座。对于转子和轴承座不为整体时，机壳组装时，应以转子轴线为基准找正机壳的位置，使机壳后侧板轴孔与主轴同轴，机壳中心线与转子中心线的偏差不应大于 2mm。机壳进风口或密封圈与叶轮进口圈的轴向插入深度和径向间隙应调整到设备文件规定的范围内，对于高温风机的径向间隙应预留热膨胀量。

3. 联轴器的安装

安装时，联轴器的径向位移不应大于 0.025mm；轴线倾斜度不应大于 0.2/1000。对于具有滑动轴承的电动机，应在测定电机转子的磁力中心位置后再确定联轴器间的间隙。联轴器找正后，设备即可进行二次灌浆。

4. 试运转

风机试运转前的检查、试运转步骤和试运转要求应符合设备技术文件的规定，试运转前，电机应进行单机试运转。风机启动达到正常转速后，应首先在调节门开度为 0°~5°之间的小负荷下运转，待轴承温升稳定后连续运转时间不小于 20min；小负荷运转正常后，逐渐开大调节门，达到规定的负荷为止，连续运转时间不小于 2h。

三、金属切削机床安装

金属切削机床安装一般施工步骤为：基础施工；基础检验及处理；定位划线；布置垫铁；机床组装就位；机床初平；浇灌砂浆；机床精平（垂直和水平及回转精度检验）；机床试运转；机床验收。

施工准备、基础检查与验收、地脚螺栓、垫铁的安装同泵安装。

1. 设备就位安装

（1）无垫铁安装法

无垫铁安装法就是设备的自重和地脚螺栓的拧紧力，均由灌浆层来承受，其安装过程和有垫铁安装法大致相同。所不同的是设备与基础之间没有永久垫铁，无垫铁安装法的找正、找平、找标高时的调整工作是利用临时调整螺钉、调整垫铁或其他支撑件来进行的。当调整工作完毕和地脚螺栓拧紧后，即可二次灌浆。二次灌浆层凝固后，便把临时调整垫铁、螺钉或其他支撑件全部拆除。

（2）座浆安装法

座浆法是在安放设备垫铁的位置上铲出凹坑，在凹坑四周安放木模箱，浇灌无收缩水泥砂浆，根据垫铁的标高要求安装垫铁。座浆安装法能增加垫铁与混凝土基础的接触面积，并且粘接牢固。

（3）安装水平的检测

机床在进行几何精度检验前，一般应在基础上先用水平仪将机床调平，达到规定的允许范围后，再进行机床的几何精度和工作精度的检验。床身导轨在垂直平面内的直线度检验，常采用水平仪通过坐标曲线图法求得。

（4）精度检验

金属切削机床的精度检验包括：

1）溜板移动在平面内的直线度和溜板移动的倾斜的检验。检验溜板移动在垂直平面内的直线度，应将水平仪按床身纵向放在溜板上；等距离移动溜板测量，全长应至少测量三个读数；直线度应允许向上凸起，其偏差应以水平仪读数的最大代数差值计，并不应大于0.05/1000。检验倾斜时，应将水平仪按床身横向放在溜板上，等距离移动溜板测量；倾斜偏差应以水平仪读数的最大代数差值计，并不大于表5-1的规定。

溜板移动的倾斜偏差　　　　　　　　　　　　　　　　　　　　表 5-1

床身上最大回转直径(mm)	≤250	>250～400	>400～800
最大棒料直径(mm)	≤25	>25～63	>63
倾斜偏差	0.03/1000		0.04/1000

2）溜板移动对主轴中心线平行度的检验。如图5-4所示，在主轴孔中，紧密地插入检验棒，在溜板上固定百分表，百分表的触头分别顶在检验棒的上表面 a（检验棒垂直平面的母线）和测量表面 b（检验棒水平面的母线）上，移动溜板，取百分表读数的最大差值，然后将主轴旋转

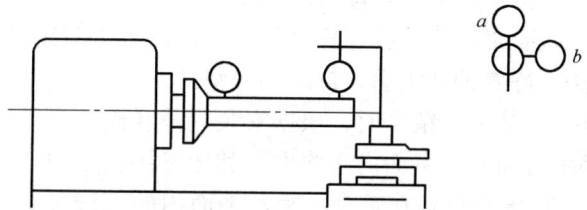

图5-4　检验溜板移动对主轴中心线的平行度

180°，同样再测量一次。a、b 偏差分别计算，平行度偏差以百分表两次读数代数和的1/2计算，并不应大于表5-2规定。

溜板移动对主轴中心线的平行度偏差　　　　　　　　　　　　　　表 5-2

床身上最大回转半径(mm)	≤250	>250～400	>400～800
最大棒料直径(mm)	≤25	>25～63	>63
测量长度(mm)	150	300	
平行度偏差(mm)	0.01	0.02	

3）主轴锥孔和尾座顶尖套锥孔轴心线对溜板移动的等高度的检验。

如图5-5所示，在主轴锥孔和尾座顶尖套锥孔中，各插入一根直径相等的检验棒，在溜板上固定百分表，移动溜板，在检验棒两端处的上母线上测量。等高度以百分表读数差计，并应符合设备技术文件的规定。

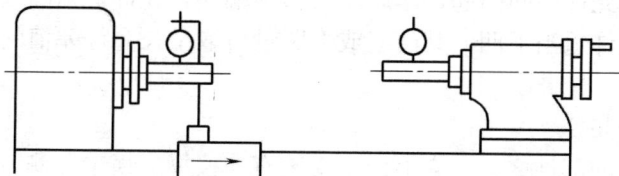

图5-5　主轴锥孔和尾座顶尖套锥孔轴心线对溜板轮动的等高度的检验

2. 大型机床安装

大型机床在安装前，一般都要对基础进行预压处理，以防机床安装时出现基础下沉倾斜现象。

（1）基础检验、划线和垫铁布置

基础划线和垫铁布置应符合设备技术文件及现行规范的要求，基础平面位置允许误差±10mm，标高允许误差＋20mm，－10mm。基础划线和垫铁布置如前述。

（2）床身导轨安装

1）初平：矩形多段床身安装时，一般应先安装好中间段并以中间段（与立柱相连的一段）为基准，向两端逐步安装其他各段，先将中间段床身用临时垫铁找平后，按基础中心线校正床身的安装位置，将地脚螺栓穿入床身底部螺栓孔内并拧上螺母，然后对床身进行初平，在床身导轨上放置检验棒和平尺，用水平仪在检验棒或平尺上按纵、横两个方向进行测量，利用临时垫铁调整高低，使床身导轨处于水平状态，其水平度应不大于0.04/1000。初平完毕后，即可调换垫铁组，按图纸要求放置，正式用可调垫铁并对地脚螺栓进行二次灌浆，将地脚螺栓固定。为保证垫铁对床身底面和灌浆层表面接触良好，可采用压浆法。待养护期满后，拆除临时垫铁。

2）精平：精平时，根据安装规范和机床说明书指出的方法，检查床身导轨的直线度（即垂直面和水平面的直线度）和床身导轨之间的平行度，其要求如下：

① 床身导轨在垂直面和水平面内的直线度（一般用平尺和水平仪检查），矩形（8～12m）为0.05mm，局部误差在任意1000mm测量长度上为0.015mm；龙门刨床（8～12m）每米不大于0.02mm，全长不大于0.05mm。

② 床身导轨之间的平行度，以全长上横向水平仪读数的最大代数差值计算，不大于0.02/1000。

用同样的方法吊装其余各段床身，大型机床找平（特别是强力找平）时，应从床身一端向另一端或以中间段为基准按顺序向床身两端进行找平，但绝不允许从床身两端同时向中间进行找平，因为强力找平时会引起床身导轨的微小变形。床身组装完之后，应用着色法检查定位销的接触情况，接触面积应大而均匀。另外，在各段床身的接缝处要求用0.03mm的塞尺不得插入，接缝处水平偏差不大于0.04/1000。接缝处防油槽内应填上防止漏油的耐油橡胶带（或挤灌液态密封胶），并用调整垫铁使接缝处两段床身用水平仪检查时达到规定的要求。

床身组装完成后，用着色法检查定位销孔的接触情况。并用0.03mm的塞尺检查床身导轨拼合处，要求各处均匀，不能插入，以保证导轨中心与主轴孔中心对齐。在精平时，根据各种机床导轨的工作情况，床身导轨安装的水平度可适当使中间凸起，如龙门刨床、铣床的床身导轨允许中间凸起，车床床头箱一端导轨允许适当凸起，外圆磨床的砂轮架一端的床身导轨允许适当下凹，其凸起或下凹量可取全长允许差值的一半或等于全长的允许差值。

（3）床身立柱安装

立柱是精度较高的部件之一，它上面常安装有连接梁、横梁和侧刀架等部件。

1）初平：将立柱与床身接合面（或底座、工作台的接合面）定位销孔等清洗干净。若立柱直接安装在基础上，按图纸要求安放好可调垫铁，根据定位孔初步对齐找正。用联接螺栓将立柱与床身固定，立柱与床身的接合面用0.04mm塞尺应不得插入。初平立柱使其导轨的前、后、左、右各个面都能与床身构成的几何平面相垂直。

2）精平：对立柱进行精平的项目有立柱（或立柱导轨）对底座工作面（或床身导轨

面、工作台面）的垂直度；立柱移动在垂直平面内的直线度和立柱移动的倾斜度检查；立柱移动在水平面内的直线度检查；两立柱相对位移度检查。精度的检查方法是在床身导轨上立柱正导轨面平行和垂直两个方向分别放置专用检具、尺、水平仪测量，在各立柱的正侧导轨面上靠水平仪测量；垂直度以立柱与床身导轨上相应两水平读数的代数差计，垂直度允许差值随机床不同而异。各项精度项目的检查和调整，都必须按照机床安装规范和说明书的规定和要求进行。

3）对各类大型机床立柱安装倾斜的处理有：

① 大型车床只允许立柱向前倾；双立柱式车床、龙门刨床、龙门铣床只允许立柱纵向前倾，两立柱横向宜向同一个方向倾斜；

② 卧式镗床、落地镗床立柱正面只允许向操作者方向倾斜，侧面只允许向内倾斜；

③ 大型滚齿机床立柱上端只允许向工作台方向倾斜。

以上倾斜值，可参照各类机床立柱垂直度允许差值或允许差值的一半选取。

四、机械压力机安装

1. 压力机的结构分类

按机身形式可分为开式机身和闭式机身两种；按传动系统的位置可分为上方传动和下方传动两种；按压力机连杆数可分为单点（单连杆）、双点（双连杆）、四点（四连杆）三种。

2. 机械压力机（整体闭式压力机）安装工艺

（1）基础定位

设备基础平面位置的允许偏差为±10mm，标高允许偏差为－10～＋20mm。

（2）地脚螺栓、垫铁安装（见前述内容）。

（3）工作台或底座的安装

工作台或底座纵、横向水平度的检查可采用水准仪在工作台或底座上进行检查，当工作台或面长度小于1.5m时，水平仪应放在工作台中央位置测量；大于1.5m时，应在工作台两端测量；其纵、横向水平度允许偏差不应大于0.2/1000。

（4）机身组装

重要固定结合面应紧密结合，紧固后应用0.05mm塞尺检查，只允许局部塞入，塞入深度不应大于宽度的20%，其塞入部分的累计移动长度不应大于可检长度的10%。

当检验滑块下平面与工作台板上平面的平行度时，应在工作台板上放长度不大于500mm的平尺，其上放指示器，并将测头触及滑块下平面，当滑块在最大或最小装模高度、滑块位于行程下死点时，移动指示器进行测量。平行度偏差应以指示器在各边两端点的读数差或三点读数的最大差值计，并不应大于 $0.02+0.10L/1000$（mm）（L 为实际测量长度）。

当检验滑块运动轨迹对工作台板上平面的垂直度时，应在工作台板上放一平尺，其上放一直角尺，并将指示器固定在滑块下平面上，使测头触及角尺的检验面，当滑块在最大或最小装模高度时，滑块向下运行，并应通过工作台板中央的纵、横两个相互垂直方向进行测量。当装模高度调节量大于500mm时，还应在调节量的中间位置进行测量；垂直度偏差应以指示器在测量长度内读数的最大差值计，不应大于 $0.05+0.02L/100$（mm）（L

为滑块行程的测量长度）。

滑块与两侧导轨间的间隙，必须符合设备文件的要求。检验时，用塞尺在上、下两个极限位置检查。

（5）传动系统的组装

曲轴或偏心轴与连杆轴瓦、主轴与轴承间的间隙应符合设备技术文件的规定。检验时，用压铅法、着色法和塞尺法检查。

现场组装的飞轮，其圆跳动允许偏差应不大于：当飞轮直径≤1000mm 时，径向0.10mm，端面 0.20mm；当飞轮直径＞1000～2000mm 时，径向 0.15mm，端面0.30mm；当飞轮直径＞2000mm 时，径向 0.20mm，端面 0.40mm。

（6）立柱或拉紧螺杆的预紧

立柱加热前的冷态预紧，应对称均匀的紧固，紧固后螺母与横梁的接合面应符合设备技术文件的要求。螺母的旋转角度（与螺杆加热伸长量和螺杆螺距有关）和立柱的加热温度应按规定要求操作。

五、MQ1420 万能外圆磨床安装

施工准备、基础检查与验收、地脚螺栓、垫铁的安装同泵安装。

（1）检验磨床安装水平时，对于磨削长度小于或等于 1000mm 的磨床，应将工作台移至床身中间位置，并在工作台中央的专用检具上按导轨纵、横向放置水平仪进行测量。纵、横向的偏差：普通精度外圆磨床均不应大于 0.04/1000；高精度外圆磨床均不应大于0.03/1000。

（2）对于磨削长度大于 1000mm 的磨床，检验纵向安装水平时，应在床身纵向导轨的专用检具上，沿导轨纵向放置水平仪，移动检具。每隔检具长度测取一次读数，并在全长上进行测量，并绘制坐标误差曲线。纵向安装水平为坐标误差曲线两端点连线的斜率，其允许偏差：普通精度外圆磨床不应大于 0.04/1000；高精度外圆磨床不应大于 0.03/1000。检验横向安装水平时，在平导轨中间横向放置水平仪进行测量，横向安装水平允许偏差：普通精度外圆磨床不应大于 0.04/1000；高精度外圆磨床不应大于 0.03/1000。

六、桥式起重机安装

桥式起重机按其结构分为通用桥式起重机、冶金桥式起重机和龙门桥式起重机。通常由机械部分、电气部分和金属结构部分组成。桥式起重机不仅作为生产用起重运输机械，而且也作为工业厂房设备安装施工起重机械。因此，在厂房内安装设备时，应首先安装桥式起重机。桥式起重机安装的关键问题，在于桥式起重机的吊装及吊装工具的选用。

施工准备、基础检查与验收、地脚螺栓、垫铁的安装同泵安装。

1. 安装主要步骤和要求

桥式起重机安装的主要程序是：行车梁检查放线、轨道制作安装、起重机桥架组装、吊装和试车。

（1）行车梁的检查、放线

行车梁检查、放线的主要内容有行车梁的坐标位置、相对标高、跨度及表面的平面度，其要求应符合行车梁设计及安装规定。行车梁的安装基准线可用经纬仪每隔 2～3m

和在每根柱子处测量；水平度用水准仪在每根柱子处测量。

（2）轨道的制作

轨道的制作主要是下料、钻孔、校直和切头。校直包括轨道的垂直方向和侧向方向的弯曲，重点是要校直轨道的侧向弯曲，侧向不直时，行车在运行过程中，会导致行车轮子卡边。一般常用的校直工具有调直器、螺旋压力机和千斤顶。

（3）轨道的安装

轨道安装时，根据轨道安装基准线，在轨道下方垫上弹性垫板找平轨道，并用鱼尾板连接轨道接头，用螺栓压板将轨道固定。

轨道安装后，用经纬仪、水准仪和钢卷尺配合弹簧秤进行复查轨道安装质量，其安装质量应符合下列要求：

1）轨道的实际中心线对吊车梁的实际中心线的位置偏差不应大于10mm，且不应大于吊车梁腹板厚度的一半。轨道的实际中心线对安装基准线的水平位置偏差不应大于5mm。

2）轨道跨度小于或等于10m时，轨道跨度的允许偏差为±3mm；轨道跨度大于10m时，轨道跨度的允许偏差按以下公式计算，但最大不超过±15mm。

$$\Delta S = \pm[3+0.25(S-10)]$$

式中　ΔS——轨道跨度的允许偏差，mm；

　　　　S——轨道跨度，m。

3）轨道顶面基准点的标高相对于设计标高的允许偏差为±10mm，轨道顶面对其设计位置的纵向倾斜度不大于1/1000；同一截面内两平行轨道的标高相对差不大于10mm。

4）两平行轨道的接头位置宜错开，错开距离不应等于起重机前后车轮的基距。当轨道接头采用对接焊接时，焊条应符合钢轨母材的要求，焊接质量应符合电熔焊的有关规定，接头顶面及侧面焊缝处均应打磨平整光滑；当接头采用鱼尾板连接时，轨道接头高低差及侧面错位不应大于1mm，间隙不应大于2mm；伸缩缝处的间隙应符合设计规定，其允许偏差为±1mm。用垫板支承的方钢轨道，接头处垫板的宽度（沿轨道长度方向）应比其他处增加一倍。

5）轨道上的车挡宜在吊装起重机前装好，同一跨端两条轨道上的车挡与起重机缓冲器均应接触。

（4）本体安装

1）本体组装：桥式起重机本体结构一般由大车（桥架）、端梁及小车和小车行走机构等主要部件组成。组装桥架时，一般在地面铺设临时轨道进行组装。桥架和大车运行机构组装后应按规范的要求进行检查。

2）吊装：起重机本体安装的主要问题是如何选择吊装方法，从起重机吨位、吊装机具、经济性和安全等方面考虑，吊装机械一般采用单桅杆吊装。对于大吨位的起重机，吊装方式有整体吊装和分件吊装。整体吊装是将大车、小车及小车行走机构在地面上预先进行组装，然后整体吊装就位；分件吊装是将大车（包括行走机构）、端梁和小车行走机构在地面预先进行组装，然后将其吊装就位，就位后再吊装小车。选择桅杆吊装起重机本体时，应注意以下几点：

① 桅杆和吊具的选择及验算：桅杆吊装时受轴向和弯曲力，应对桅杆进行强度验算；

② 桅杆位置的确定：桅杆位置的确定应根据组合件重心位置、就位方式通过计算确定；

③ 桅杆基础处理：桅杆吊装时，桅杆对地面的压力会导致地基下沉，因此对地基应作必要的处理；

④ 桅杆的竖立：桅杆的竖立方法很多，有利用辅助桅杆、厂房柱头、屋架和其他起重机械等方法。利用辅助桅杆竖立时，应将主桅杆放在拖排和枕木上，尽量使其重心与安装点重合，主桅杆重心以上 1～1.5m 处作为吊装点，并挂于辅助桅杆起重钩上，开动卷扬机将主桅杆竖立，主桅杆竖立后，收紧缆风绳，使主桅杆牢固地竖立在安装位置上。

2. 试运转

起重机的试运转包括试运转前的检查、空负荷试运转、静负荷试运转和动负荷试运转。

（1）起重机试运转前，应按下列要求进行检查：

1）电气系统、安全连锁装置、制动器、控制器、照明和信号系统等安装应符合要求，其动作应灵敏和准确；

2）钢丝绳端的固定及其在吊钩、取物装置、滑轮组和卷筒上的缠绕正确、可靠；

3）各润滑点和减速器所加的油脂的性能、规格和数量应符合设备技术文件的规定。

（2）起重机的空负荷试运转

操纵机构的操作方向应与起重机的各机构运转方向相符；分别开动各机构的电动机，其运转应正常，大车和小车运行时不应卡轨，各制动器能准确及时的动作，各限位开关及安全装置动作应准确、可靠；起重机防碰撞装置、缓冲器等装置应能可靠地工作；当吊钩下放到最低位置时，卷筒上钢丝绳的圈数不应少于 2 圈（固定圈除外）；用电缆导电时，放缆和收缆的速度应与相应的机构速度相协调，并应能满足工作极限位置时的要求。做上述试验时，各项试验均应不少于五次，且动作应准确无误。

（3）起重机的静负荷试验

起重机作静负荷试验时，应停在厂房柱子处，对有多个起升机构的起重机，应先对各起升机构分别进行静负荷试验。静负荷试验程序和要求如下：

1）先开动起升机构，进行空负荷升降操作，并使小车在全行程上往返运行，此项空载试运转不应少于三次；

2）将小车停在桥式起重机的跨中，逐渐地加负荷作起升试运转，直至加到额定负荷后，使小车在桥架全行程上往返运行数次，各部分应无异常现象，卸去负荷后桥架结构应无异常变形；

3）将小车停在桥式起重机的跨中，无冲击地起升额定起重量 1.25 倍的负荷，在离地面高度为 100～200mm 处，悬吊停留时间应不少于 10min，应无失稳现象。然后卸去负荷将小车开到跨端或支腿处，测量主梁的实际上拱度应大于 0.7S/1000mm〔S 为起重机跨度（mm）〕，检查起重机桥架金属结构，应无裂纹、焊缝开裂、油漆脱落及其他影响安全的损坏或松动等缺陷，此项试验不得超过三次，第三次应无永久变形。

（4）负荷试运转

各机构的动负荷试运转应在全行程上进行，超重量应为额定起重量的 1.1 倍；累计启动及运行时间，对电动的起重机不应少于 1h，对手动的起重机不应少于 10min，各机构的动作应灵敏、平稳、可靠，安全保护、连锁装置和限位开关的动作应准确、可靠。

七、电梯安装

施工准备、基础检查与验收、地脚螺栓、垫铁的安装同泵安装。

1. 电梯的分类与结构组成

（1）电梯的分类

1）按用途可分为：乘客电梯、载货电梯、医用电梯、杂物电梯、观光电梯、车辆电梯、自动扶梯、自动人行道和建筑用电梯。

2）按速度可分为：低速电梯（≤1m/s）、中速电梯（1.5～2.5m/s）和高速电梯（≥3m/s）。

（2）电梯的基本参数

电梯的基本参数有六项：电梯载重量、运行速度、拖动方式、控制方式、轿厢尺寸和轿门形式。

（3）电梯的结构组成

1）机房部分：曳引机、限速器、控制屏、选层屏、层楼指示器、电源接线盒。

2）井道部分：极限开关、导轨、对重、缓冲器、平衡钢丝绳或平衡链和限位开关。

3）厅门部分：厅门和召唤按钮箱。

4）轿厢部分：轿厢、安全钳、导靴、自动门机、平层装置和轿内指示灯。

5）操纵部分：操纵屏（箱），有手柄操纵屏和按钮操纵屏两种。

2. 电梯安装工艺

（1）样板架的制作和安装

样板架是按照放线图、轿厢、安全钳和导轨等实样制作的，是确定轿厢位置的依据；同时也是井道中各种设备位置相互间距离的安装依据，因此，样板架的制作和安装是电梯安装的一项重要而又细致的工作。

1）样板架的制作

① 制作样板架的木材应干燥，不易变形，四面刨平，互相垂直。其断面尺寸可按表5-3选用。

样板架木条尺寸　　　　　　　　　　　　　　　　　表 5-3

提升高度（m）	厚度（mm）	宽度（mm）
≤20	30	80
>20～40	40	100

② 当对重在轿厢后面放置时，样板架按图5-6（a）设置；当对重在轿厢侧面放置时，样板架按图5-6（b）设置。一般情况下顶部和底部各设置一个。但在下述情况下可以增加一个或一个以上的中间样板架。

a. 安装基准线受环境条件影响可能会发生偏移（如井道开敞的室外观光电梯等）；

b. 建筑有较大的日照变形（如电视发射塔等）。

③ 在样板架上标出轿厢中心线、层门中心线、门口净宽线、导轨中心线等各线的位置偏差不得超过0.3mm。

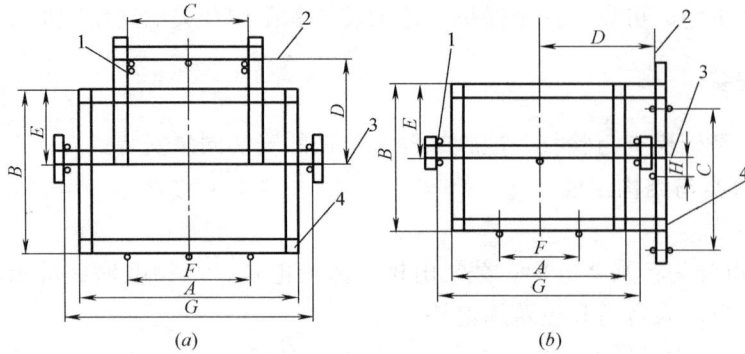

图 5-6 样板架平面图

1—铅重线；2—对重中心线；3—轿厢架中心线；4—连接铁钉

A—轿厢宽；B—轿厢长；C—对重导轨架距离；D—轿厢架中心线至对重中心线的距离；

E—轿厢架中心线至轿底后沿的距离；F—开门净宽；G—轿厢导轨架距离；H—轿厢与对重偏心距离

2）样板架的安装

① 在井道顶部机房楼板下 500～600mm 处，水平地安放两根截面不小于 100mm×100mm 的木梁作为样板架托架，再放上样板架，用水平尺校正水平后稳固托架。

② 在样板架上标记铅垂线的悬挂处，用 0.6～0.8mm 的钢丝悬挂 10～20kg 的重锤。在底坑将铅垂线张紧稳定后，根据各层层门、机房承重梁位置校正样板架的准确位置后，再将样板架钉牢在木托架上。

③ 样板架的水平度不大于 5mm；样板架顶部、底部的水平偏移不超过 1mm。

④ 井道底部样板架固定在底坑距离地面 800～1000mm 高处，校准后，固定铅垂线于相应位置上。

（2）导轨安装

导轨是电梯或对重作上下运动的轨道，分为轿厢导轨和对重导轨，用于限制轿厢和对重。

1）导轨架的安装

① 导轨架的类型和固定方式

导轨架一般有整体型和组合型两种。导轨架的固定方式有埋设、焊接和用膨胀螺栓或预埋螺栓固定。

② 导轨架的安装步骤

a. 把导轨中心线按与井道侧壁的垂线投射到墙上，并确定出导轨支架的中线，对预留孔洞及预埋件的位置进行修正。

b. 对直埋型的整体支架，应在上、下样板架之间，对每条导轨放两条导轨基底线，进而直接埋设好各个支架。埋设时，应使压板螺栓孔中心线与基底线对正，表面与两条基底线平齐。

c. 在预埋钢板上焊上整体型支架，为此应根据预埋钢板与导轨基底线的距离来确定各支架两条支腿的长度，各支架应进行编号。用砂轮切割机把支架按需要的长度切割，然后按照编号在各相应位置上采用电焊组对。

d. 安装组合型支架时，应先以预埋或者焊接膨胀螺栓来固定其底架，再根据导轨基底线，采取螺栓联接或焊接的方法来组对面架。

e. 为了使导轨能够用垫片进行精调，导轨基底线向井壁方向偏移 1mm。

③ 导轨架的安装要求

导轨支架的埋入深度应大于 120mm，预留孔应凿成内大外小。导轨支架的水平度偏差应小于 5mm，每根导轨至少应有两副支架，固定支架的膨胀螺栓应具有足够的强度。

2）导轨安装

拆除导轨架铅垂线，在各列导轨中心端面外 5mm 处，在样板架上挂铅垂线，并准确地稳固在底坑样板上。导轨吊装可全部从底层或分层运入井道。导轨从底坑向上逐段立起，最下一根导轨严格找正后，下端垫以适当厚度的硬木垫，待导轨全部安装、调整完后再拆除木垫。导轨在导轨架上的固定，应具有一定宽度的面接触。导轨底面与导轨架面的垫片，一般只垫一片，个别处不应超过两片（此时垫片应与导轨架焊接）。若调整有困难时，可加厚度小于 0.4mm 的紫铜片。导轨接头位置应与导轨架错开。滑动导轨压板的保持力比固定导轨压板小，在拧紧压板螺栓时，用力要注意。导轨连接板螺栓联接牢固，导轨压板略微压紧，待校正后再行紧固。

导轨的校正首先用初校卡板（如图 5-7）检查导轨端面与垂线的间距和中心距离。符合要求后，再用导轨专用校正卡尺（如图 5-8）对导轨进行仔细找正。

导轨安装后应符合下列要求：

① 每根导轨工作面（包括侧工作面和顶面）对安装基准线的偏差每 5m 不应超过 0.6mm；不设安全钳的 T 型对重轨为 1.0mm。

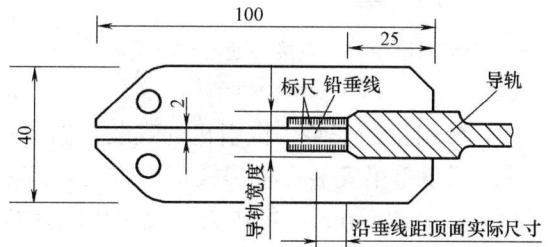

图 5-7 导轨初校卡板

② 导轨接头处允许台阶处间隙 a 不大于 0.05mm，如图 5-9 所示。导轨工作面接头处不应有连续缝隙，局部缝隙不应大于 0.5mm，如图 5-10 所示。不设安全钳的对重导轨接头处缝隙不得大于 1mm，导轨工作面接头处台阶应不大于 0.15mm。

③ 两列导轨顶面间的距离偏差：轿厢导轨为 0～2mm；对重导轨为 0～3mm。

④ 导轨应用压板固定在导轨架上，不应采用焊接或螺栓联接。两根轿厢导轨接头不应在同一水平面上。

⑤ 导轨顶端距井道顶板的距离应保证导靴不会脱出导轨，根据承重梁的安装位置，能调整到 50～300mm 较好。

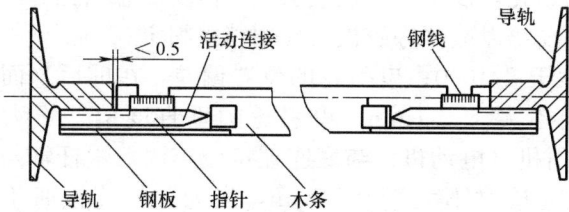

图 5-8 导轨专用校正卡尺

（3）机房设备的安装

1）承重梁的安装。承重梁的定位根据井道内样板架延伸到机房的尺寸线来确定。承重梁的两端必须可靠地架设在承重墙或横梁上。承重梁埋入墙内的支承长度应超过墙厚中心 20mm，且不应小于 75mm。承重梁埋设好后应用强度等级 C20 以上的混凝土固定。若承重梁安装在机房楼板下，此时承重梁应先安放准确后和机房楼板整体灌浇混凝土。承重梁安装在机房楼板上面，与楼板的间隙不应大于50mm，承重梁长度方向的水平度不应超过1.5/1000；但总长度的水平度偏差不应超过3mm；相互之间的高差不应超过2mm，平行度偏差不应超过6mm。

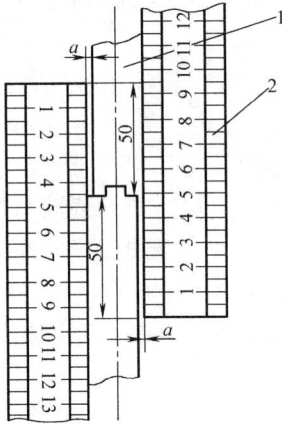

图 5-9　导轨接头处台阶
1—导轨；2—300mm 钢尺

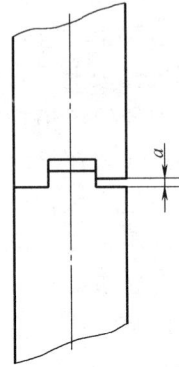

图 5-10　导轨接头处的局部缝隙

2）曳引机的安装。曳引机的安装依据承重梁的安装形式不同，有以下三种安装方式：

① 当承重梁安装在机房楼板下方时，应在承重梁位置上制作混凝土底座，底座高度一般为 250～300 mm，每边大出曳引机底盘 25～40mm，底座应平整。底座下面按图纸垫好防振橡胶垫，并安装防止水平移动的挡板。

② 当承重梁安装在机房楼板上方时，按图纸要求可在钢梁上铺设两块与曳引机底座大小相等的钢板，钢板厚度不小于 20mm，两块钢板中间按分布点垫以橡胶板以防振。下面的钢板与刚性梁焊接，上面的钢板打孔用螺栓与曳引机底座固定。经调整后再安装防止水平位移的挡板。

③ 对噪声要求不高的场所，曳引机可直接装在钢梁上或钢梁位置的上方的地板上。曳引机装在钢梁上时，要在钢梁上用电钻钻孔，以螺栓固定曳引机。但要注意钻孔时不能损伤钢梁立筋。曳引机直接摆在楼板上时要垫以减振橡胶板，并用挡板固定。

曳引机安装时要求底盘的水平度不大于 2/1000；曳引轮的位置偏差，在前后（面对配重）方向不大于±2mm，在左右方向不大于±1mm，曳引轮的垂直度偏差不大于 0.5mm（承受轿厢空载时的偏差值）；曳引机（电动机）与底座连接应牢固，蜗杆轴与电机轴连接后同轴度允许差为：当为刚性连接时不大于 0.02mm，当为弹性连接时不大于 0.1mm。

（4）轿厢安装

1）轿厢组装架的搭设

轿厢一般在顶层井道内安装。拆除顶层井道内脚手架，设置两根方支承梁（截面不小于 200mm×200mm）或型钢梁。支承梁设置宽度与层门相同，高度与楼板面平，校正梁的水平度和平行度后，两端埋入墙内固定。在轿厢架中点位置，通过机房楼板的曳引绳孔，在机房承重梁上悬挂手拉葫芦。

2）轿厢架组装

将下梁水平放在支承梁上，按两列导轨中心连线调整其平行度，并使安全座和导轨端面的间隙两端一致，调整下梁的水平度不超过 2/1000。将两侧立柱与下梁连接紧固，调整立柱使其在未装上梁前，在整个高度上的垂直度偏差不超过 1.5mm。将轿厢架的固定底盘或轿厢底盘平放在支承梁上，用四组垫木垫平，调整其水平度不超过 2/1000，用拉条将底盘与立柱连接紧固。如果轿厢带橡胶减振元件，应将减振元件先行安装在下梁上。安装限位开关碰铁时，调整其垂直度不应超过 1/1000，最大偏差不大于 3mm。上述安装完成后，在上、下梁上安装导靴和反绳轮装置。安装反绳轮装置时，轮边缘与上梁的间隙应调整均匀，相互面的差值不应超过 1mm，轮的垂直度不应大于 1mm。

轿厢架安装完毕后，轿厢底盘的水平度不应超过 3/1000，轿厢架立柱在整个高度上垂直度偏差不应超过 1.5mm。并用钢丝绳穿过上梁固定在机房承重梁上，防止轿厢架下滑。轿厢架上、下梁与立柱等部位连接用紧固螺栓必须使用厂家提供的专用联接螺栓，不得混用或代用。

3）安全钳组装

将安全钳楔块装入轿厢架或对重架上的安全钳内，将楔块和楔块拉杆、楔块拉杆和上梁拉杆拨架连接。

调整各楔块拉杆上端螺母，使楔块工作面与导轨侧面间隙为 3～4mm，钳口与导轨顶面间隙应不小于 3mm，间隙差值应不大于 0.5mm。

调整上梁上的安全钳联动机构的非自动复位开关，使之当安全钳动作的瞬间，能断开电气控制回路。瞬时式安全钳装置在绳头处的动作提拉力应为 150～300N。

4）导靴组装

轿厢架组装好后，即可安装导靴。轿厢架和对重架上的导靴的安装，上、下应在同一垂线上，以免轿厢架或对重架歪斜。每对固定式滑动导靴与导轨顶面两侧间隙之和应不大于 2.5mm，固定式对重导靴与导轨顶面间隙之和为 (2.5±1.5)mm，与角形导轨顶面间隙之和为 (4±2)mm。

5）轿厢安装

整体式轿顶可用手拉葫芦将轿顶悬挂在上梁下面，然后按照后壁、侧壁和前壁的顺序组装轿厢。有轿门一面轿厢壁的垂直度不超过 1/1000。轿厢壁与轿顶、轿壁与底盘紧固后，复核轿壁垂直度。

6）厅门的安装

① 地槛的安装

依据样板架上悬挂的层门净宽线及中心线，确定地槛的水平安装位置及标高。地槛安装应符合下列要求：水平度不大于 2/1000；地槛应高出装修地面 2～5mm，并有 1/1000～1/50。的过渡斜坡；层门地槛与轿门地槛的水平距离允许偏差为 0～3mm。

② 层门导轨的安装

门框安装完后，可进行层门导轨的安装。层门导轨应与地槛槽相对应，在导轨两端和中间三处的偏差间距 a 均应≪±1mm。导轨 A 面对地槛 B 面的平行度不应超过 1mm。

③ 门扇的安装

安装门扇前应清洁导轨、层门地槛和导槽。清洁干净后将滚轮放入顶部轨道，连接滚轮与门套，并通过加减垫片的方式来调整门扇下端与地槛面的间隙。为便于调整门扇下端与地的间隙，安装门扇时，可在门扇两边垫以 6mm 垫片。

门扇安装完后应检查以下项目和间隙，并使之符合要求：

a. 门扇与门扇、门扇与门套、门扇下端与地槛面的间隙，乘客电梯应为 1～6mm，载货电梯应为 1～8mm；

b. 门刀与层门地槛、门锁滚轮与轿厢地槛间隙应为 5～10mm；

c. 层门锁钩、锁臂及动接点动作灵活，在电气安全装置动作之前，锁紧元件的最小啮合长度为 7mm。

7）安全装置

电梯的安全装置包括机械和电气安全装置，有限速器、缓冲器、安全钳和限位、极限开关等。限速装置是当电梯因故运行速度超过规定值时，限速器将限速绳夹住，使安全钳动作，将轿厢夹在导轨上，确保人物安全。缓冲器则是当轿厢在超载和以限速器允许最大速度下降时，应能承受相应的冲击，减轻对人体的损伤。

① 限位开关：在井道底坑和顶站上方限制轿厢越位，安装位置应在轿厢地槛超越上、下端站地槛 50～200mm 范围内。一般用两根角钢固定，分别卡在轿厢导轨的背面上，把限位开关用螺钉装在角钢上，调整限位开关的磁轮使之垂直对准轿厢上的碰铁，并试验好轿厢到上下两个端站越程时的动作。当碰铁撞限位开关碰轮时，其内部电气接点即打开，碰铁离开后接点立即复位。

② 极限开关：安装限位和极限开关时，碰铁应无扭曲变形，开关碰轮动作灵活。碰铁安装应垂直，允许偏差为 1/1000，全长不应大于 3mm（碰铁斜面除外）。开关、碰铁应安装牢固，在开关动作区间，碰轮与碰铁应可靠接触，碰轮边距碰铁边不应小于 5mm。碰轮与碰铁接触后，开关接点应可靠断开，碰轮沿碰铁全长移动不应有卡阻，且碰轮应略有压缩余量。

③ 限速器：限速器一般安装在承重梁或机房楼板上，沿上部绳轮槽竖直悬挂铅垂线，通过轿厢架上的安全钳拉杆绳头中心点，对正后确定底坑张紧装置的绳轮轮槽位置。限速器既可以采用钢板固定在楼板上，也可以做混凝土台座固定。限速器上部装置和张紧装置安装好后，可直接将钢丝绳绕过上部绳轮和张紧轮后截取所需的长度，绳头可用绳夹固定。

限速器绳轮的垂直度偏差应不大于 0.5mm，限速器钢丝绳至导轨导向面与顶面两个方向的偏差均不得超过 10mm。限速器运转应平稳，出厂时动作速度整定封记应完好无拆动痕迹，限速器安装位置正确、底座牢固，当与安全钳联动时无颤动现象。

④ 缓冲器：缓冲器的安装高度应根据轿厢在两端站平层时，轿厢、对重装置的撞板与缓冲器顶面间的距离确定。耗能型缓冲器应为 150～400mm；蓄能型缓冲器应为 200～350mm。缓冲器可采用预埋地脚螺栓或钢构件固定。

缓冲器中心与轿厢、对重装置的撞板中心偏差不应大于 20mm；同一基础上的两个缓冲器顶部与轿底对应距离差不应大于 2mm；液压缓冲器柱塞铅垂度不应大于 0.5%；弹簧缓冲器顶面水平度不应超过 4/1000。

8）选层器和平层器

① 选层器：选层器安装时要注意选层器钢带轮与轿厢、底坑张紧装置及选层器上的链轮的中心偏差和垂直偏差。按机械的速度比与楼层高度比，检查调整动、静触头的位

置，应与电梯运行、停层位置一致。选层器触头组排列应横平竖直，触头组的水平偏差应为：速度比在 40：1 及以下时，不大于 1.5mm；在 40：1 以上时，不大于 1mm。快、慢车换速触头的提前量，应根据电梯减速时间、平层距离调节适宜。层站指示器触头盘上的接点，应按楼层高度串接合适，且动作、接触可靠，接触后略有压缩余量。

② 平层器：按图纸位置和方向将感应器装在轿厢顶的支架上，开口对着感应板。每层的感应板用支架固定在电梯导轨背面上，并插入感应器中心。感应器和感应板安装应牢固、垂直、平正。各层感应器中心应在同一铅垂线上，感应板的垂直度不应超过 1/1000。感应板插入感应器时两侧面间隙应一致，感应器插口端面与感应板顶部的间隙 b 为 10mm（见图 5-11），其偏差应不大于 2mm。感应器安装应注意检查干簧管安放位置，应使管子的中心对正磁钢的中心，簧片的动作方向与隔磁板垂直。

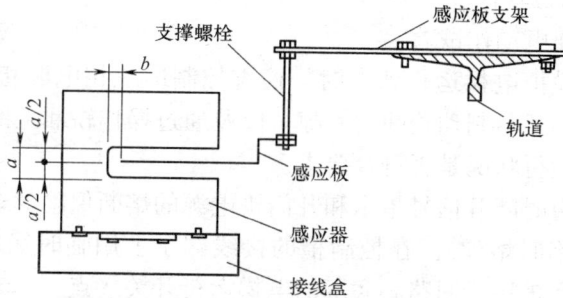

图 5-11　感应器和感应板安装示意图

9）对重和挂绳

对重安装宜在底层进行，将对重架提升悬挂就位，装好对重导靴（若有反绳轮和安全钳装置时，应在未进入井道前将有关部件装好）。所装对重块的重量一般按厂家提供的全部对重块的 2/3 装入，待做平衡试验时，根据平衡系数再装入所需要的重量。对重加入后，对重块应放平、压实，并用压板固定和锁紧。

曳引钢丝绳安装主要包括确定钢丝绳的长度和绳头的制作。钢丝绳长度一般在施工中通过实测的办法来确定，其方法是：

① 确定钢丝绳的长度

a. 将轿厢置于顶层平层位置，对重置于底层与缓冲器规定的越程处（按随机技术资料所提供的数据确定）。

b. 用铅丝按电梯曳引机钢丝绳穿绕方式，以轿厢曳引绳锥套组合处为起点，通过曳引轮经过曳引机等延伸至对重曳引绳锥套组合处止，将铅丝拉紧作上标记，再加上钢丝绳与锥套固定用余量即为实际所需的曳引钢丝绳长度。对于高层电梯还需要从总长度 L 中扣除伸长量 ΔL。伸长量可按下列公式计算：

$$\Delta L = K \times L$$

式中　L——绳的实测或计算长度；

K——伸长系数（一般可取 $K=0.004$）。

对于高层或高速电梯的曳引绳还应进行钢绳预拉。按上述方式确定钢绳长度后，将每根钢绳做好一个绳头，按规定的方法穿好，在 B 端上方用手拉葫芦将对重架拉到实际高度时做好标记，复核并确定钢丝绳的长度。

② 绳头的制作步骤

a. 截取钢丝绳之前，应用 $\phi0.7mm$ 的铅丝分三段扎紧，扎紧后再截断。绳头制作时，将钢丝绳穿入锥套，解开绳端头铅丝，将各股钢丝松散，截去麻芯，用汽油将钢绳松散段和锥套清洗干净。

b. 将各股松散钢丝向外弯折 $180°$，拧成花结后再进行捆扎。剪掉多余钢丝，然后将钢丝绳拉入锥套，下部用胶粘带缠紧，堵住缝隙，并做好浇灌巴氏合金的准备。

c. 将巴氏合金加温至 $270\sim350℃$，除去表面渣物，同时用喷灯将锥套加温预热到 $50℃$ 左右。然后将巴氏合金溶液一次浇灌。浇灌后的巴氏合金应严密、饱满，表面平整一致。

3. 电梯的调试与试运行

（1）不挂曳引绳通电动作试验

此试验的目的是模拟电梯运行状态时，检查控制屏三相电源相序、曳引机的运转方向、初步调整制动器闸瓦与制动轮间的间隙，以及通过操作轿厢上的急停按钮和上下运行按钮，检查曳引机的运行状况是否符合要求。

做此试验时，应暂时断开信号指示和开门机电源的熔断保险丝，换上临时熔丝（微机控制的电梯不得使用临时熔丝）。在控制柜的接线端子上用临时线短接门锁电接点回路、限位开关回路及安全保护接线回路和底层的电梯运行开关接点。

（2）慢速运行调试

首先通过手动盘车使轿厢下行一段距离，确认无异常后，可慢车点动。慢车点动运行一定距离，经检查无误后，则电梯以检修速度运行。电梯慢速运行时需要调整和试验的项目有：调整各层门、轿门地槛的距离；开门刀与各层层门地槛、门锁滚轮与轿厢地槛的间隙；各层平层感应器和轿厢上感应板的间隙；各安全保护装置的动作试验。

（3）快速运行调试

慢速运行各项内容符合要求后，在安全保护装置起作用的情况下可进行快车调试。快速运行调试的主要内容有：检查电梯启动、加速、稳速、制动减速、自动平层、各种指令信号和各层平层精度等是否符合要求。

（4）电梯整机调试

当快、慢速运行符合要求后，便可进行整机性能调试。

1）静载试验：按 150% 额定载荷进行。试验时，电梯停于最低层站，切断动力电源，将试验载荷平稳而均匀地加至轿厢内，电梯在静载作用下，除了曳引钢丝绳的弹性伸长外，曳引机不应转动，钢丝绳在绳索槽中也不应有滑动。

2）超载试验：按 110% 额定载荷进行。试验时断开超载控制电路，在通电持续率 40% 的情况下，到达全行程范围。启、制动运行 30 次，电梯应能可靠地启动、运行和停止（平层不计），曳引机工作正常。超载试验的另一内容是 125% 额定载荷以正常运行速度下行时，切断电动机与制动器供电，电梯应可靠制停，曳引绳应无滑动。

3）运行试验：轿厢分别以空载、50% 额定载荷和额定载荷三种工况，并在通电持续率 40% 的情况下到达全行程范围，按 120 次/h，每天不少于 8h，各启、制动运行 1000 次，电梯应运行平稳、制动可靠、连续运行无故障。

曳引机减速器，除蜗杆轴伸出一端渗漏油面积平均每小时不超 150cm² 外，其余各处不得有渗漏油。

八、离心式压缩机安装

离心式压缩机是使气体受到离心力的作用而提高压力的机械设备，它的主要用途是压缩和输送各种气体。

施工准备、基础检查与验收、地脚螺栓、垫铁的安装同泵安装。

1. 离心式压缩机的分类与代号

（1）离心式压缩机按排气压力分为：

1）低压压缩机：排气压力 0.3～0.98MPa；

2）中压压缩机：排气压力 0.98～9.8MPa；

3）高压压缩机：排气压力 9.8～98MPa；

4）超高压压缩机：排气压力大于 98MPa；

5）习惯上又称排气压力≤0.15MPa 为通风机；

6）压力 0.15～0.3MPa 为鼓风机；

7）压力大于 0.3MPa 且中间有冷却器的称为压缩机。

（2）离心式压缩机的代号由 DA 加上流量、叶轮数和设计顺序号组成。如 DA350－61，DA 表示离心式压缩机；350 表示压缩机流量为 350m³/min；6 表示压缩机总叶轮数为 6 个；1 表示第一次设计。

（3）离心式压缩机的结构和系统组成

离心式压缩机是一种叶片旋转式机械。气体经吸气室流入工作轮后，被叶片带着一起旋转，从而增加气体的动能（速度）和静压头（压力）。离心式压缩机由旋转元件（转子）和固定元件（定子）两部分组成。系统主要由气路系统、冷却系统和润滑系统组成。离心式压缩机常用高速电机（异步或同步电动机）或汽轮机拖动。由汽轮机拖动时，压缩机可不设增速器。

2. 离心式压缩机组安装

离心式压缩机组的安装，由于所驱动的设备、压缩机缸数及结构等不同，安装方法有所不同，但基本部件的安装、检查和调整的步骤及方法大体相同。

（1）压缩机组安装

压缩机组安装的基本程序一般是：机组中心线的确定；机组前后底座（或台板）及下气缸的安装；试装转子；固定前后底座；安装隔板；安装转子；扣上气缸盖。

1）机组中心线的确定：压缩机组安装前，应首先确定机组中心线。对于由汽轮机直接拖动的单缸离心式压缩机组，应使联轴器的两轴承处于同一水平位置，汽轮机和压缩机另一轴承则分别向两端扬起；对于由电动机通过增速器拖动的单缸离心式压缩机组，应将增速器水平安装，压缩机和电动机服从增速器分别向两端扬起，如图 5-12 所示；对于多缸串联的压缩机，安装的原则通常是低压气缸服从高压气缸，高压气缸、电动机服从增速器，如图 5-13 所示。

2）机组前后底座（或台板）及下气缸的安装：按制造厂的技术文件要求放置垫铁，垫铁与垫铁间、垫铁与底座间、壳体与底座间、气缸、轴承座及底座间的接触情况应符合执行的文件标准。校正设备标高轴向位置、纵向中心线及进排气中心线。

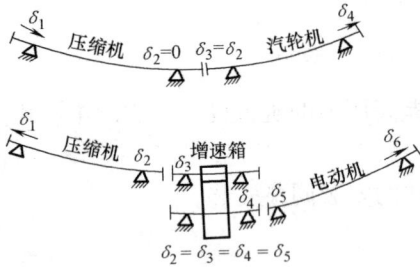

图 5-12　单缸压缩机组转子的安装方式　　图 5-13　双气缸压缩机组转子的安装方式

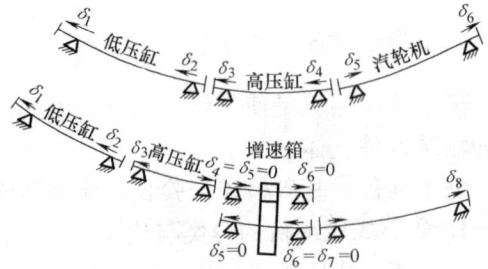

在安装带有滑销的底座时，必须使滑销与滑槽之间的间隙均匀，滑动自如，各接触面应涂以润滑脂，各部分之间的间隙应符合制造厂的规定。

连接气缸与底座时，必须注意膨胀螺丝的间隙，在气缸膨胀方向应留有较大的间隙。

下气缸的中心线可用拉钢丝法找正，找正时气缸的位置以增速器高速轴洼窝中心线为基准；气缸中心线以两端气封洼窝为准；轴承座中心以轴承洼窝为准。

3）试装转子：转子试装时，应清洗并检查转子及轴颈各处有无机械损伤，并测量各装配间隙，轴承与轴承座的接触情况应用涂色法检查，转子与轴瓦的研配可用涂色法进行。试装时应刮研轴瓦到基本符合要求，并用压铅法检查轴瓦间隙及轴承的紧力。为防止转子吊入时碰伤推力瓦块，可先将推力瓦块取出，当转子推力盘进入轴承后，再将推力瓦块放入。复核转子水平度，用找中心的方法对联轴器找正。

4）固定前后底座：转子同轴度符合要求后，将垫铁进行点焊，然后按要求进行二次灌浆。二次灌浆后，应复查转子同轴度。

5）安装隔板和转子：隔板和转子安装后，测量转子的轴向间隙及隔板气封的径向和轴向间隙，测量各级叶轮的瓢偏度及推力轴承的安装，再次复查转子与增速器轴的同轴度。

6）扣上气缸盖，并按规定的要求及顺序涂以涂料和拧紧螺栓。

（2）增速器的安装

在安装电动机—增速器—压缩机这种布置方式的压缩机组时，应以增速器作为安装基准，调整增速器至水平后，通过联轴器对电动机和压缩机进行整机找正。

安装增速器时，通常按下列程序和要求进行：

1）增速器的清洗检查：对增速器解体清洗，特别是各进油孔应吹洗干净并畅通。检查箱体接合面的严密性和轴承与轴承座间的接触情况，使之符合设备技术要求。

2）增速箱的找平找正

① 将增速器就位，带上地脚螺栓后，利用垫铁调整箱体标高和水平度。拧紧地脚螺栓后，其纵向和横向安装水平度偏差均不应大于 0.05/1000；横向安装水平应在箱体中的分面上进行测量，纵向安装水平度应在大齿轮轴上进行测量；

② 增速器底面与底座应紧密贴合，未拧紧螺栓前应用塞尺检查其局部间隙并不应大于 0.04mm；

220

③ 轴瓦与轴颈各部分配合的顶间隙、侧间隙、接触要求、轴瓦与轴承压盖的过盈值等，均应符合设备技术文件的规定；

④ 齿轮组轴间的中心距、平行度、齿侧间隙和齿面接触要求均应符合设备技术文件的规定，间隙值的测量可采用塞尺法、压铅法和千分表法进行；当齿轮接触调整与齿轮轴线平行度发生矛盾时，应首先满足接触的质量，其平行度可不作调整；

⑤ 增速器中分面局部间隙不应大于 0.06mm。

3. 离心式压缩机组试运转

离心式压缩机组的负荷试运转，应先单机后联动；先试驱动机、增速器后试整机；整机试运转时，应先进行小负荷试运转逐步过渡到负荷试运转。具体步骤是：润滑油系统的试运转；驱动机的单体试运转；驱动机与增速器的联动试运转；压缩机的小负荷试运转；压缩机的负荷试运转。润滑油系统和驱动机的单体试运转按系统及设备技术文件规定进行。

（1）驱动机与增速器的联动试运转

驱动机单体试运转合格后，与增速器用联轴节接好，并满足转子同轴度的要求。试运转步骤如下：

冲动转子：检查齿轮副的啮合有无冲击和杂声；观察主油泵是否上油。

运转 30min：主油泵供油良好，主油泵供油后启动油泵应自动停止运转，并对机组的振动、润滑油压、油温和轴承温升等进行全面检查和监护。

连续运转 4h：期间应对机组进行全面的检查，各方面情况正常后停机。停机时，当驱动机停止后，启动油泵应在规定的油压值时自启动，并维持 20min 以上的供油，直到轴承回油温度降至 40℃ 以下为止。

驱动机与增速器的联动试运转合格后，可进行下一步压缩机小负荷试运转。

（2）压缩机的小负荷试运转

压缩机的小负荷试运转是将进气节流门开至 10°～15° 进行的试运转。试运转采用空气作为压缩介质。

小负荷试运转步骤如下：

1）点动：以电动机带动的主机，检查转子与定子有应无摩擦和异常声音；以汽轮机带动的主机在启动时，应按设备技术文件的规定分阶段升速。

2）小负荷试运转：小负荷试运转 1h 后，停机检查各轴承、轴颈的润滑情况，当有磨损时，应及时修整；对有齿轮变速器的机组，应检测齿轮的接触斑点。

3）连续运转：连续运转时间应按技术文件规定执行。当无规定时，工作转速小于或等于 3000r/min 的机组应为 4h；工作转速大于 3000r/min 的机组应为 8h。连续运转期间，应经常监听机组有无冲击、杂声等现象，检查润滑油压、油温、冷却水量、机组振动等是否符合要求。

（3）压缩机组连续负荷试运转

压缩机组连续负荷试运转的时间不应少于 24h。其步骤如下：

1）缓慢打开压缩机入口控制阀，同时逐步关小压缩机排气放空阀。

2）缓慢打开压缩机排气控制阀门，同时逐渐关闭放空阀门或再循环阀门。压缩机排气压力的升高应缓慢、均匀，使压力逐渐上升。操作时可根据制造厂规定的升压曲线进行，一般每 5min 升压不得大于 0.1MPa，并应逐步达到设计工况。每升压一次，应观察其运转情况及检查气缸热膨胀情况。

3）调整各气缸出口管道上安全阀，限制各气缸出口最高气压。气体升到工作压力后，首先调整好各缸出口安全阀，使其出口气压限制在规定值以内，各气缸出口安全阀调整好后，连续试运转 24h。

（4）离心式压缩机的运行维护

1）调整进口调节阀（设有自动调压装置的除外），维持机组排气压力（或流量）符合规定值。

2）注意监视机组、增速器或汽轮机和电动机的运行情况，特别是在变工况时，注意监视机组内部声音有无异常。

3）注意监视轴承振动、温升、润滑油压及油箱油位的变化。振动应无异常，润滑压力应调整到规定压力。轴承进油温度控制在 35～45℃ 范围内，进出口油温差在 10～15℃ 之间。

4）注意监视机组膨胀和轴向位移。借助机组膨胀指示器和轴向位移指示器，检查机组膨胀量和轴向位移值是否符合设备技术文件的要求。

5）经常检查气体冷却器的溢流水情况和疏水器排水情况，检查冷却器是否有泄漏和堵塞。

九、工业锅炉安装

1. 锅炉设备概述

锅炉是将燃烧产生的化学能转化为热能，利用热能加热水，使水变成符合参数要求的蒸汽或热水，供生产和生活上使用的一种热能设备。"锅"是指锅炉中盛水和蒸汽的密封受压部分；"炉"是指锅炉中燃烧产生高温的部分。工业锅炉房的设备由锅炉本体及辅助系统两大部分组成。

2. 工业锅炉的范围

锅炉按蒸汽压力分为：

低压锅炉：蒸汽压力小于 2.5MPa；

中压锅炉：蒸汽压力为 3.8MPa；

高压锅炉：蒸汽压力为 9.8MPa；

超高压锅炉：蒸汽压力为 13.7MPa；

亚临界锅炉：蒸汽压力为 16.7MPa。

3. 锅炉设备安装工艺

（1）锅炉设备安装的基本要求

1）准确性：保证锅炉主要部件及受热面的形状、尺寸和位置的准确性。

2）受热面管、箱内部清洁度：安装时必须进行吹扫和通球试验，防止运行时受热面受热不均发生爆管等事故。

3）严密性：保证管道各焊口和水冷壁密封缝的焊接质量，防止受热面管发生焊口和炉体漏灰。

4）结构牢固：锅炉受热面组对后均须进行加固，保证构件的刚度和强度。

5）热膨胀性：锅炉受热面支持系统的施工必须保证锅炉运行管道及各部件的热膨胀。

（2）锅炉安装的主要内容

安装前的准备；锅炉基础验收及放线；钢架及平台安装；锅炉本体受热面安装；水冷壁排管组装；过热器安装；省煤器安装；锅筒内部装置安装；锅炉燃烧装置安装；锅炉范围内汽水管道、阀门及热工仪表安装；锅炉本体水压试验；筑炉、保温及风道安装、烟道的严密性试验；附属设备安装；单机试运行；烘炉、煮炉；锅炉试运行。

（3）锅炉基础验收及放线

1）基础验收：锅炉及辅助设备基础的允许偏差应符合规定。

2）基础放线：首先在主机基础上放出纵、横向及标高基准线，地脚螺栓孔（或预埋件）中心线，再放出各相关辅机的纵、横向及标高基准线。锅炉基础划线时，纵向和横向中心线应互相垂直；相应两柱子定位中心线的间距允许偏差为±2mm；各组对称四根柱子定位中心点两对角线长度之差不应大于 5mm。

（4）钢架及平台安装

1）组装前的检查与校正

锅炉钢架部件因运输、装卸可能产生变形，因此安装前应在地面上进行检查和校正。

锅炉钢架的柱、梁、支架及平台的组对，一般根据施工现场条件和吊装机具的能力，可以将柱、梁、支架及平台全部在地面钢架平台上组对或部分组对，然后整体吊装。

2）钢架安装

① 安装钢架时，应先根据柱子上托架和柱头标高，在柱子上划出 lm 标高线。找正柱子时，应根据厂房运转层上的标高基准点，测定各柱子上的 lm 标高线。柱子上的 1m 标高线作为以后安装锅炉各部件、元件检测时的基准标高。

② 钢架的固定

锅炉钢架的固定一般有两种：

一种是将钢架柱脚固定在基础上并需要与预埋钢筋焊接固定，用这种固定方法安装时，应将钢筋弯曲并紧靠在柱脚上，其焊缝长度应为预埋钢筋直径的 6～8 倍。

另一种固定方法是采用垫铁安装。采用垫铁安装时，基础表面与柱脚底板的二次灌浆间隙不得小于 50mm。垫铁应布置在立柱底板的立筋下方，每个立柱垫铁的承受总面积可根据立柱的设计荷重计算，但垫铁单位面积的承压力，不应大于基础设计混凝土强度等级的 60％。垫铁安装后，用手锤检查应无松动，并将垫铁与垫铁、垫铁与柱脚底板点焊。

（5）锅筒和集箱安装

锅筒、集箱吊装必须在锅炉构架找正和固定完毕后进行，立柱底板下浇灌混凝土强度已达到 75％以上可进行锅筒的安装。

1）锅筒安装前的检查

① 检查锅筒外观在运输、装卸过程中是否有损坏，特别是检查管边缘是否受损，小直径管座是否损坏或断裂。

② 检查各焊缝是否有裂纹、未熔合、夹渣、弧坑、气孔和咬边等缺陷。

③ 少数管孔内环向或螺旋形刻痕深度不应大于 0.5mm，宽度不应大于 1mm，刻痕至管孔边缘的距离不应小于 4mm。管孔不得有纵向刻痕。

④ 对每个管孔进行清洗、除锈、抛光、编号时，测量管孔内径、圆度和圆柱度。圆

柱度的检查方法：测量管孔上边缘直径和正点边缘直径的差。

⑤ 锅筒全长弯曲度在筒体长度为 5～7m 时，不应大于 7mm；长度为 7～10m 时，不应大于 10mm。

⑥ 确定锅筒两水平中心线的标记位置的正确性。

2）集箱的检查：检查集箱内是否有杂物，并清扫干净。检查集箱管座角焊缝的质量，不得有裂纹、气孔、弧坑和咬边等现象。检查管接头是否碰坏，管接头的壁厚和直径是否符合图纸要求，管接头位置，尤其两端管接头位置是否超差。

3）锅筒、集箱支承件的安装：由于锅炉的结构不同，锅筒支承方式也不一样，一般有支座和吊挂两种。安装支座和吊挂时，应符合下列要求：保证锅筒位置正确；接触部位圆弧应吻合，局部间隙不宜大于 2mm；支座与梁接触应良好，不得有晃动现象；吊挂装置应牢固，并应临时固定；清洗活动支座，并在滚柱上涂上墨粉润滑脂。按其膨胀方向预留支座的膨胀间隙，并应临时固定。

4）锅筒吊装：锅筒吊装方式应根据现场条件和吊装机具的能力进行选择。锅筒吊装时，要注意如下问题：

锅筒要绑扎牢固，钢丝绳与锅筒接触处垫上厚 10mm 的木板，禁止将钢丝绳直接拴在管座上或管孔内，并与短管保持一定的距离，以防钢丝绳滑动碰弯短管。

不得把撬棍插入管座或管孔内进行撬动作业。为避免锅筒支座在锅筒就位过程中擦伤锅筒，应在锅筒支座上垫厚度大于 10mm 的胶板。起吊过程应缓慢、平稳上升，避免锅筒碰撞钢架。

5）锅筒及集箱找正

① 锅筒找正

a. 确定锅筒的纵、横向中心线：用线坠将上锅筒的外壁投影在地面上，检查投影线与基础放线时确定的锅筒中心线之间的平行度和距离。用千斤顶调整锅筒支座，使锅筒壁投影线与锅筒中心线的基准线平行，且基准线与投影线间的距离等于锅筒半径。

b. 调整锅筒沿圆周方向转动，使锅筒全长的横向水平度不大于 1mm。

c. 用胶管水平仪测量锅筒的纵向水平度，并在低的那一端锅筒支座上垫上相应厚度薄钢板或高压石棉板，使锅筒在全长上的纵向水平度不超过 2mm。

d. 锅筒找正后，要将锅筒用临时支架加以固定，使其在对流管束胀接时，承受胀接过程中管子变形力较大的情况下，既不能沿圆周方向转动又不能沿锅筒纵向移动。

e. 将锅筒支座与锅筒支承梁焊接好，锅筒支座的挡铁在对流管束胀接完毕后拆除。

f. 下锅筒的找正是将锅筒提升至其设计位置稍高处，做一组临时支架，使其顶平面标高等于锅筒中心设计标高减去下锅筒半径。以上锅筒为基准，调整上、下锅筒中心线之间的投影距离（即水平距离）和平行度，然后，将铁制楔块与临时支架点焊牢固，调整上、下锅筒之间横向中心线的距离。最后调整下锅筒找正时最终的测量距离。

② 集箱找正

集箱一般分横向和纵向布置，集箱的找正方法与下锅筒的找正方法相同，使用的基准是锅筒的标高和纵、横向中心线。对于横置式集箱来说，锅筒纵向中心线是它与集箱纵向中心线之间平行度和水平距离的基准，而平移后的基础纵向线则是集箱横移后的基准；对于纵置式集箱来说，因为钢架立柱垂直度有偏差，为了保证炉墙顺利砌筑，钢架立柱中心线是集箱纵向中心的测量基准，锅筒纵向中心线则是与集箱横向中心线间距离的基准。将各集箱的水平度以及相对于基准的平行度、高差和中心位置测量数据记录好，如图 5-14 所示。锅筒和集箱安装的允许偏差见表 5-4。

集箱找正后，应用型钢制作的临时支架进行固定。

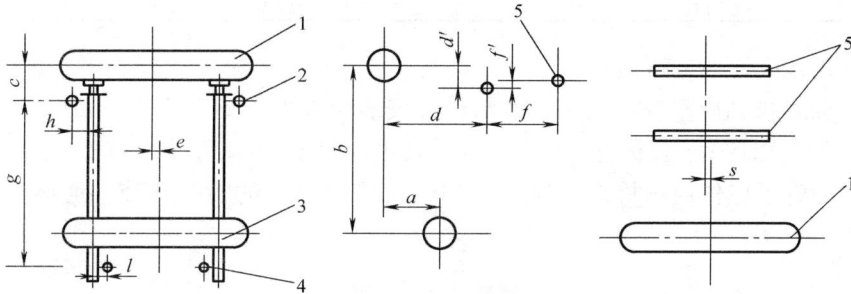

图 5-14　锅筒、集箱的距离测量示意图

1—上锅筒；2—水冷壁上集箱；3—下锅筒；4—水冷壁下集箱；5—过热器集箱

锅筒和集箱安装的允许偏差　　　　　　　　　　　表 5-4

项目	允许偏差（mm）
上锅筒的标高	±5
锅筒纵、横向中心线与安装基准线的水平方向距离	±5
锅筒、集箱全长的纵向水平度	2
锅筒全长的横向水平度	1
上、下锅筒之间水平方向距离（a）和垂直方向距离（b）	±3
上锅筒与上集箱的轴线距离（c）	±3
上锅筒与过热器集箱的距离（d,d'）过热器集箱间的距离（f,f'）	±3
上、下集箱间的距离（g）集箱与相邻立柱中心距离（h,L）	±3
上、下锅筒横向中心线相对偏移（e）	2
锅筒横向中心线与过热器集箱横向中心线相对偏移	3

注：锅筒纵、横向中心线两端所测距离的长度之差不应大于 2mm。

（6）锅筒内部装置安装

锅筒内部装置的安装，应在水压试验合格后进行，其安装应符合下列要求：零部件的数量不得缺少；蒸汽、给水连接隔板的连接应严密不漏，焊缝应无漏焊和裂纹；法兰结合面应严密；连接件的连接应牢固，且有防松装置。

（7）受热面管安装

1）受热面管子胀接

① 管子的质量检查

受热面管子的质量检查应符合下列要求：

a. 弯曲管的平面度超过规定的要求时，应放样予以校正。

225

b. 管子的外径和壁厚的允许偏差要符合表 5-5 的规定。

受热面管子的外径和壁厚的允许偏差   表 5-5

钢管种类	钢管尺寸(mm)		精确度	
			普通级	高级
热轧管	外径	＜57	±1.0%(最小值为±0.5mm)	±0.75%(最小值为±0.3mm)
		57～159	±1.0%	±0.75%
	壁厚	3.5～20	±15%，−10%	±10%

c. 合金钢管应逐根进行检查。

d. 受热面管排列应整齐，局部管段与设计安装位置偏差不宜大于 5mm。胀接管口的端面倾斜度不应大于管子公称外径的 1.5%，且不应大于 1mm。

e. 受热面管子应作通球检查，通球后的管子应有可靠的封闭措施，通球直径应符合表 5-6 的规定。

通球直径 （mm）   表 5-6

弯管半径	＜2.5D_W	≥2.5D_W，且＜3.5D_W	≥3.5D_W
通球直径	0.7D_n	0.8D_n	0.85D_n

注：D_n 为管子公称外径，D_n 为管子公称内径。试验用球一般采用不易产生塑性变形的球。

② 管子胀接

a. 管子胀接前的准备工作

管端退火：为了提高管子的塑性，防止胀管时产生裂纹，管子在胀管前应对管端进行退火。管端退火有火焰、电和红外线加热，退火时应注意退火温度控制在 600～650℃，时间保持 10～15min；管端退火长度为 100～150mm，且受热均匀；管端冷却要缓慢。

管端与管孔的清理：管子胀接前，应清除管端和管孔的表面油污，并打磨至发出金属光泽。管端的打磨长度至少为管孔壁厚加 50mm。打磨后，管壁厚度不得小于公称壁厚的 90%。退火后的管子要除去管端胀接面上的氧化层、锈点、斑痕、纵向沟槽等。

管子和管孔的选配：计算管端和管孔的平均直径。将这两种直径分别按大小顺序排列，然后根据相同的序号进行初步选配。使全部管子与管孔之间的间隙都比较均匀。选配前，先测量经打磨的管端外径、内径和管孔的直径。将管孔的直径数据记录在管孔展开图上，管端的外径和内径的数据也分别加以记录，然后根据数据统一进行选配。选配时，将同一规格中大的管子配在相应的大管孔上，小的管子配在相应的小管孔上，然后将选定的管子编号记入管孔展开图上。在胀管时，将管子按选定的编号插入管孔内进行胀接。经过选配以后，各管孔与管子之间的间隙都比较均匀，每个管端的扩大程度也相差不大，这样便于控制胀管率，以保证胀管质量。经过清理后的管端和管孔直径的最大间隙应符合表 5-7 的规定。

管端和管孔直径的最大间隙 （mm）   表 5-7

管子公称外径	32～42	51	57	60	63.5	70	76	83	89	102
最大间隙	1.29	1.41	1.47	1.50	1.53	1.60	1.66	1.89	1.95	2.18

b. 管子试胀

管子试胀的目的就是在锅筒和管子的材质、管端退火质量及打磨质量等特定条件下，在保证胀接质量的前提下，有较小的胀管率。

胀管率：是指管孔在外力作用下产生的相对残余变形。是测量管子内径在胀接前后的变化值或测量紧靠锅筒外壁处管子终胀后的外径。前者称为内径控制法，后者称为外径控制法。其公式计算分别为：

$$H_n = (d_1 - d_2 - \delta)/d_3 \times 100\%$$
$$H_w = (d_4 - d_3)/d_3 \times 100\%$$

式中　H_n——采用内径控制法时的胀管率；

H_w——采用外径控制法时的胀管率；

d_1——胀完后的管子实测内径，mm；

d_2——未胀时的管子实测内径，mm；

d_3——未胀时的管孔实测直径，mm；

d_4——胀完后紧靠锅筒外壁处管子实测外径，mm；

δ——未胀时管孔与管子实测外径之差，mm。

该公式中符号表示如图 5-15 所示。

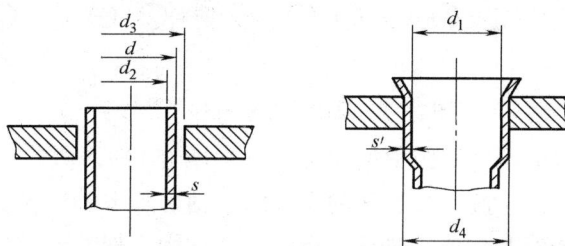

图 5-15　胀管示意图

c. 胀管步骤

为了使各种规格的管子在胀管过程中有参考基准，开始时要先胀接锅筒两端的基准管。基准管先挂两端最外面的两根管。开始这四根管只做初胀（即胀到管端直径与管孔直径基本相同），然后检测四根管子相互间的距离（包括对角线）、管子直管段的垂直度和管端伸入长度。调整并符合要求。

将图 5-16 所示的基准管固定架用管卡固定在管子上，并将固定架与锅炉钢柱焊牢。

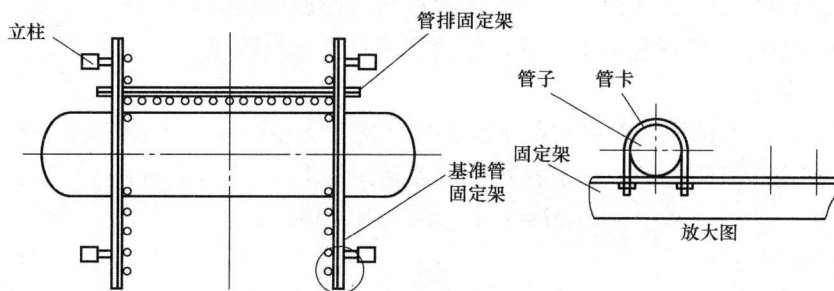

图 5-16　基准管（管排）固定示意图

然后，将四根基准管胀好。这四根管子是各管排基准管中的基准。

从两边向中间胀其他基准管。每根基准管挂管时必须靠在基准管固定架上。这些基准管以最早胀好的四根管子为基准，使相互间的距离、直线段的垂直度满足要求后，把各基准管固定在固定架上。然后，按反阶顺序将各基准管胀好，如图5-17所示。

胀管顺序最好采用反阶式，如图5-17所示。在反阶式胀管顺序中，每一根管子胀接时，管孔在径向各方向上受力是基本对称的。这样可避免胀接过程中胀管向反作用小的方向上过分扩张，造成该方向上塑性变形区增大而使管端受力不均。

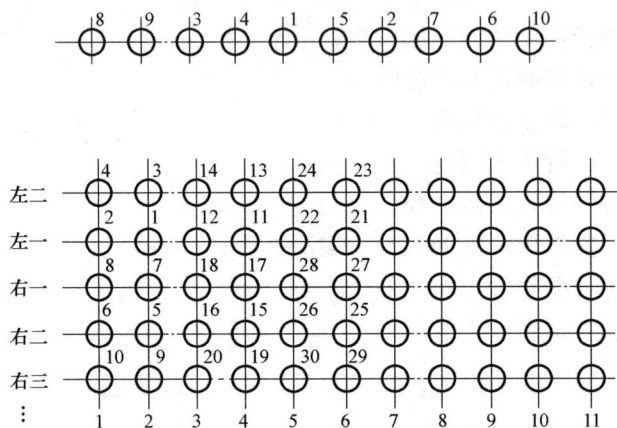

图 5-17　反阶式胀管顺序示意图

每排管子间的间距可用管排固定架来确定（见图5-17），也可用梳形板来确定。用管排固定架的方法如下：首先按每排管子的设计间距钻好管卡的连接孔，然后把此固定架用管卡固定在相应的基准管上。挂管时只需将管子靠住固定架，调整好管子在上、下锅筒内的伸入长度，用管卡将其固定在相应的位置上。

③ 胀管的质量要求

a. 管端伸入管孔的长度，应符合规定；

b. 当采用内径控制法时，胀管率应控制在1.3%～2.1%范围内；当采用外径控制法时，胀管率应控制在1.0%～1.8%范围内；

c. 胀管后，管端不得有起皮、裂纹切口和偏斜等缺陷。如果有个别管端产生裂纹，可用钢锯割掉或用角向磨光机将裂纹部位磨去，处理后的管端伸入长度不得小于5mm；

d. 管门翻边角度宜为12°～15°，翻边起点与锅筒内壁表面平齐；

e. 胀管器滚柱数量不宜少于4只，胀管应用专用工具测量；

f. 管子的补胀。

水压试验时滴水的胀口补胀次数不宜多于2次。无论是采用内径控制法还是外径控制法，在补胀前均需复测内径，确定补胀值应控制在0.1mm内。其补胀率按下式计算：

$$\Delta H = (d_1' - d_1)/d_3 \times 100\%$$

式中　ΔH——补胀率；

　　　d_1'——补胀后管子内径；

　　　d_1——补胀前管子实测内径；

d_3——未胀时管孔实测内径。

补胀后，胀口的累计胀管率为补胀前的胀管率与补胀率之和。当采用内径控制法时，累计胀管率宜控制在 1.3%～2.1% 范围内；当采用外径控制法时，累计胀管率宜控制在 1.0%～1.8% 范围内。

胀管率超出控制范围时，超胀后的最大胀管率，对于内径控制法，不得超过 2.6%；对于外径控制法，不得超过 2.5%。同一锅筒上超胀管口不得多于胀口总数的 4%，且不得超过 15 个。

2）受热面焊接

① 焊接工艺及其内容

a. 焊接件的材质和规格；

b. 焊接方法；

c. 接头形式、坡口形式、焊口间隙及焊接位置；

d. 焊接设备、焊接电流和电压；

e. 焊条、焊丝的牌号和直径，钨极的类型、牌号和直径，保护气体的名称和成分；

f. 每层焊缝的焊接方法，焊条、焊丝的牌号和直径，焊接电流的种类、极性和数值范围，施焊技术；

g. 焊条的选择及烘干、保温要求；

h. 确定各条焊缝焊接的先后顺序；

i. 环境及场地要求。

受热面管子因其管径和壁厚的不同，采用的焊接方法也有不同，其焊接工艺一般有手工电弧焊、氩弧焊和气焊。

管径小于 50mm，壁厚小于 3.5mm 的薄壁管采用全手工钨极氩弧焊；管径大于 60mm 的管子采用手工电弧焊或者氩弧焊打底、电弧焊盖面的"氩—电联焊"工艺。

② 焊缝的质量要求

焊缝的外形尺寸应符合下列要求：

a. 焊缝高度不低于母材表面，焊缝与母材应平滑过渡；

b. 焊缝及其热影响区表面无裂纹、夹渣、未熔合、弧坑和气孔；

c. 焊缝咬边深度不应大于 0.5mm，两侧咬边总长度不应大于管子周长的 20%，且不应大于 40mm。

（8）过热器安装

1）过热器安装的主要步骤：过热器集箱支座安装；过热器集箱安装；蛇形管支吊架及梳形板安装；蛇形板与集箱管口焊接；焊口无损检测。

2）过热器组合安装的允许偏差，见表 5-8。

过热器组合安装的允许偏差   表 5-8

检查项目	允许偏差(mm)	检查项目	允许偏差(mm)
蛇形管自由端	±10	管排平整度	≤20
管排间距	±5	边缘管与炉墙间隙	符合图纸要求

（9）省煤器安装

省煤器按其材质的不同，可分为铸铁片管式和蛇形钢管式两种。

1）铸铁省煤器安装

① 省煤器支承架的安装允许偏差应符合表 5-9 的规定。

省煤器支承架的安装允许偏差 表 5-9

项目	允许偏差(mm)
支承架的水平方向位置	±3
支承架的标高	0.5
支承架的纵向和横向水平度	长度的 1/1000

② 选择长度相近似的翼片管放在一起，上下、左右两翼片管之间的误差在 ±1mm 以内，相邻两翼片应按图纸要求对准。由下往上安排安装翼片铸铁管和弯头。翼片管法兰四周的凹槽内须嵌入直径 10mm 的石棉绳，以避免省煤器漏风。法兰面和法兰面的橡胶石棉板垫应涂上用机油调和的石墨粉，或用热机油浸湿的红纸垫并涂上石墨粉，作为省煤器结合面的密封材料。

③ 省煤器安装完毕后，在锅炉整体水压试验前，单独对省煤器进行正式水压试验，水压试验压力应符合"规范"要求。5min 内压降不超过 0.05MPa 为合格。

2）钢管式省煤器安装

① 先按图纸要求安装省煤器集箱，并临时固定。在省煤器支撑梁靠炉内一端焊一根直立的槽钢，用于内侧省煤器蛇形管的定位和支撑。

② 在平台上划出省煤器蛇形管与集箱的相互位置的轮廓线，对省煤器管进行放样。以校正蛇形管自由端弯曲中心的位置和短臂的长度，从而保证长度一致。

③ 对每根省煤器蛇形管进行外观检查，如未发现蛇形管缺陷，可以直接进行安装，不必进行单根水压试验。蛇形管应作通球试验。

④ 在地面上按图纸要求焊接防磨板，防磨板接头处要留有足够的膨胀间隙。

⑤ 按省煤器焊接工艺指导书的要求进行施焊。每组省煤器焊完后，在省煤器支撑梁上按图纸上相邻蛇形管的距离划出等分线，然后将各蛇形管的支持架焊在相对应的线上。支持架的顶部用耐热钢筋全部连接起来，使各蛇形管间距离相等。

（10）锅炉水压试验

锅炉水压试验的目的是检查焊口和胀口质量。锅炉水压试验应符合表 5-10 的规定。

锅炉水压试验压力（MPa） 表 5-10

名称	锅筒工作压力 P	试验压力
锅炉本体及过热器	<0.59	1.5P 且不小于 0.20
	$0.59\sim1.18$	$P+0.29$
	>1.18	1.25P
可分式省煤器	1.25$P+0.49$	

1）锅炉水压试验

① 试验前的检查与准备：水压试验时的环境温度应高于 5℃，试验介质为软化水（无盐水）或洁净水，水温应高于周围露点温度（一般为 20～70℃）。

a。在汽包和省煤器到汽包的给水管上，各装一只经校验过的压力表，其精度等级不应低于 2.5 级。额定工作压力为 2.5MPa 的锅炉，精度等级不应低于 1.5 级。其表盘量程应为试验压力的 1.5～3 倍，宜选用 2 倍；

b. 将管道上的阀门、法兰和安全阀等附件上的螺栓拧紧，安全阀关闭；

c. 所有的排污、放水阀门全部关闭。

② 打开汽包上的放气阀和过热器上的安全阀，以便进水时排出锅炉内的空气。

2）水压试验合格标准

① 水压试验时受压元件金属壁和焊缝上，应无水珠和水雾；

② 胀口不应滴水珠；

③ 水压试验没有发现残余变形。

水压试验不合格，应返修。返修后应重新做水压试验。水压试验合格后办理有关签证手续。并可进行锅炉本体的砌筑和保温工作。

（11）锅炉烘、煮炉

1）烘炉

① 烘炉方法

烘炉可根据现场条件采用火焰和蒸汽等方法进行。

a. 蒸汽烘炉：就是将蒸汽通入被烘锅炉的水冷壁管中，以此来加热炉墙，达到烘炉的目的。具体的做法是：向锅炉水冷壁等受热面送入软化水，并保持最低水位，由蒸汽源引来 0.3～0.4MPa 的饱和蒸汽将炉水加热。然后由水冷壁下联箱通入蒸汽使炉水升温到 90℃左右。控制过热器两侧空气温度，直到炉墙湿度达到合格为止。

b. 火焰烘炉：是用木柴、重油或柴油、煤块等燃料燃烧产生的热量来进行烘炉，在链条炉排上或煤粉炉的冷灰斗上架设临时的箅子，初期先烧木柴，然后引燃煤块，开始时，小火烘烤，自然通风。炉膛负压保持在 20～30Pa，渐渐加强燃烧，提高炉膛负压，以烘干锅炉后部炉墙，必要时，可启动引风机。

② 烘炉时间及合格标准

烘炉时间应根据锅炉的类型、砌体温度和自然通风的干燥程度确定。当采用蒸汽烘炉时，对于轻型炉墙为 4～6d，对于重型炉墙为 14～16d。对整体安装的锅炉，烘炉时间宜为 2～4d，对于特别潮湿的炉墙，应适当减慢升温速度，延长烘炉时间。

烘炉合格的标准通常用两种方法确定：

① 炉墙灰浆试样法：在燃烧室两侧墙中部，炉排上方 1.5～2m 处或燃烧器上方 1～1.5m 处及过热器两侧的中部红砖丁字交叉缝处，取灰浆样品各 50% 进行测定，其含水率均应小于 2.5%。

② 测温法：在燃烧室两侧墙中部，炉排上方 1.5～2m 处或燃烧器上方 1～1.5m 处测定红砖墙表面向内 100mm 处的温度应达到 50℃，并继续维持 48h；或测定过热器两侧墙黏土砖与绝热层接合处温度应达到 100℃，并继续维持 48h。

2）煮炉

① 煮炉目的及时间

煮炉的目的是除去锅炉内的油垢和铁锈等。煮炉可在烘炉的末期进行，当炉墙红砖灰浆含水率降到 10% 时，或用测温法测得燃烧室与过热器的侧墙的温度分别为 50℃ 或

100℃时，即可进行煮炉。

在煮炉前应先按规定计算出煮炉所需的药量，然后用水调成浓度为20%（不得将固体药品直接加入炉内），并搅拌均匀。加药时，所用药品应一次加完，但对拆迁的锅炉存有水垢时，可将所用的磷酸三钠先加入50%，在煮炉过程第一次排污后，再加入其余的50%。加药时，炉水应在最低水位。

煮炉时间宜为2～3d。煮炉的最后24h宜使压力保持在额定工作压力的75%；当在较低的压力下煮炉时，应适当地延长煮炉时间。在煮炉期间，应定期从锅筒和水冷壁下集箱取水样，进行水质分析，当炉水碱度低于45mol/L时，应补充药品。

② 煮炉合格标准

煮炉合格标准：汽包和联箱内部无锈蚀痕迹、油污和附着焊渣；汽包和联箱内壁用棉布轻擦能露出金属本色。煮炉结束后应交替进行持续上水和排污，直到水质达到运行标准。然后应进行停炉排水，冲洗锅炉内部和曾与药液接触过的阀门，并应清除锅筒、集箱内的沉积物，检查排污阀无堵塞现象。

（12）锅炉严密性试验和试运行

1）锅炉严密性试验

① 锅炉升压到0.3～0.4MPa，并对锅炉范围内的法兰、人孔、手孔和其他联接螺栓进行一次热态状态下的紧固。

② 继续升压至额定工作压力，应检查各人孔、手孔、阀门、法兰和垫料等处的严密性，同时观察锅筒、集箱、管路和支架等的热膨胀情况。有过热器的蒸汽锅炉，应采用蒸汽吹洗过热器。吹扫时，锅炉压力宜保持在额定工作压力的75%，同时应保持适当的流量，吹洗时间不应小于15min。

2）锅炉试运行

锅炉严密性试验合格后，进入锅炉试运行。

① 锅炉上水

炉内炉外及水汽系统检查完毕，无缺陷后即可上水。不同类型的锅炉对给水温度的要求也不同，工业锅炉的进水温度不应超过70℃，冬天，当锅炉的金属很冷时，进水温度应低一些，宜在50℃左右。

锅炉进水时，为使锅炉热膨胀均匀，上水时速度应缓慢，上水的持续时间，一般夏天为2h，冬天为3h。对新装锅炉或有缺陷的锅炉，还应酌情延长时间。如上水过急，会因受热不均，产生温度应力，引起胀口泄漏。当上水到最低水位时，关闭给水阀，观察水位计水位有无变动，如水位下降，说明有漏水之处（放水阀或排污阀），应设法消除。如水位升高，则说明给水门漏水，应设法清除。上水后检查膨胀指示器并作记录，比较上水前后的膨胀情况。

② 锅炉点火

对于带有沸腾式省煤器的锅炉，须将省煤器再循环管上的阀门开启，以防点火后省煤器过热。

对于非沸腾式省煤器的锅炉，应将旁路烟道的挡板打开，并关闭运行烟道挡板，使烟气不经过省煤器，以防过热烧坏。

点火前要开启烟道闸门和炉门，使炉膛和烟道自然通风一段时间后再点火。有机械通风设备的锅炉，要启动引风机通风 5~10min，然后点火。

③ 升压

锅炉升压应使燃烧室和受热面均匀受热，其升压过程如下：

压力升到 0.1~0.2MPa 时，应对水位计进行冲洗；

压力升到 0.2~0.3MPa 时，准备投运热工仪表；

压力升到 0.3~0.4MPa 时，进行全面排污一次；

压力升到 0.4~0.5MPa 时，进行全面热紧工作；

压力升到 0.5~0.6MPa 时，开始暖管。暖管时，先打开主汽门的旁路门，并开启管道疏水阀，注意管道支吊架受力情况。当压力升到 2/3 工作压力时，对锅炉进行全面检查。当压力升高到一定数值后，应对安全阀进行调整。

④ 带负荷试运行

安全阀整定合格后，锅炉可以带额定负荷试运行。锅炉带负荷连续试运行时间为 48h，整体出厂的锅炉宜为 4~24h，以运行正常为合格。

锅炉运行过程中应按运行规程对锅炉进行监视和调节。

第二节 大型联动生产设备安装工艺

一、热带钢连轧机安装

通常把完成被加工材料塑性变形过程的各自独立的机器统称为轧钢机。热带钢连轧机是采用板坯及连铸坯作为原料，采用连续轧制工艺，轧成长带钢后再切成钢板的轧钢机。这类钢板轧机的主要特点是其轧辊表面具有圆柱形或腰鼓形表面，轧辊辊身长度是钢板轧机的基本参数，可决定所轧钢材的最大宽度。

轧钢机的主要设备由一个或数个主机列组成，沿主机列有工作机座、原动机和传动机构装置。

机座包括轧辊及其轴承、机架、调整机构、轨座及导板；传动机构包括齿轮机座、减速机、联轴器和联接轴。

1. 热带钢连轧机安装的一般要求

(1) 连轧机安装时，以中间轧机为基准，按技术要求分别定出标高、中心线、水平度及垂直度，并以此为准，依次定出前后各机架的几何尺寸。

(2) 相邻机架底座的水平度（轧制线和传动线方向）允许偏差不应大于 0.05/1000，但水平度偏差不能在同一方向，底座水平度的测量如图 5-18 所示。

(3) 相邻两台轧机机架窗口中心线应平行，其不平行度允许偏差不应大于 0.05/1000。连轧机组任意两机架间不平行度偏差不得大于 0.3mm。

(4) 连轧机组安装中，中间一台轧机的轧制中心线允许偏差不应大于 0.3mm。相邻两台机架中心线的允许偏差应小于 0.3mm，任意两台机座中心线的偏差不应大于 0.5mm。

2. 热带钢连轧机安装的步骤和要求

(1) 基础放线，地脚螺栓和垫铁安装

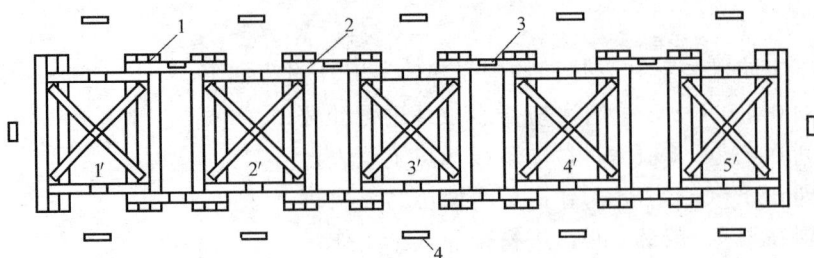

图 5-18　连轧机底座的安装

1—底座；2—长平尺；3—水平仪；4—中心标板

安装时，设备主要中心线都需做上标记。为了使各线互不干扰，应把长线放在下面，短线放在上面。线间距离可为 300mm。每个中心线两端线架距离不得大于 50m。地脚螺栓和垫铁的安装与其他机械设备安装方法相同。大型轧钢设备的工作机座和齿轮机座，常采用套管式或 T 型地脚螺栓，最大直径用到 M130。因此，当地脚螺栓位置与设备地脚孔间有偏差时，可在地面上处理螺杆。

（2）轨座和机架安装

轧钢机机座安装的准确性，决定于轨座安装的准确程度。为保证安装质量和缩短工期，轨座安装常采用样板法。制作样板时，首先根据机架与轨座接触部分的实际外形和尺寸制作正样板，然后根据正样板制作反样板来安装轨座。

轨座安装过程中，要经常根据正样板检验反样板。安装时，样板上刻的中心线，应与所挂设的主机的中心线重合。如有误差时，只允许偏向一方，其值不得大于 0.5mm。轨座与轧制线间偏差也只能偏向一方，其值不得大于 1mm。轨座水平度的允许偏差，一级精度不应大于 0.05/1000，二级精度不应大于 0.1/1000。

安装轨座时，轨座间的距离要比相应的机架尺寸小 0.1mm 左右，以保证安装机架后，不出现侧间隙。

将机架紧固到轨座上时，双头螺栓的下螺帽应从轨座侧面窗口放入，螺栓加热到 200℃左右旋紧，螺栓热紧时，首先确定好冷态时螺栓螺帽的位置。螺栓加热后，将螺帽再旋转螺栓的热膨胀量。轨座与机架间的接触应严密，并配合 0.05mm 塞尺检查，其接触周长应大于 75%。

1）机架安装时，应做下列检查：

① 轧机机架中心线的检查，应以机窗口中心线为基准。

② 机架窗口垂直度的检查，应拆除滑板，在窗口上挂设中心线，在窗口内侧立面上选择 4～9 点，在窗口同一水平面内测量两点，用内径千分尺检查，两机架的偏差宜偏向同一方向，或者在机架窗口垂直面上，用平尺和方水平进行测量。

③ 两侧机架窗口中心线的水平偏移不应大于 0.20mm。机架窗口面在水平方向的扭斜不应大于 0.20/1000。测量面应选择在轧制标高的水平面上。

④ 上、下横梁与机架的接触不得产生歪斜现象，其局部间隙应小于 0.1mm，接触面积应大于 70%。

⑤ 窗门滑板与窗门面接触应紧密，不宜在滑板与窗口面间加垫。轴承箱和两滑板的配合公差应符合设备技术文件的规定。

⑥ 机架安装在轨座上后，应复查两侧机架的水平度，其允许偏差应符合设备技术文件的规定。

⑦ 齿轮机座的安装：轧钢机主机列一般都有齿轮机座，大型的齿轮机座（齿轮直径大于 500mm），一般直接安装在基础上，以保证齿轮机座的稳定性。

齿轮机座的安装精度要求应符合设备技术文件的规定，无规定时，按《轧机机械设备安装验收规范》要求执行。

2）齿轮机座的齿轮轴和万向接轴扁头、联接齿轮箱座和箱盖的联接螺杆都采用热装法。

根据齿轮机座的安装要求，所装配的接轴扁头切口中心须处在一个方向上，因此装配前应在齿轮轴头和扁头上分别划线。在齿轮轴头上划线前，把两个齿轮装入齿轮箱内，并处于正常啮合状态，在轴头上分别划出相应位置的中心线 a-a、b-b，如图 5-19（a）所示。在扁头上划出切口中心线 c-c，如图 5-19（b）所示。

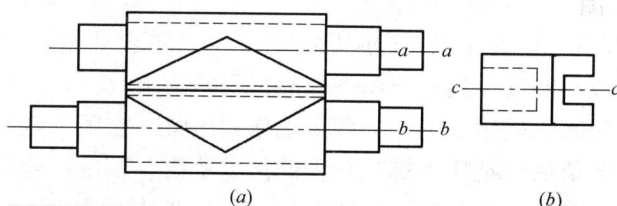

图 5-19 齿轮轴和扁头装配的划线

热装配扁头时，加热温度按下式计算：

$$T = t_0 + (\delta + \delta_0)/\zeta d$$

式中　δ——装配前的最大测量过盈值，mm；

　　δ_0——预加间隙值，一般取配合直径的 0.01～0.15 倍；

　　ζ——材料的线膨胀系数；

　　d——配合直径，mm；

　　t_0——装配环境温度，℃。

齿轮机座的齿轮箱座和箱盖的联接螺杆热装时，一般采用多拧进角度法热装，所需的多拧进角度（α）为：

$$\alpha = 360\lambda/S$$

式中　λ——螺杆热装时的伸长量；

　　S——螺杆螺距。

伸长量 λ 对钢制螺杆用经验公式计算：

$$\lambda = 0.0007L$$

式中　L——螺杆加热长度。加热长度约为螺杆（不包括螺纹部分）的 3/4。

在加热螺杆时，不应使螺纹部分受热膨胀，以免热装时妨碍螺帽拧入。

（3）轧辊的调整

1）轧辊平行度调整：为保证轧制过程中各轧辊轴线的水平度，首先要保证下轧辊位置的水平度。因此安装下轧辊之前，找平支持下轧辊轴承座的球面垫高度。装入下轧辊后，用水平仪检查辊面的水平度。

安装上轧辊后，为消除可能由于轧辊轴承座及轧辊倾斜而产生的间隙，常将轧辊相互稍加压紧，空转少许，然后开始调整轧辊的平行度。

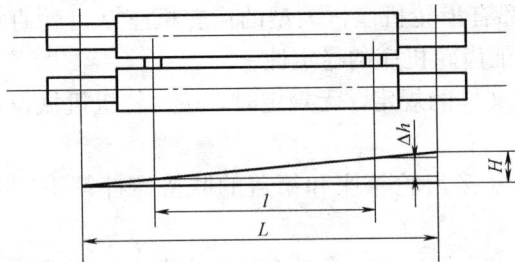

图 5-20　确定轧辊平行度的方法

调整平行度的方法：在离工作轧辊身两边 100mm 处，放置直径约 6mm 的软钢丝，压下至 2～4mm 后，测量其厚度，当厚度差小于 0.02～0.03mm 时，认为轧辊是平行的。若上下轧辊不平行时，两钢丝被压扁后产生的厚度差设为 Δh，则为消除不平行度而相应的压下螺丝上抬或下压值 H 可从图 5-20 中分析确定，即：

$$H = \Delta h \times L/l$$

式中　L——轧钢机压下螺丝间距离，mm；

　　　l——软钢丝间距离，mm。

2）工作辊零位调整：检查轧辊平行度后，必须进行零位调整，目的是考虑机座弹跳值的影响，使轧出的成品厚度更接近于压下螺丝行程的指示数。

调整方法：在轧辊转动的情况下，将两个工作辊压紧，使压下电动机的电流值（预压电流值）达到一定的数值后，把压下螺丝行程的指示数拨至零位，或者当工作机架上设有测压仪时，使其压力达到一定的数值，一般此压力值应近似地等于最后机架上轧制最薄、最宽带材时的轧制力。这个压力足以消除机器各零件间的间隙值，并产生一定的弹性变形。在这样的条件下，压下螺丝的位置即工作辊的位置规定为零位。

3）轧辊开口度的调整：考虑在轧制力作用下，产生的机架各零件的弹性变形，轧件出口厚度、弹跳值和辊缝值有下列关系。

$$h = \delta_{0+} + f_\Sigma = (E_s - E_w) + \Delta f_\Sigma$$

式中　h——轧件出口厚度；

　　　δ_0——轧辊辊缝值；

　　　f_Σ——机座的总变形值；

　　　E_s——轧辊工作时压下螺丝行程的指示数；

　　　E_w——轧辊预压时压下螺丝行程的指示数；

　　Δf_Σ——弹跳值变化量。

3. 轧钢机试运转

设备安装完毕后，即可进行试运转工作，试运转前按设备技术文件和现行规范要求，做好试运转前的检查和准备工作。

（1）单体试运转

单体试运转应在每台设备装配后的调整试运转完全合格的情况下进行，单体试运转的时间可参照下列规定：

1）生产时停车次数少的机械，连续运转 8h；间歇工作设备，试运转应根据实际工作情况进行，每次连续试运转时间应为规定时间的 1.2～1.5 倍，总试运转时间（包括间歇时间）应为 4h。

2）连续运转中，遇有特殊原因而造成短时间停车，其停车时间在下列规定内者，计入连续运转时间中，超出规定时，应重新计时。

① 连续运转在 4h 以内者，允许停车一次，时间不超过 15min；

② 连续运转在 8h 以内者，允许停车两次，每次不超过 15min。

往复运动设备，在全行程上应做 5～10 次试验，各种动作均应符合设备技术文件的要求。

单体试运转时，应对设备的运转情况作详细检查，并做好记录，待其完全符合试运转规程要求后，方可进行无负荷联动试运转。

（2）无负荷联动试运转

1）无负荷联动试运转，应按生产工艺流程开动轧制线上的全部机械设备（包括辅助设备）。若轧制线很长时，允许分区段进行。

2）无负荷联动试运转的时间一般为连续 8h。

（3）负荷联动试运转

负荷联动试运转，应按生产工艺流程开动轧制线上的全部设备（包括辅助设备），使之带负荷进行工作。负荷联动试运转的时间，一般可连续运行 48h。

二、水泥生产设备安装

1. 水泥厂的生产工艺

水泥生产的工艺过程，可以概括为"两磨一烧"三大环节。"两磨"就是生料制备和水泥制备的粉磨过程；"一烧"就是使粉磨好的生料通过回转窑等设备，在高温下经过一系列的物理、化学变化而成为熟料的煅烧过程。

2. 水泥生产方法

按生料制备方法的不同，水泥生产可分为湿法、干法和半干法三种。

（1）湿法

是把各种原料加水进行粉磨和混合，得到的稠浆液称为生料浆（一般含水量 33%～40%），再将此生料浆送入回转窑煅烧，如图 5-21 所示。湿法回转窑是一个与水平呈 3%～6% 斜度的细长圆筒，筒体被安放在支承装置上，在其中部由传动装置带动慢速旋转，根据窑内物料沿窑长的温度状态变化过程，可将全窑大致划分为干燥、预热、分解、放热、烧成和冷却 6 个过程，其过程如下：

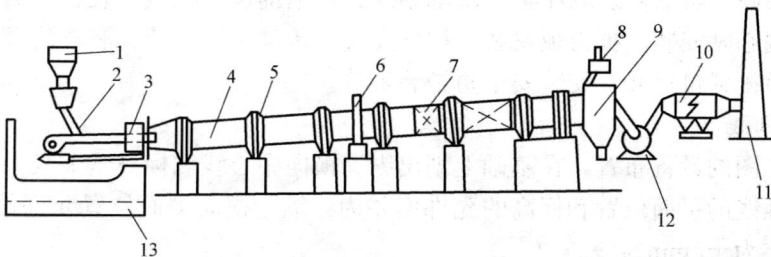

图 5-21　湿法回转窑简图

1—煤仓；2—燃烧器；3—窑头罩；4—筒体；5—轮带和支承托轮；6—传动装置；7—窑头热交换器；
8—料浆喂料器；9—烟室；10—电除尘器；11—烟囱；12—排风机；13—熟料冷却机

将含有 35% 左右水分的料浆配料，由窑尾（筒体的高端）的下料管进入窑内，由于筒体的倾斜和回转，使物料从高端向低端移动，经历复杂的物理、化学过程，由生料变为熟料，从窑头进入冷却机，经冷却后卸出，燃料（煤、原油或天然气）和一次空气从窑头喷入窑内。二次空气先进入冷却机，与熟料进行热交换，被预热到 $400 \sim 800 ℃$ 左右，由窑头进入窑内助燃。在窑尾排风机的抽吸下，燃烧所得气流与物料逆向流经全窑，完成热交换过程。烟气温度降低，经烟室和电除尘器后，由烟囱排入大气。

（2）干法

预先对原料进行干燥，经磨碎和混合得到干细粉末（生料粉），再将此生料粉先入预热器预热，再入窑煅烧。如在悬浮预热器与回转窑之间设一个分解炉，在分解炉中加入约 60％ 的燃料，与生料充分混合，使燃料的燃烧过程和生料的吸热过程同时在悬浮状态下极其迅速地进行，使生料入回转窑时已完成 $85％ \sim 90％$ 的分解。

（3）半干法

是介于湿法和干法之间的生产方法，将干法制得的生料粉调配均匀，再加适量的水（一般加水 $12％ \sim 14％$），制成料球再入窑煅烧。

3. 水泥生产设备安装简介

目前使用的水泥生产线大致可分为原料加工机械、烧成设备、输送机械、选粉设备、收尘设备等。

原料加工机械：主要为破碎及粉磨机械，其他还有筛分机械、烘干设备等。

烧成设备：主要有回转窑、机械化立窑、预分解窑等。

输送机械：主要有带式输送机、振动输送机、气力输送设备等。

选粉及收尘设备：主要有空气选粉机、水力旋流器、离心式收尘器、电收尘器及过滤式收尘器等。

（1）水泥生产设备安装

破碎机械：破碎设备是用机械方法或非机械方法（电能、热能、原子能、化学能等）克服物料内部的内聚力而将其分裂的过程。

按结构和工作原理的不同，破碎机械有：颚式破碎机、圆锥式破碎机、辊式破碎机、锤式破碎机、反击式破碎机。粉磨机械有：笼式粉碎机、轮碾机、立式磨机、球磨机、自磨机、锤式磨机等。

1）颚式破碎机安装

大型颚式破碎机的安装顺序是：基础划线、轨道铺设、机座安装、衬板安装、动颚安装、连杆与偏心轴安装、推力板安装、拉杆安装、传动装置安装、润滑装置安装、冷却装置安装、调整排料口尺寸、安装安全防护装置等。

① 基础划线

根据施工图的设备布置，在基础上划出纵、横向中心线和标高基准线。设备定位基准线与安装基准线的平面位置和标高的允许偏差为：纵、横向平面位置允许偏差为±3mm；标高允许偏差为±5mm。

② 轨道铺设

对于大型颚式破碎机组装，一般安装前应在基础上面铺设钢轨，铺设钢轨时，钢轨的标高偏差不应大于±5mm；钢轨纵、横向水平度为 0.1/1000。

③ 机座安装

将机座吊到基础钢轨上进行组装,组装时,应先安装下机座,后安装上机座。组装机座时,接合面应按设计规定位置进行定位并装上全部定位销。接合面的接触应紧密,当螺栓未拧紧时,用0.0lmm塞尺检查不得塞入,局部间隙每段长度不应大于100mm,累计长度不应大于接合面边缘总长度的10%。架体联接螺栓的预紧力应符合设备技术文件的规定,拧紧时应次序对称,施力应均匀。机座安装纵向水平度不应大于0.5/1000,横向水平度不应大于0.2/1000,在主轴上和轴承中分面上测量。

吊装时不应碰伤止口和楔槽,止口和楔头的连接处应涂上润滑脂,其安装必须符合下列技术要求:楔头与楔槽应连接正确;上侧壁与下侧壁的平行度和垂直度为1/1000;机座中心位置偏差不得大于±5mm,水平度为0.5/1000;偏心轴中心标高偏差不得大于±5mm;偏心轴承应在同一中心线上,偏差不得大于0.5mm。

④ 衬板安装:为了防止衬板与紧固螺栓的损坏,要求衬板的背面必须平直,不得有弯曲。安装时,衬板与衬板垫应接触均匀,其间隙每米长度不应大于1.5mm;颚板与支承面应接触均匀,其间隙以颚板最大尺寸计,每米不应大于3mm。

由于衬板长时间受物体的挤压作用,衬板可能向侧向伸展,因此必须保证固定颚或动颚衬板与两侧的平衬板之间留有4～8mm的间隙。

⑤ 动颚安装:安装时,将滑动轴承与动颚轴颈先研配好后再放入机架的轴承座内,并检查轴瓦与轴承座的接触面积及测量轴承的水平度和同轴度。动颚轴承放到轴瓦上,轴瓦与轴颈的接触角为100°～120°;接触面上的接触点数,在每25mm×25mm的面积内不应少于1个点;顶间隙宜为轴颈直径的1/1000～1.5/1000。

⑥ 连杆与偏心轴安装:安装时,应先将连杆吊起,把上、下主轴瓦清洗干净,并涂以润滑油;此时把已研配好的偏心轴两端的轴承下瓦放在机座轴承座内;然后依次将下主轴承装到连杆上,将偏心轴放到机座轴瓦上,提起连杆使主轴承下瓦接触偏心轴颈,装主轴承上瓦及连杆轴承盖,最后穿上连杆螺栓并拧紧。

连杆及偏心轴安装时,两端支承轴瓦在安装前应刮研,使其接触角为100°～120°;连杆轴瓦的安装方向与偏心轴的回转方向必须一致;偏心轴水平度为0.05/1000;轴瓦接口处需垫以油浸纸或紫铜片。

⑦ 推力板安装:先安装前推力板,把动颚用钢丝绳和手动葫芦拉向机架前壁,将前推力板放到动颚与连杆的两个支承垫间,并调整推力板与支承垫的接触。在推力板与支承垫的工作表面加上足够量的润滑脂。安上防尘罩。再用钢丝绳将拉杆拉向动颚,压住前推力板。

前推力板安装好后,将后推力板放到连杆与机座后壁的两个支承垫间,并调整推力板与支承垫的接触。加润滑脂,装防尘罩。最后,将动颚和连杆一同放下,压住后推力板。

⑧ 拉杆安装:应先将拉杆穿过后壁下部,一端用螺栓固定在活动颚板上,另一端装上弹簧垫圈,用螺母拧紧。使动颚、连杆与机座后壁连在一起。

以上工序完成后,即可进行传动装置、润滑装置、冷却装置的安装。

2) 球磨机安装

球磨机是水泥生产中较大型的重要机械,安装时需要对以下方面进行检查。

① 主要部件检查

主轴承检查:检查轴承与底座、底座与地脚螺栓孔的距离及底座高度等主要尺寸,并应符合图纸的要求；主轴承与轴承座的四周接触应均匀，局部间隙不应大于 0.1mm。滚子侧的主轴承底面与底座接触不应小于 80%；轴承合金与球面瓦的铸合应严密、牢固，不得有脱壳、裂纹、气孔等缺陷，特别是在 90°接触区内不得有任何缺陷；对冷却水通道进行 0.6MPa 保压 8min 的水压试验，要求无渗漏现象；对需要刮研的球面瓦，检查球面瓦与所配中空轴颈的接触情况。对不刮瓦的重力静压轴承，按图纸要求检查侧隙；球面瓦与球面座的球面接触带的周向接触包角应不小于 45°；轴向接触宽度应不大于球面座宽度的 1/3，但不得小于 10mm；接触斑点的分布应均匀连续，在每 25mm×25mm 面积内不应少于 1 点。两配合球面的四周应留有楔形间隙，其深度宜为 25～50mm，边缘间隙宜为 0.2～1.5mm。

筒体及中空轴检查：实测筒体长度；球磨机两端中空轴（或滚圈）的同轴度，应在筒体装入主轴承后检查。检查应在两端轴颈（或滚圈外圆面）的全长范围内进行，两中空轴（或滚圈外圆面）的相对径向圆跳动为 0.2mm；中卸磨筒体卸料孔两侧的密封摩擦面，对中空轴轴颈的径向圆跳动偏差不大于 0.5mm。

传动装置检查：边缘传动的球磨机，大齿轮装配在筒体上后，大齿轮对两端中空轴轴颈或滚圈外圆的径向圆跳动和端面圆跳动公差值均应符合设备技术文件的要求；开式大小齿轮副的齿侧间隙，按设备图纸要求检查；中心传动球磨机主减速器的输出轴与传动接管法兰旋转中心的同轴度，当无特殊规定时，不应大于 0.4mm。

② 基础划线：根据工艺布置图，在基础上划出球磨机的纵、横中心线，并确定基准点的标高。

设置中心标板：划线前应先在混凝土基础上便于安装找正的部位埋设中心标板和标高基准点。纵、横向中心线的偏差不得大于±3mm；对角线偏差不得大于 1mm；基准点标高偏差不得大于±5mm；边缘传动球磨机的中心线与传动中心线平行度为 0.15/1000。

③ 轴承座的垂直中心线

a. 在基础上设置好垫铁，根据磨体的实测尺寸，确定两底座的位置，如图 5-22 所示。

b. 底座安装好后，即可进行底座地脚螺栓孔灌浆，待灌浆混凝土达到 100%强度后，方可拧紧地脚螺栓。

c. 将轴承座吊到底座上，使轴承座的十字中心线对准底座十字中心线，偏差不得大于±0.5mm。

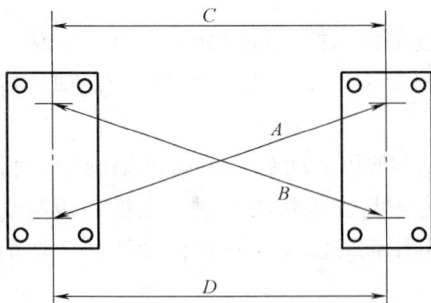

图 5-22　底座安装示意图

d. 在轴承上测量两轴承的相对标高，偏差不得大于 0.5mm，且进料端高于出料端，水平度为 0.02/1000。轴承中心标高对基准点标高偏差不得大于±0.5mm。

④ 筒体安装：筒体安装在轴承安装及螺栓拧紧后进行，中空轴放入主轴承轴瓦前，应在轴瓦上加润滑油，并防止轴臂碰坏轴瓦。

a. 筒体放入轴承后，测量检查下列部位：筒体表面应平直，直线度偏差不应大于筒体总长度的 1/1000；筒体两端的圆度偏差不应大于筒体直径的 1.5/1000。

b. 两中空轴的轴肩与主轴承间的轴向间隙应符合设备技术文件的规定。

c. 球磨机两端中空轴的距离较远，用一般测量同轴度的方法无法测量其同轴度，因此用间接测量的方法来反映其同轴度误差值的大小。间接测量的方法是用指示器在主轴承端面上间接测量（见图 5-23），将磁铁座的百分表吸在主轴承座上，把百分表的触头架在主轴瓦的端面上，转动球磨机筒体，其主轴瓦端面跳动量的大小，就反映了两端中空轴同轴度误差值的大小。

两中空轴的上母线应在同一水平面上，其相对标高偏差不应大于 1mm，两中空轴安装水平度不应大于 0.20/1000。

d. 复查两中空轴与主轴瓦的接触情况，应符合设备技术文件要求。

⑤ 衬板安装

当装配具有方向性的衬板时，其方向和位置应符合设备技术文件的规定。筒体衬板的排列不宜构成环形间隙，端衬板与筒体衬板、中空轴衬板之间所构成的环形间隙，必须用铁楔（湿法）或水泥（干法）等材料堵塞，衬板与衬板之间的间隙宜为 8～15mm。

固定衬板的螺栓应垫密封垫料和垫圈，不得泄漏料浆或料粉。装配隔仓板时，应使筛孔的大端朝向出料端。

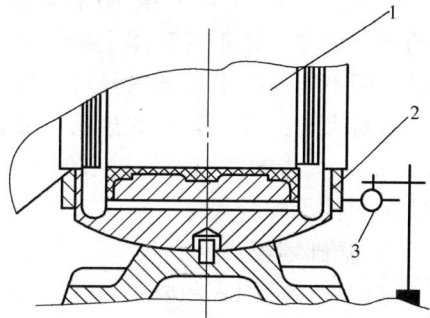

图 5-23 检查主轴承面跳动
1—中空轴；2—主轴承；3—指示器

⑥ 传动装置安装

安装时，传动轴和电动机轴（或减速器轴）的同轴度不应大于 0.3mm；安装水平度不应大于 1.0/1000，并应与球磨机的倾斜方向一致。连接联轴器时，两轴的同轴度应符合国家现行标准的规定。传动轴轴线与球磨机轴线的平行度偏差不应大于 0.15/1000。

筒体上的大齿轮与其相配的小齿轮的啮合侧间隙应符合表 5-11 的规定。大、小齿轮啮合的齿面接触斑点沿齿高不应小于 4.0%；沿齿长不应小于 50%，并应趋于齿侧面的中部。

齿轮的啮合侧间隙   表 5-11

中心距（mm）	齿侧间隙（mm）	中心距（mm）	齿侧间隙（mm）
580～800	0.67～1.25	＞2000～3150	1.40～2.18
＞800～1250	0.85～1.42	＞3150～5000	1.70～2.45
＞1250～2000	1.06～1.80		

（2）回转窑安装

回转窑是对固体物料进行机械、物理或化学处理的煅烧设备，它的技术性能和安装质量的好坏，决定着水泥的质量、产量和成本，因此是水泥生产中的关键设备之一。普通回转窑主要由筒体、轮带、托轮、传动装置、密封装置和冷却装置等组成。

回转窑安装前必须做好设备和零部件的检查以及尺寸核对工作。

1）主要部件检查

① 底座检查：检查底座有无变形，核实底座螺栓孔间距与实物尺寸是否相符，并划出底座的纵、横中心线。

② 托轮及轴承检查：检查托轮及轴承的规格；检查托轮轴承座与球面接触情况；轴承的冷却水系统试压，试验压力为 0.6MPa，并保持 8min 无渗漏。

③ 窑体检查

窑体吊装前，应做好各项目的检查。检查每节筒体两端的圆度，圆度偏差（同断面最大与最小直径差）不得大于 0.002D（D 为窑体直径），轮带下筒节和大齿圈下筒节不得大于 0.0015D。

检查筒体对接接口圆周长度，其偏差不得大于 0.002D，最大不得大于 7mm。检查窑体有无局部变形，尤其是接口部位。对于局部变形可用冷加工或热加工方法修复，加热温度应控制在 900～1100℃ 范围内，加热的次数不应超过两次。检查、核对轮带与所在窑体段的配合尺寸，轮带与窑体上垫板间的间隙，应满足该段窑体热膨胀量的要求。加固圈与轮带挡圈不得有变形，其内径尺寸应比窑体加固板的外圈尺寸大 2～3mm。

核对大齿圈及弹簧板的规格尺寸，大齿圈内径应比窑体外径与弹簧板高度尺寸之和大 3～5mm；大齿圈接口处的周节偏差，最大不应大于 5mm（模数）；核对小齿轮的规格及齿轮轴和轴承配合尺寸。

2）基础划线

基础划线的内容和要求：在基础上面应埋设纵、横向中心标板和标高基准点；划出纵向中心线，偏差不得大于 ±0.5mm；划出横向中心线，相邻两个基础横向中心距偏差不得大于 ±1.5mm，首尾两个基础中心距偏差不得大于 ±6mm；根据已校正准确的窑中心线，做出传动部分的纵横十字线；根据标准水准点，测出基础上面基准点标高，作为安装设备的基准点，其偏差不得大于 ±1mm。

3）托轮组安装

托轮组安装时，可采用把底座、轴承和托轮等，按顺序逐件吊装到基础上进行组装的分部吊装或把托轮组在地面组装好，然后整体吊装到基础上进行找正的组合吊装。

① 托轮组组装：托轮组安装时，检查轴瓦与轴颈的接触情况，轴瓦与轴颈的接触角度为 60°～75°，接触点每 1.0cm×1.0cm 不应少于 1～2 点，轴瓦与轴颈的侧间隙，每侧为 (0.001～0.0015) D（D 为轴的直径）；轴瓦与轴承座球面接触点每 2.5cm×2.5cm 不应少于 1～2 点。

② 托轮组找正：中心位置找正应以底座的中心十字线对准基础中心十字线，而托轮组两托轮的纵向中心线与底座纵向中心线的距离应相等，偏差不得大于 0.5mm，托轮的横向中心线应与底座的横向中心线在同一平面内，如图 5-24 所示。

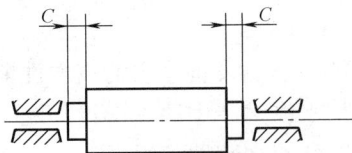

图 5-24　托轮与轴承两侧间隙量示意图

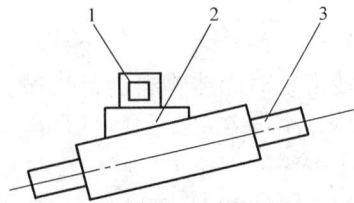

图 5-25　托轮斜度测量示意图
1—水平仪；2—斜度规；3—托轮

③ 标高及斜度测量：找标高时，应以托轮顶面中心点为准，来测定托轮顶面的标高。

托轮的斜度测量应与标高测量同时进行，偏差不得大于 0.1/1000，如图 5-25 所示。两托轮顶面应成水平，偏差不得大于 0.05/1000，如图 5-26 所示。

④ 相邻两托轮组横向中心跨距 L 的相对差不得大于 1.5mm，L_1、L_2 相对差不得大于 1mm，对角线 A、B 之差不得大于 3mm，如图 5-27 所示。

⑤ 各道托轮组安装的总检查：各道托轮组安装找正后，应进行总的检查。

中心位置的检查：在窑头或窑尾用经纬仪检查各组托轮中心位置；或者在窑头窑尾纵向放线架上挂钢丝检查，纵向中心线偏差不得大于±0.5mm。以传动基础上的托轮组横向中心线为准，分别向窑头和窑尾测量相邻两托轮组的横向中心跨距 L，偏差不得大于±1.5mm，首尾两托轮组横向中心跨距对角线之差不得大于±3mm。

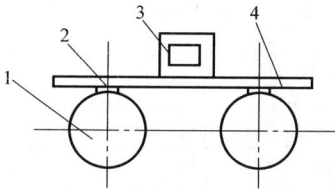

图 5-26　托轮顶面水平度测量示意图
1—托轮；2—斜度规；3—水平仪；4—平尺

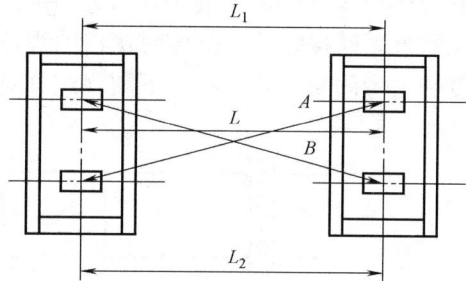

图 5-27　对角线之差示意图

标高及斜度的检查：相邻两托轮组的相对标高偏差不得大于 0.5mm，首尾两托轮组的标高（斜度形成的高差不计）偏差不得大于相邻各对标高偏差之和，其最大值不得大于 2mm。

4）托轮安装

安装前应将轴和轴承清洗干净，加入润滑脂。

托轮的安装，一般应在窑体吊装之前就位，但不要影响到窑体的吊装。托轮的安装位置应符合图纸的规定，托轮与轮带的贴合应紧密。托轮的调整应在窑体安装后进行。

5）轮带装配

轮带与窑体的装配，一般在地面上初步定位，装配时，各零件的编号要相对应。检查轮带与垫板的间隙，先套装轮带，再装挡圈（挡块）。挡圈与轮带的间隙一般为 2～3mm，挡圈与窑体垫板应紧密贴合，不得有间隙，轮带与窑体垫板的间隙应符合设计要求。

6）窑体吊装

窑体的吊装可以从传动部分开始，然后依次从窑头、窑尾吊装；也可以采用从窑尾向窑头吊装的方法。

从窑尾向窑头吊装时，一般可采用逐段初调，整体通调窑体轴线的方法。即：当窑体头两节吊上托轮后，就初步进行窑体轴线的调整。初调可采用拉钢丝法进行，当头两节初调好后，再依次调整三节和二节、四节和三节等，直到最后一节。全长初调完毕后，再用激光准直仪通调窑体。

窑体轴线检查应符合下列要求：

筒体中心的径向圆跳动不得大于如下数值：大齿圈及轮带处筒体中心为 4mm，其余部位筒体中心为 12mm，窑头及窑尾处为 5mm，调整合格后方能焊接；轮带与托轮接触面长度不应小于其工作面的 70%；窑体轴线调整后，检查轮带宽度中心线与托轮宽度中心线的距离（考虑了设计—规定的膨胀量后），偏差不应大于 ±3mm；窑体检查合格后，对筒体焊缝立即进行点焊，接口焊接应符合技术文件的工艺要求。

7）窑体对接：在对接前应清除飞边、毛刺、油漆、铁锈等污物，如有凸凹不平处须事先处理。

纵向焊缝应互相错开，错开角度不应小于 45°，窑体错边量不得大于 2mm。焊接的窑体对接时，先在焊口处焊上对接板，一个接口焊 12~20 块对接板，按接口字码编号对好焊口。焊接连接螺旋座时，穿上联接螺栓，在接口间插入 8~12 块厚度适当（2~3mm 左右）的薄铁板，以保证焊缝的间隙，并调直窑体轴线，此时，对接板与窑体应贴紧无间隙，然后拧紧联接螺栓。窑体对接口的焊接，一般采用手工直流电弧焊施焊。焊接后筒体的长度和轮带间距公差应符合下列规定（见图 5-28）：

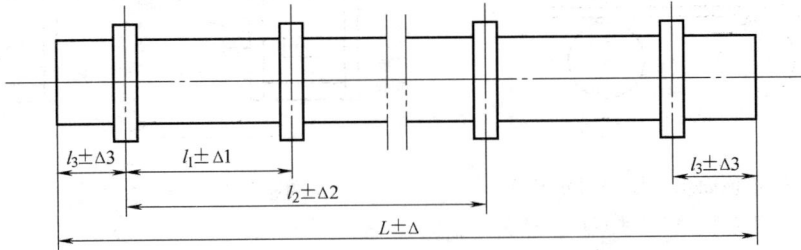

图 5-28　筒体长度和轮带间距测量示意图

相邻两轮带中心距 L_1 的 $\Delta l = 0.25L_1/1000$；任意两轮带中心距 L_2 的 $\Delta 2 = 0.2L_2/1000$；首尾轮带中心到窑端面距离 L_3 的 $\Delta 3 = 0.2L_3/1000$；全长 L 的 $\Delta = 0.25L/1000$。

8）大齿圈安装

大齿圈的吊装，一般是在窑体全部对接焊接工作完成后进行。吊装时，应把弹簧板和大齿圈及窑体上螺孔的字码编号对好。

大齿圈吊装前须预组装，两个半齿圈接合处应紧密贴合，接口四周用 0.4mm 厚塞尺检查，塞入长度不应大于周边长的 1/5，塞入深度不得大于 100mm。转动窑体，调整大齿圈在窑体上的位置正确，并应与窑体同轴。测量大齿圈的径向和端面圆跳动，其公差值为 1.5mm；测量大齿圈与邻近轮带的横向中心间距，其公差值为 3mm。

9）传动装置安装

按照传动基础上中心标板找正小齿轮中心位置，其中心线偏差不应大于 2mm，且小齿轮轴向中心线与窑体纵向中心线应平行。

调整大齿圈与小齿轮的接触情况和齿顶间隙，在确定齿顶间隙时，应考虑大齿圈的径向偏差量，齿顶间隙一般规定为 0.25m+（2~3）（mm）（m 为齿轮模数）。大小齿轮面的接触斑点，沿齿高不应少于 40%，沿齿长不应少于 50%。

4. 设备试运转

破碎、粉磨设备试运转时的检查和要求：各转动和移动部分，用手或其他方式盘动，应灵活无卡阻现象；心机的转动方向应与设备的转动方向相符合；湿式球磨机润滑脂喷射装置应先作喷射试验；大齿轮的齿面应全部喷（或涂）上润滑脂。

安全保险装置应按设备技术文件的规定调整试验合格。齿轮副、链条与链轮啮合应平稳，无异常声响和磨损；传动皮带不应打滑，平皮带的跑偏量不应超过设计规定。

各转动和移动部件的运转应平稳，无异常现象；衬板应无松动和异常声响。润滑、液压、汽动和冷却系统管道工作应正常，无渗漏现象。

空负荷连续试运转时间应为 2～4h（旋回、圆锥、可逆锤式破碎机应正反转各 1～2h）。

空负荷试运转后，检查各接合部位应无松动，并复紧联接螺栓。

（1）颚式破碎机试运转

电动机单独空载试运转 2h，检查轴承温度，试运转前连杆应处于最高位置，盘车使飞轮避开死点，使启动时能克服其惯性。装好三角皮带，调整其拉紧程度和两轮间的平行度。

设备在启动前，必须首先开动油泵，对各润滑点供油。颚式破碎机空负荷试运转时，应符合下列要求：衬板与衬板座之间不应有不正常的声音；锁紧弹簧与拉杆之间不应有较大的响声；轴承温升应符合规定；电流和电压值应在额定范围内，不得有异常的波动。

（2）球磨机试运转

1）球磨机试运转前，筒体内应装入符合设备技术文件规定数量的研磨体。

2）球磨机试运转时，电动机先单独空负荷运转 4h，辅助传动运转 1h；电动机带减速器一起运转 8h，带设备试运转 4h，煤磨 4h，轴承温升应符合规定，轴承温度相对稳定后，方可停机。

3）试运转的检查：减速器和主轴承的供油情况是否良好，循环润滑系统的油压是否符合设计要求；各传动部位轴承的温度应符合规定，冷却水出水温度不应超过 30℃；运转中传动轴的振动幅度不应大于 0.08mm，减速器的振动幅度不应大于 0.05mm；磨体的串动量是否符合设计要求；进料和出料装置的进料管和出料罩子是否有摩擦现象。试运转结束后，应重新检查所有的紧固螺栓，并拧紧。

（3）回转窑试运转

1）试运转前的检查：除进行一般的检查外，应特别注意其基础的下沉情况，即应再测定一次窑体的轴线，超过规定必须重新进行调整。

2）试运转时间：回转窑的试运转分窑体内镶砖前和窑体内镶砖后两个阶段进行。

窑体内镶砖前的试运转，电动机单机空载试运转 2h，电动机带减速器试运转 4h；电动机带回转窑试运转 8h；窑体内镶砖后应连续试运转 4h。

3）运转的检查：检查减速器、传动齿轮及各托轮轴瓦的润滑及供油情况是否正常；检查各轴瓦的温度不得超过规定值；注意窑体的窜动和振动情况，窑体和轮带不应有颤动现象；窑头与窑尾的密封装置工作应正常；停窑后，检查各轴与轴瓦的磨合情况，检查传动齿轮和减速器齿轮的啮合情况。

4）空载联动试运转：单机空载试运转验收合格后，应进行空载联动试运转，其主要工作内容和要求如下：有自动连锁控制装置，必须做空载联动试运转。在联动试车前，水路系统、油路系统和气路系统应分部试运、调整合格。开动设备进行连续空运转，检查空载负荷、连锁动作是否正常。联动试运转时间，以电气连锁动作三次无误为合格。

三、汽轮发电机组安装

汽轮发电机组是将蒸汽的热能转变为转子旋转的机械能带动发电机发电的热力设备。汽轮发电机组设备的安装包括汽轮机本体安装、发电机安装和汽轮发电机组辅助设备安装。辅助设备包括凝汽器、除氧器、各种热交换器、油箱、抽气器和泵类设备等。

1. 汽轮机本体安装

汽轮机本体安装的主要程序是：基础检查、放线和垫铁布置；台板与轴承座安装；汽缸安装；轴承安装；转子安装；喷嘴组和隔板安装；汽封通流部分间隙检查与调整；推力轴承安装；汽轮机扣大盖；轴承扣盖和盘车装置安装。

（1）基础检查、放线和垫铁布置

1）汽轮机基础的检查

① 基础表面应平整，无露筋、裂缝、蜂窝麻面等现象。

② 基础上预埋铁件的位置、基础的纵横中心线和标高均符合设计规定，预埋件应齐全不漏件，平直不歪斜。

③ 地脚螺栓孔的垂直度沿螺栓孔全长允许偏差不大于 $L/200$，且小于 10mm（L 为地脚螺栓长度）。

2）基础放线

① 纵向中心线：按设计图纸，拉钢丝（钢丝直径 $0.5\sim0.6$mm）放出机组纵向中心线。

② 横向中心线：以纵向中心线为基准，放出前台板、后台板、轴承座、排气口（或凝汽器）、发电机和励磁机的横向中心线。

③ 用水准仪测量并记录基础沉陷观测点的标高，作为原始记录，以便检查今后基础下沉的情况。

3）垫铁布置

基础检查合格后，混凝土强度达到 70% 以上时，便可开始机组的安装。首先根据制造厂提供的垫铁布置图，按实际情况在基础上划出垫铁的位置线。布置垫铁时应遵循以下原则：

① 垫铁上的负荷不应超过 4.0MPa。

② 相邻两块垫铁间距离：小型台板为 300mm 左右，大型台板可达 700mm。

③ 安置垫铁位置的基础表面应进行凿平，用于撬垫铁时不晃动，并用水平尺校正垫铁，使纵、横向大致水平。垫铁与基础的接触应良好，用 0.05mm 塞尺检查时应不能插入。一般每组垫铁不超过三块（个别情况不超过 5 块），采用"一平二斜"配置。每组垫铁高度宜在 $65\sim80$mm 范围内，并配合 0.05mm 塞尺检查，各垫铁组配制好后，应做好编号，以便安装时对号入座。

（2）台板与轴承座安装

现在台板找正，仅仅是初步的，因为机组最终的找正找平是以汽缸为准的。而基础台板的水平并不能保证汽缸及轴承座的水平，因此，台板的找正最好是与轴承座组合找正。

1）台板安装

台板安装前，应除去台板上的油漆、毛刺，并打扫干净。单独找正台板时，用水平仪和大平尺找平，将大平尺放在台板上，并分别将大平尺及水平仪掉转180°进行测量四次，取其平均值。

2）轴承座安装

轴承座通常是与台板组合一起进行找正，使其纵、横向中心位置与基础纵、横中心位置重合。轴承座可用拉钢丝和激光准直仪找正。轴承座横向水平偏差不应超过0.20/1000；纵向水平应与转子轴颈的扬度基本符合。台板、轴承座就位后，台板与垫铁、垫铁与垫铁之间要求用0.05mm塞尺不能插入。若局部有塞入，则塞入部分深度不得大于正方体垫铁边长的1/4。垫铁间每25mm×25mm按接触3～5点的面积应达到75%以上，并均匀分布。

台板和轴承座就位后，将台板地脚螺栓拧紧，在各滑动面的承力面上均匀地涂上一层鳞状黑铅粉，纵销滑动面上抹上一层二硫化钼，座架四周用胶布密封，以防杂物进入。

3）滑销系统检查

在汽轮机受热时，为了使汽缸在纵、横向能按一定的方向自由膨胀，并且汽缸中心和转子中心不发生任何偏移，避免机组因膨胀不均而影响正常运转，在汽轮机组中心设置了滑销系统。

滑销系统一般由纵销、横销、立销和角销组成，如图5-29所示。纵销是沿汽轮机中心线装在前轴承座和两个低压缸台架与台板之间，使汽缸在纵向只能沿纵销前后移动，保证汽缸在运行中受热膨胀时中心线位置不发生偏移。高压缸和低压缸均设有横销，横销的作用是引导汽缸的横向膨胀。汽轮机的纵销与低压缸上横销两者中心线的交点称做汽轮机的死点，汽缸只能以死点为中心线向前后左右膨胀。

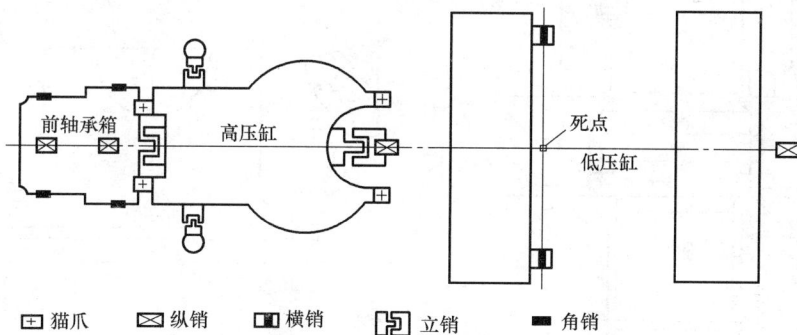

图5-29 汽轮机的滑销系统

高压缸横销设置在两对猫爪上，并设有压板。猫爪和横销以及猫爪和压板之间均留有0.04～0.08mm的间隙，如图5-30（a）、（b）所示。在前轴承座、高压缸之间和高压缸、低压缸之间，均设有立销，使轴承座、高压缸、低压缸之间保持正确轴向位置，从而保证汽缸洼窝中心线和汽轮机转子中心线一致。立销两侧留有0.04～0.05mm的总间隙，如图5-30（c）、（d）所示。在前轴承座和台板之间设有角销，角销的作用是保证前轴承座在台板上作纵向滑动时不致脱离台板而翘起。图5-30（e）、（f）所示，分别为角销和纵销、横销的安装要求。为了使低压缸膨胀时，既不卡涩又不跳动，在低压缸搁脚与台板之间装有联系螺丝。安装时，螺丝头与汽缸搁脚两端面之间应留有0.1mm间隙，螺丝与螺孔的两侧间隙 a 和 b 应满足机组热膨胀的要求，如图5-31所示。

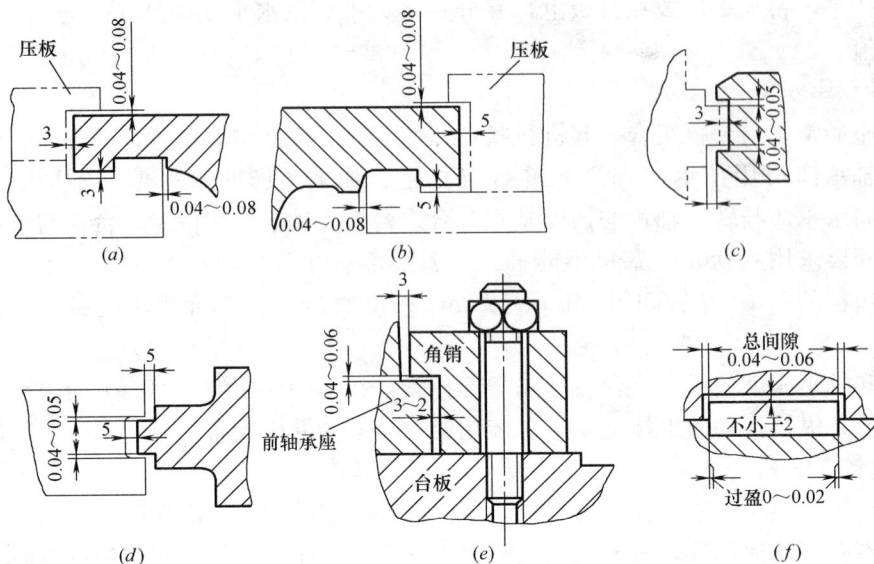

图 5-30 汽轮机的滑销

1—前猫爪；2—后猫爪；3—前立销；4—后立销；5—角销；6—纵销与横销

对于纵销，测量时至少测量两端及中间三点，三点尺寸差应不大于 0.03mm。对于角销，如图 5-32 所示，沿角销全长值应均匀相等。

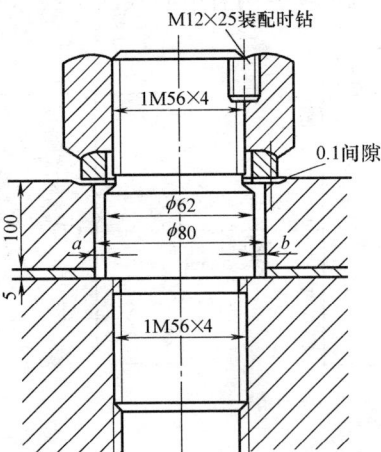

图 5-31　低压缸搁脚与台板之间的联系螺丝

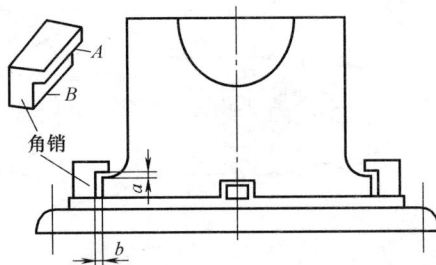

图 5-32　轴承座的角销

将角销沿台板向后移 5～8mm，再次测量。值应保持不变，否则修刮 A 或 B 面。

（3）汽缸安装

轴承座安装后，即可安装汽缸。汽缸安装前，应对汽缸进行检查和组合。

1）低压缸（下缸）安装：低压缸安装前，将其台板调整到安装设计标高，下缸就位后，应仔细地测量和调整其轴向位置，然后对其进行找正找平工作。首先选排汽缸的一角为基准点，将其调整到设计标高，找平时也以此点为准。低压缸的找中心与找平工作结合起来进行。用千斤顶调整汽缸左右位置，用台板下的垫铁来调整汽缸水平。

2）高压缸（下缸）安装：高压缸一般通过猫爪支承在轴承座上，在轴承座找正找平后，高压缸即可就位。高压缸安装前，取下猫爪横销，先安装垫片，待下汽缸接近安装位置时，装上猫爪横销。汽缸就位后，用水平仪检查高压缸水平接合面的水平情况，并将汽缸的横向水平调整到倾斜度不超过 0.20/1000，汽缸的纵向水平应在转子的安装扬度调整好后，以汽缸两端轴封洼窝中心为准，对转子找中心，决定汽缸的纵向水平。但在转子尚未吊装到汽缸之前，可随轴承标高的调整，对汽缸的纵向水平作初步的调整。

3）汽缸负荷分配：汽缸负荷分配的目的是检查和调整台板或承力面的负荷，即要求台板的实际负荷与设计值要相符。负荷分配的常用方法有猫爪垂弧法和测力计法两种。采用猫爪垂弧法进行汽缸负荷分配时，应以合空缸的形式进行，一般左右允许偏差值不应大于 0.10mm；用测力计对汽缸进行负荷分配时，一般在汽缸中心线两侧对称位置的负荷差应不大于两侧平均负荷的 5%。

（4）轴承安装

轴承座安装找正找平后、转子就位前应进行轴承安装。轴承安装前应对轴瓦进行预检，轴承各水平结合面应接触良好，用 0.05mm 塞尺检查应塞不进，轴瓦的球面与球面座的结合面必须光滑，其接触面在每 1.0cm×1.0cm 上有接触点的面积应占整个球面的 75%，并均匀分布。

对于带垫块的轴瓦或瓦套的安装，如图 5-33 所示，两侧垫块的中心线与垂线间的夹角接近于 90°时，无论转子是否压在下瓦上，三处垫块与其洼窝均应接触良好，用 0.05mm 塞尺应塞不进，如两侧垫块出现间隙，则应在大瓦不放入转子的状态下，使两侧垫块无间隙，下侧垫块与其洼窝的接触应较两侧为轻或有 0.03~0.05mm 的间隙。

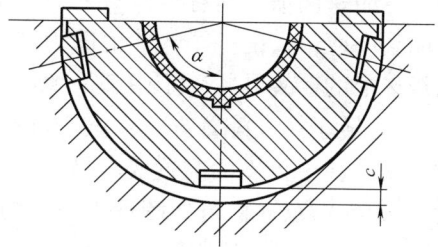

图 5-33　下瓦垫块间隙示意图

（5）转子安装

1）转子安装前的检查

转子安装前应做好转子表面清理，用木质或竹片除去转子上的防锈油，煤油擦拭，面粉粘干。重点检查转子上有无碰伤、腐蚀、划痕，特别是轴颈和叶片；平衡重块、中心丝堵、销、键等有无松动；转子外观检查后，用外径千分尺测量轴颈的锥度和椭圆度，其偏差值不应大于 0.02mm。

2）转子的吊入

① 用专用工具按规定的绑扎位置（轴颈禁止绑扎），将转子置于水平状态。

② 转子吊入前，在轴瓦上浇上干净的润滑油。转子吊入后，盘动转子，检查转子是否有卡涩和碰磨现象。

3）转子就位后的测量检查

① 转子的晃度：转子轴颈的晃度是指由于轴颈加工时的误差，造成转子轴颈外圆不同心所形成的椭圆度。转子各部位的晃度值见表 5-12。测量转子晃度时，将千分表固定在轴承的接合面上将轴颈的圆周分成 8 等分，千分表触头垂直轴颈表面，并逆着转子的旋转方向顺序编号，取最大读数与最小读数之差即为晃度。

转子的晃度允许偏差值

表 5-12

部　位	允许偏差 (mm)	备　注
轴颈	0.02	
联轴器	0.02	联轴器法兰止外圆或内圆
轴套	0.05	

② 端面瓢偏度：转子各部位的端面瓢偏度见表 5-13，测量转子各端面瓢偏度时，在所测部位直径相对 180°的方向上各装设一个千分表，千分表的指针应垂直于端面，端面瓢偏度应为两千分表读数差的最大值减两千分表读数差的最小值的一半。

端面瓢偏度允许值

表 5-13

部　位	允许值 (mm)	备　注
推力盘	0.01/1000	推力盘边缘
叶轮	按出厂记录	
(钢性)联轴器法兰端面	0.02	

③ 转子弯曲度：在转子轴的同一纵向断面上的不同位置处装设千分表，测量时将转子圆周分为 8 等分，盘动转子，记录各千分表读数，每个测点有 8 个测量值，即该断面有四个方向弯曲值（对称点读数差的一半），把同一纵断面的弯曲值绘制成弯曲曲线，在四条曲线中取最大的一个弯曲值即为转子的弯曲度。最大弯曲值应与制造厂数据其本相符，六级以上的套装叶轮转子中部最大弯曲度应不大于 0.06mm。

4) 转子扬度配置方式：汽轮机各转子和发电机转子应由联轴节连接成一条平滑的连续曲线。转子扬度的配置要求是：单缸机组如图 5-34 (a) 所示，则汽轮机转子后轴颈扬度 δ_2 为零；双缸机组如图 5-34 (b) 所示，低压转子的后轴颈扬度为零；三缸机组如图 5-34 (c) 所示，使低压转子为水平，即 $\delta_1=\delta_2$，低压转子前后轴颈应分别向前后扬起；四缸机组如图 5-34 (d) 所示，则使前一个低压转子的后轴颈扬度 δ_2 为零。

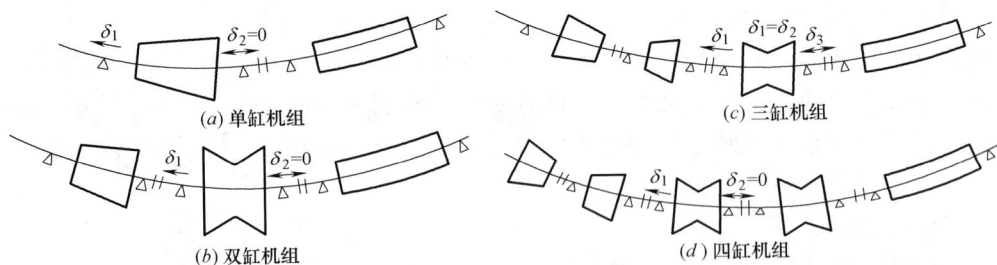

图 5-34　转子扬度配置方式

5) 转子按汽封洼窝找中心：目的是使转子中心线与汽封洼窝中心之间保持一个相对位置，两中心在机组运行时保持一致。转子按汽封洼窝找中心的方法较多，现场一般采用带千分螺旋的内径千分尺和现场特制套箍配合塞尺的方法。转子按汽封洼窝找中心的洼窝测量位置一般以汽缸前、后汽封或油档洼窝为准。

6) 转子按联轴器找中心：通过两个联轴器外圆同心和保持端面平行，使汽轮发电机各转子的中心线能通过联轴器连接为一根连续的曲线。

联轴器找中心一般采用双表测量，用两只表测量端面，一只表测量圆周（径向），双表找中心的目的是消除晃度、瓢偏度以及转子转动时轴向窜动对测量的影响。在测量过程中应注意表头接触处必须是精加工面，两联轴节应按标号对齐，然后将两联轴节用螺栓联接在一起，但不要拧紧，使两转子呈自由状态，并且找端面的两只表必须对称。

联轴器找中心时的调整，可通过抬高或降低轴承高度和调整轴瓦垫片等方法来达到联轴器对中，联轴器中心允许偏差应符合设备技术文件的规定。

转子按联轴器找中心与按汽封洼窝找中心一样，存在转子热态和冷态时中心的变化。所以，联轴器找中心时，应考虑轴承座垂直方向的热膨胀、轴承油膜厚度、凝汽器和转子带负荷时温度升高对联轴器找中心的影响。

（6）喷嘴组和隔板安装

1）喷嘴组安装：喷嘴组安装应在扣大盖之前进行。喷嘴组安装前应进行试装，用涂色法检查喷嘴组两侧与喷嘴室环形槽以及喷嘴组密封键的接触情况。安装时，应用黑铅粉及二硫化钼擦拭喷嘴及槽道，装好后应打入稳钉，并用电焊焊牢，然后封闭喷嘴的蒸汽入口和出口，以防止杂物进行喷嘴。

2）隔板安装：隔板安装时，隔板的中心应与转子的中心保持一致，并留有适当的轴向和径向间隙以保证隔板受热时能自由膨胀。隔板找中心一般采用拉钢丝（钢丝直径不超过 0.40mm）找中心的办法，拉钢丝测量时，应对钢丝垂弧进行修正。通过调整隔板挂耳下部垫片厚度（不允许超过三片）来调整隔板中心高低位置；通过调整隔板或隔板套下部纵销来调整隔板中心左右位置。隔板、隔板套、汽缸间的各部间隙应符合图纸的规定。

（7）汽封通流部分间隙检查与调整

1）轴封及隔板汽封：汽轮机的汽封有轴端汽封、隔板汽封、根叶汽封和叶顶汽封等。通过对轴封和隔板汽封的径向间隙的检查和调整，以此保证汽轮机动静部分在不发生碰擦的情况下，达到最小的漏汽量。

汽封套的安装是以转子中心为准，通过改变挂耳与中分面之间的垫片厚度或修锉挂耳的承力面可以调整汽封套中心的高低位置；修锉或补焊底销两侧面，可调整汽封中心横向位置。汽封左右两侧间隙可用塞尺进行测量，塞尺插入深度为 20～30mm，塞尺不得超过三片；上下径向间隙用压铅丝或贴胶布的方法进行测量，汽封径向间隙应符合制造厂的规定。

2）通流部分：汽封通流部分间隙主要是端部汽封轴向间隙，测量时，一般应组合好上下半推力轴承，转子处在推力瓦工作面承力的位置。轴封间隙的调整可通过调整汽封套的轴向调整环来实现。如果没有调整环，可直接对端面一侧进行修刮，修刮后的另一侧加垫片并用小螺丝固定。

水平中分面两侧通流部分间隙可用塞尺进行测量，低压部分个别太大的间隙可配合块规进行测量；上下部分的轴向间隙（包括复速级）采用推拉转子的方法进行测量，推动转子时用力不宜过猛。

（8）推力轴承安装

为了承受转子的轴向推力和保持转子与汽缸的相对位置，汽轮机均装有推力轴承。推力轴承有综合式和单置式两种，当汽轮机转子的安装扬度确定，并按轴封洼窝找好中心以后，便可进行推力轴承的安装。

推力轴承安装的主要要求是：推力瓦的合金与推力盘的接触应均匀，推力轴承球面座装配紧密及推力轴承间隙正确等。推力轴承在轴承座里要装配紧密，使运行中的轴窜动量尽量减小，以确保安全运行。推力间隙的测量是在推力轴承全部装配完毕的状态下进行的。

综合式推力轴承的推力间隙一般为 0.25～0.50mm。综合式推力轴承用改变非工作瓦块安装环后的调整垫环厚度来调整。单置式推力轴承用改变固定环的厚度来移动工作侧和非工作侧瓦壳的位置进行调整。

（9）汽轮机扣大盖

汽轮机扣大盖前，应按设备技术文件的规定完成各项扣大盖前工作，应先进行试扣。扣大盖前，应用压缩空气对上缸内部及其接合面吹扫干净。汽缸水平结合面上的涂料，应在上缸扣至接近下缸时涂抹，此时应将上缸临时支垫好，确保安全，涂料厚度应均匀，厚度一般为 0.50mm 左右，在上下缸水平结合面即将闭合而吊索尚未放松时，应将定位销打入汽缸销孔。扣大盖工作从内缸吊装第一个部件开始至上缸就位，全部工作应连续进行，不得中断。

汽缸水平结合面螺栓有冷紧和热紧，一般对于 M52 以下的螺栓采用冷紧即可；对于 M52 以上的螺栓由于所需的拧紧力矩较大，一般都是先进行冷紧，然后再进行热紧。

冷紧时，冷紧顺序一般应从汽缸中部开始，按左右对称分几遍进行紧固。对所有螺栓每一遍的紧固程度应相等，冷紧后汽缸水平结合面应严密结合，前后轴封处上下汽缸不得错口，冷紧力矩一般为 100～150kg·m（小值用于直径较小的螺栓）；冷紧时一般不允许用大锤等进行撞击，可用扳手加套筒延长力臂或用电动、气动、液压工具紧固。

热紧时，螺栓的热紧值应符合制造厂要求，当用螺栓伸长值进行测定时，应在螺栓冷紧后记下螺母和螺杆的相对尺寸，以便加热后再测；如用螺母转动弧长测定时，则应在汽缸上标出各螺母热紧后的旋转位置。

（10）轴承扣盖和盘车装置安装

1）轴承扣盖：轴承扣盖时，应对轴瓦紧力进行测量。轴承盖应严密地压住轴瓦，并有一定的紧力。如图 5-34 所示，轴瓦紧力（c）的测量一般采用压保险丝法，但不得与轴瓦间隙同时测取。压保险丝时，为限制铅丝的压缩量和防止压偏，可在轴承座接合面四角放置适当厚度的垫片，垫片应平整，垫片的厚度约为铅丝直径的 $60\%～70\%$。轴承油挡间隙采用塞尺检查，其间隙值应符合要求，其中 $c=\dfrac{1}{4}(a_1+a_2+a_3+a_4)-\dfrac{1}{2}(b_1+b_2)$。

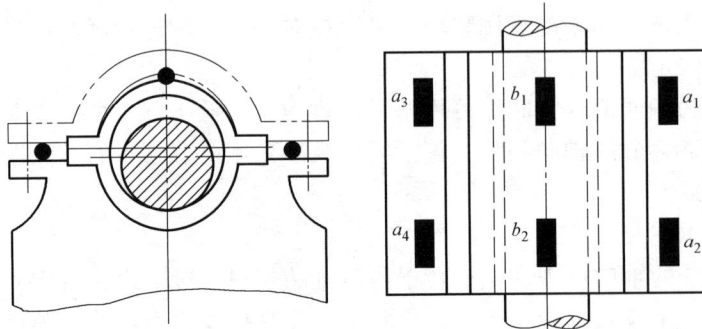

图 5-35　轴瓦紧力的测量

2) 盘车装置安装：汽轮机启动前和停机后一段时间，需要开动盘车装置，使转子转动，以防转子因上下部分受热不均而产生弯曲。盘车装置安装时，应对齿轮传动部件、润滑和轴承部分进行检查，安装后手动盘车应轻便。

2. 发电机安装

发电机安装的主要工序如下：基础验收、安放垫铁、台板就位及找正、空气冷却系统安装、定子就位初步找正、发电机穿转子、以汽轮机联轴器为准进行找中心、调整发电机空气间隙及磁场中心、联轴器最后找正及连接、励磁机安装、氢冷或水冷系统设备及管道安装。

（1）台板安装

发电机的基础处理、垫铁配置、垫铁与垫铁和垫铁与台板间的接触情况与汽轮机本体安装相同，这里只强调如下几点：

1）机组在初运行一段时间后，会因基础沉降引起联轴器中心及发电机空气间隙变化，因而发电机安装时，定子及轴承座下部应垫有其总厚度不小于 5mm 的整张钢质调整垫片。

2）由于固定台板地脚螺栓帽在定子机座下面，定子就位后无法旋紧螺母，因此，台板找正找平后，应将地脚螺栓穿入台板的螺孔中，将螺母拧紧至满扣后，在螺母与螺杆及螺母与台板间进行点焊，并加半圆形钢板，如图 5-36 所示。台板就位后，其纵、横向中心线、标高与设计值的允许偏差应在 ±1.0mm 之内。

（2）定子安装

发电机台板找平后，即可安装发电机定子。定子是汽轮发电机组最重要的机件，吊装前必须有经过批准的技术方案和安全措施。定子就位一般采用机房行车吊装，若定子的重量超过行车的额定起重能力，应对行车设备和建筑结构采取加固措施。新安装的行车必须按起重机械验收规程

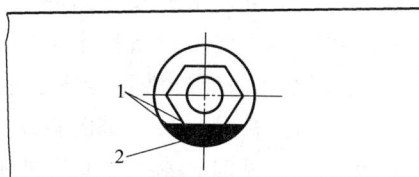

图 5-36　固定地脚螺栓示意图
1—点焊位置；2—半圆形钢板

的要求，对行车进行空载、静载和动载试验，试验合格后方可用于起吊定子。

（3）转子安装

转子安装前，应配合有关人员，完成转子在机务、电气和热工仪表方面的各项工作。发电机穿转子的方法有很多，如接轴法、滑块法和小车法等，具体方法应结合设备重量和现场具体情况考虑。不论采用哪种方法，穿转子时都必须注意以下几点：

1）吊装转子时使用的工具，一般为制造厂提供的专用工具。起吊转子时，钢丝绳不得绑扎在轴颈、风挡、油挡以及大小护环等处，并注意钢丝绳切勿与风扇、集电环等碰擦。为防止损伤转子表面，钢丝绳绑扎处应垫以软性材料。

2）转子穿入定子过程中，应防止转子或钢丝绳碰撞静子线圈。起吊转子时要保持水平，穿入时要保持平稳，当移动钢丝绳绑扎点时，必须在转子支撑好后进行，不可将转子直接压在定子上。

3）当后轴承座挂在转子上一起就位时，发电机转子穿装完毕后，应打开后轴瓦上半部，将轴瓦内临时固定用的垫片取出。

（4）发电机空气间隙和磁场的测量和调整

发电机转子和定子的空气间隙和磁场中心的调整，应在汽轮发电机联轴器找中心后进行。发电机空气间隙的测量，一般采用自制铁丝弯制而成的测量工具。通过移动定子的方法来保证空气间隙均匀一致，要求发电机空气间隙在同一断面气隙的平均值之差为气隙平均值的10%以内，最大不应超过1mm。空气间隙测定的位置应在发电机两端选择同一断面的上、下、左、右固定的四点位置进行。

（5）发电机轴承、励磁机及冷却系统安装

发电机轴承的安装方法和要求与汽轮机轴承安装相同。励磁机及冷却系统的安装按设备技术文件的规定进行。

3. 调速保护系统及油路系统安装

（1）调速保护系统安装

汽轮机均设有转速自动调节系统和各种保护装置，如超速保护、轴向位移保护及低压保护等。它们在汽轮机转速、轴向位移及供油压力等超出安全范围时，能够自动切断汽轮机进汽，停止设备运转。

（2）油路系统安装

油路系统的作用是供给调速、保安和轴承润滑系统的高、低压油。油路系统由主油泵、启动油泵、润油泵、顶轴油泵、油箱注油器、冷油器、滤油器、过压阀及低压油发讯器等设备组成。油路系统的安装主要是设备和油管路的安装。

4. 汽轮发电机组的调整、启动和停机

（1）辅机分部试运转及管路冲洗

各辅机的试运转按设备技术文件的规定进行。试运转时间一般为连续运行4～8h。

1）低压给水管路冲洗：低压给水管路指自除氧器至给水泵进口的管路系统。冲洗前，将给水泵进口处拆开，接上临时排水管，用除氧水箱的水分别对每台泵的入口及低压给水管进行冲洗。冲洗时，水泵入口处加临时滤网。

2）高压给水管路冲洗：事先接好临时管子，除氧器备足水源。当确定管路系统正常后，按冲洗程序，开启或关闭各阀门进行冲洗至水质透明。

3）蒸汽管路吹洗：蒸汽管路的吹洗是保证汽轮机安全的一项重要措施。吹管前应先暖管，暖管蒸汽压力为0.3～0.5MPa，温度120℃，暖管时间1～2h，暖管时，对所有法兰的联接螺栓进行一次热紧。吹管可采用稳压法或降压法联合进行。降压法吹管时，要求吹管动量系数＞1；吹管流量为锅炉额定流量的40%～60%；连续吹管时间宜为20～25min，每次吹管冷却时间为管壁温度冷却到100℃以下所需要的时间。连续两次靶板上冲击斑痕粒度不大于0.8mm，且斑痕不多于8点时，吹管即为合格。

（2）真空系统严密性试验

对凝汽器的汽侧、低压缸的排汽部分以及空负荷时处于真空状态下的辅助设备与管道，应灌水进行真空严密性检查。灌水用化学水，一般灌水高度在汽封洼窝以下100mm处。

（3）油循环

油循环的方法有很多，应根据安装具体情况进行选择。一般按下列程序及要求进行：

1）油循环用油应符合制造厂要求；

2）在油循环初期，轴承进油口不进油，当油已达到一定清洁度后，在各轴承进油管

上加装不低于 100 目的临时滤网；

3）调节保安部套的压力油管与部套断开，直排油箱或将其油管短路连接进行冲洗；

4）冲洗时可使交、直流两台润滑油泵同时投入运行冲洗，必要时备用泵也投入冲洗以加大系统流量；

5）油冲洗温度宜交变进行，高温一般为 75℃ 左右，但不得超过 80℃，低温为 30℃ 以下，高、低温各保持 1～2h，交替变温时间约 1h。

（4）调节系统和自动保护装置的调整和试验

调节系统的特性试验包括静态特性试验和动态特性试验，其目的是测定调节系统的静态特性曲线、速度变动率、迟缓率以及动态特性等。静态特性是通过静止调整试验、空负荷试验和带负荷试验来测定，试验要求按厂家技术文件规定。

（5）汽轮机启停

汽轮机组的启停操作及维护，应按制造厂的规定和为本机组制定的运行规定进行。

1）汽轮机启动的主要步骤和要求如下：

① 启动前的检查：主要是各系统的检查，检查各阀门是否处于启动前的位置。

② 暖管升压：主要控制蒸汽压力、温度和温升速度。

③ 建立真空：建立真空时，向汽封送汽和启动循环水系统。

④ 启动油泵：启动油泵后，可投入盘车装置。检查各轴承润滑油进、回油情况，并调整各轴承润滑油压至规定压力。

⑤ 冲动转子（低速暖机）：冲动转子前，主蒸汽参数应符合规定值，蒸汽过热度不应低于 50℃；冷油器出口油温一般不低于 35℃；真空值不低于 60kPa。对大型机组，转速升到 2500r/min 前，油温应提高至 42～45℃，真空值应提高至正常值。

低速暖机一般为额定转速的 10%～15%，第一次启动时，应连续盘车不少于 4h，暖机时间一般应比正常运行规程中所规定的时间为长。

⑥ 升速（中速暖机）：升速时，升速速度应根据机组热膨胀、应力和热变形的允许值来确定，当任何一个指标超标时，都应立即停止升速，延长暖机时间。

⑦ 并列与接带负荷：机组转速至额定转速，经检查机组一切正常，并完成机组调节、保护和电气试验后，机组即可与电网并列和按规定接带负荷以及满负荷 7 天 7 夜（或 72h）试运行。

2）汽轮机停机的主要步骤和要求

① 减负荷：机组减负荷时，应控制汽缸温度及胀差在允许范围之内。在降负荷的过程中，应同时进行以下操作：

a. 停用高压加热器、除氧器，调节凝汽器水位，开大凝结水再循环阀门。

b. 调整轴封供汽，维护真空值。

c. 调整空气冷却器及冷油器的冷却水量，维持正常的发电机风温及冷油器出口油温。

② 解列：汽轮机负荷减至零时，发电机解列。发电机解列后应密切注意转速的变化，检查调速系统能否维持空负荷运行。

③ 停机：手动操作危急遮断器使其停机，注意自动主汽门和调速汽门关闭情况。在停机操作中，应注意以下操作：

a. 真空的处理：自动主汽门关闭后，停用抽气器，待转速降至很低时，再破坏真空。

凝结泵在抽气器停用后再停止运行。

b. 轴封供汽：在转速降至 500r/min、真空降至 300～200mmHg 时，停止向轴封供汽。

c. 惰走时间的测定：从切断发电机励磁、关闭主汽门开始到转子完全静止时所经过的时间为惰走时间，按照转速的降低与时间的关系绘制惰走曲线。

d. 循环水泵的停用：在自动主汽门关闭，汽轮机开始惰走时，可以关闭循环水出水门，停用循环水泵，待转子停止转动之后再放水。

e. 盘车：盘车时，保持冷油器出口油温在 40℃左右，一般先连续盘车一段时间后，再改为定期盘车 180°，盘车时间间隔按制造厂规定执行，待汽缸和转子逐渐冷却下来后，直到汽缸温度降到 150℃以下为止。

四、制冷、制氧设备安装

1. 制冷设备安装

（1）制冷的基本原理

如图 5-37 所示，为单级蒸汽压缩式制冷机的工作原理：它由压缩机 1、冷凝器 2、节流阀 3（或膨胀阀）和蒸发器 4 组成。压缩机 1 运行时，将蒸发器 4 内产生的低压低温蒸汽吸入，经过压缩使其压力和温度升高后排入冷凝器 2，在冷凝器内制冷剂蒸汽在压力不变的情况下与温度较低的水（或空气）进行热交换，放出热量而冷凝成温度不高压力较高的液体；高压液体制冷剂流经节流阀 3，压力和温度同时降低而进入蒸发器，低压低温制冷剂液体在压力不变的情况下在蒸发器内不断吸收被冷却介质（空气、水或盐水）的热量而又汽化成蒸汽，产生的蒸汽又被压缩机吸走。这样制冷剂便在系统内经过压缩、冷凝、节流和蒸发四个过程完成一个制冷循环。

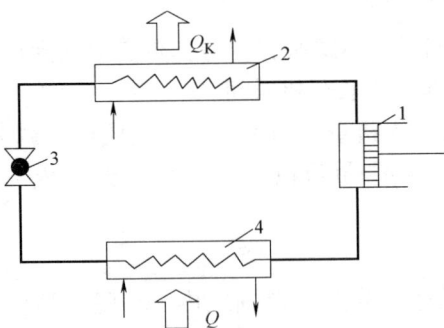

图 5-37　单级蒸汽压缩式制冷机示意图
1—压缩机；2—冷凝器；3—节流阀；4—蒸发器

在制冷系统中，压缩机起着压缩和输送制冷剂蒸汽的作用；节流阀对制冷剂起节流降压作用，同时调节进入蒸发器制冷剂液体的流量，它是系统高低压的分界线；蒸发器是输出冷量的设备，制冷剂在其中吸收被冷却介质的热量实现制冷；冷凝器是放出热量的设备，从蒸发器中吸收的热量连同压缩机所消耗功转化的热量一起从冷凝器中被冷却介质（水或空气）带走，压缩机所消耗的功（电能）起到了补偿作用，如此制冷剂才能将从低温物体吸取的热量不断地传递到高温物体中去，从而达到制冷的目的。

（2）制冷设备安装工艺

1）制冷压缩机的安装：制冷压缩机有活塞式、螺杆式和离心式三种。

① 制冷压缩机安装的一般程序：

活塞式制冷机组安装的一般程序是机座安装；机体安装；机体找正找平；电动机安装；地脚螺栓灌浆；压缩机精平。

离心式制冷机组一般都是整体组装，系统内已充注工质及润滑油，故对主机不必清洗。机组吊装就位后，搬动机组四角支座上的支承调节螺钉，调整机组水平。可在压缩机增速箱上部的加工平面处用水平仪检查其纵、横向水平。

② 压缩机和压缩机组的纵、横向安装水平均不应大于 1/1000，并应在曲轴的外露部位、底座或与底座平行的加工面上测量。

③ 压缩机与电动机的连接，对无公共底座的应以压缩机为准，按设备技术文件的要求调整联轴器或皮带轮，找正电动机；对有公共底座的，其联轴器的找正应进行复检。

2) 附属设备及管道安装

① 制冷系统的附属设备如冷凝器、贮液器、油分离器、中间冷却器、集油器、空气分离器、蒸发器和制冷剂泵等就位前，应检查管口的方向和位置、地脚螺栓孔和基础的位置，并应符合设计要求。

② 附属设备安装，应进行气密性试验及单体吹扫。气密性试验压力，当设计和设备技术文件无规定时，按表 5-14 的规定执行。

气密性试验压力（绝对压力）　　　　　　表 5-14

制冷剂	高压系统试验压力（MPa）	低压系统试验压力（MPa）
R717、R502	2.0	1.8
R22	2.5(高压冷凝器压力)，2.0(低压冷凝器压力)	1.8
R12	1.6(高压冷凝器压力)，1.2(低压冷凝器压力)	1.2
R11	0.3	0.3

③ 卧式设备的安装水平和立式设备的铅垂度均应小于 1/1000。

④ 安装带有集油器的设备时，集油器的一端应稍低，洗涤式油分离器的进液口宜比冷凝器的出液口低。

⑤ 安装低温设备时，设备的支撑和与其他设备接触处应增设垫木，垫木应预先进行防腐处理，垫木的厚度不应小于绝热层的厚度。

⑥ 与设备连接的管道，其进、出口方向应符合工艺流程和设计的要求。

⑦ 制冷剂泵安装，除应符合国家现行《风机、压缩机、泵安装工程施工及验收规范》的有关规定外，尚应符合下列要求：泵的轴线应低于循环贮液桶的最低液面，其间距应符合设备技术文件的规定；泵的进、出口连接管管径不得小于泵的进、出口直径；两台及两台以上泵的进液管应单独敷设，不应并联安装；泵不得空转或在有气蚀的情况下运转。

⑧ 制冷系统管道安装之前，应将管子内的氧化皮、杂物和锈蚀除去，使内壁出现金属光泽面后，管子两端方可封闭。

⑨ 管道的法兰、焊缝和管路附件等不应埋入墙内或不便于检修的地方；排气管穿过墙壁处，必须加保护套管。其间宜留 10mm 的间隙，间隙内不应填充材料。有绝热层的管道在管道与支架之间应衬垫木，其厚度不应小于绝热层的厚度。

⑩ 在液体管上接支管，应从主管的底部或侧部接出；在气体管上接支管，应从主管的上部或侧部接出。供液管不应出现上凸的弯曲。吸气管除氟系统是专门设置的回油弯外，不应出现下凹的弯曲。

⑪ 吸、排气管道敷设时，其管道外壁的间距应大于 200mm，在同一支架敷设时，吸

气管宜装在排气管下方。

⑫ 设备之间制冷剂管道连接的坡向及坡度，当设计或设备技术文件无规定时，应符合相关的规定。

⑬ 设备和管道绝热保温的材料、保温范围及绝热层的厚度应符合设计规定。

⑭润滑系统和制冷剂管道上的阀门应符合下列要求：对进、出口封闭性能良好，具有合格证并在保证期限内安装的阀门，可只清洗密封面；对不符合上述条件的阀门，均应拆卸、清洗，并应按阀门的要求更换填料和垫片；每个阀门均应进行单体气密性试验，其试验压力当设计和设备技术文件无规定时，应按表2-14规定值执行。

⑮ 阀门及附件安装时，单向阀门必须按制冷剂流动的方向装设，严禁装反；带手柄的阀门，手柄不得向下，电磁阀、热力膨胀阀、升降式止回阀等的阀头均应向上竖直安装；热力膨胀阀的安装位置应尽量靠近蒸发器，以便于调整和检修；感温包的安装应符合设备技术文件的要求。

（3）制冷系统的试运转

制冷系统试运转的目的是全面检查、测定制冷工艺设备安装的质量及制冷效果，并试调达到制冷工艺设计要求，以便投产使用。制冷系统的试运转一般分为空负荷试运转、空气负荷试运转和系统试运转三个部分。

1）空负荷试运转：空负荷试运转前应按设备技术文件的规定进行启动前的检查与准备。

① 活塞式压缩机空负荷试运转步骤和要求：先拆去气缸盖和吸、排气阀组并固定气缸套；启动压缩机并应运转10min，停车后检查各部位的润滑和温升应无异常。而后应再继续运转1h；停车后，检查气缸壁面应无异常的磨损；机组运转应平稳，无异常声响和剧烈振动；主轴承外侧面和轴封外侧面的温度应正常；油泵供油应正常；轴封处不应有油的滴漏现象。

② 螺杆式压缩机空负荷试运转步骤和要求：脱开联轴器，单独检查电动机的转向应符合压缩机要求；联接联轴器，找正允许偏差应符合设备技术文件的规定；盘动压缩机应无阻滞、卡涩等现象；应向油分离器、贮油器或油冷却器上加注冷冻机油，机油的规格及油位高度应符合设备技术文件的规定；油泵的转向应正确，油压调节至 $0.15\sim0.3MPa$（表压）；调节四通阀至增、减负荷位置，滑阀的移动应正确、灵敏，并将滑阀调至最小负荷位置；各保护继电器、安全装置的整定值应符合技术文件规定，其动作应灵敏、可靠。

③ 离心式压缩机空负荷试运转步骤和要求：按设备技术文件的规定冲洗润滑系统；加入油箱的冷冻机油的规格及油面高度应符合技术文件要求；抽气回收装置中压缩机的油位应正常，转向应正确，运转应无异常现象；各保护继电器的整定值应整定正确；导叶实际开度和仪表指示值，应按设备技术文件的要求调整一致。

2）空气负荷试运转

① 活塞式压缩机空气负荷试运转步骤和要求：吸、排气阀组安装固定后，应调整活塞的止点间隙，并符合设备技术文件的规定；压缩机的吸气口应加装空气滤清器；启动压缩机，当吸气压力为大气压力时，其排气压力对于有水冷却的应为0.3MPa（绝对压力），对于无水冷却的应为0.2MPa（绝对压力），并应连续运转且不得少于1h；油压调节阀的操作应灵活，调节的油压应比吸气压力高 $0.15\sim0.3MPa$；能量调节装置的操作应灵活、

正确；压缩机各部分的允许温升应正常。主轴承外侧面和轴封外侧面有冷却水时允许温升40℃；无冷却水时允许温升60℃。润滑油有冷却水时允许温升40℃；无冷却水时允许温升60℃。气缸套的冷却水进口水温不应大于35℃；出口温度不应大于45℃；运转应平稳，无异常声响、振动；吸、排气阀的阀片跳动声响正常；各连接部位、轴封、填料、气缸盖和阀件应无漏气、漏水现象；空气负荷试运转后，应拆洗空气滤清器和油过滤器，更换润滑油。

② 螺杆式压缩机空气负荷试运转步骤和要求：应按要求供给冷却水；制冷剂为 R12、R22 的机组，启动前应接通电加热器，其油温不应低于 25℃；调节油压应高于排气压力 0.15～0.3MPa，滤油器前后压差不应大于 0.1MPa；冷却水温度不应高于 32℃，压缩机的排气温度不超过 90℃（R12）及 105℃（R22、R717）。冷却后的油温对 R12 为 30～55℃；对 R22、R717 为 30～65℃；吸气压力不宜低于 0.05MPa（表压），排气压力不高于 1.6MPa（表压）；轴封处的渗油量不大于 3mL/h。

③ 离心式压缩机空气负荷试运转步骤和要求：应关闭压缩机吸气口的导向叶片，拆除浮球室盖和蒸发器上的视孔法兰，吸、排气门应与大气相通；按要求供给冷却水，启动油泵及调节润滑系统，其供油应正常；点动电动机的检查，转向应正确，其转动应无阻滞现象；启动压缩机；当机组的电机为通水冷却时，其连续运转时间不应少于 0.5h，当机组的电机为氟冷却时，其连续运转时间不应大于 10min；同时检查油温、油压，轴承部位的温升，机器的声响和振动均应正常；导向叶片的开度应进行调节试验，导叶的启闭应灵活、可靠；当导叶片开度大于 40％时，试验运转时间宜缩短。

3）压缩机制冷系统试运转

制冷系统的设备及管道组装完毕后，应按下列顺序充灌制冷剂：系统吹扫排污；气密性试验；抽真空试验；氨系统保温前的充氨检漏和系统保温后充灌制冷剂。

① 系统吹扫排污：制冷系统进行吹扫排污的目的在于进一步清除制冷系统中的污物，以免系统中的污物进入压缩机，造成气缸拉毛，而影响压缩机的正常运转。

吹扫排污工作可按设备、管段或分系统进行，直至系统内排出的空气不带有污物为止。吹扫时，所有阀门（除安全阀外）处于开启状态。氨系统吹扫介质为干燥空气，氟利昂系统可用氮气。吹扫压力为 0.5～0.6MPa。反复多次吹扫，并在排污口（一般选择最低点为排污口）设靶检查，直至无污物为止。系统吹扫排污结束后，应将排污系统上的阀门阀芯取出，清理阀座和阀芯上的污物，然后重新装配。

② 气密性试验：制冷系统气密性试验的目的在于检查制冷系统各设备、管路的焊口、法兰、丝头等有无渗漏，以便进行修理，保证制冷系统的正常运转。

气密性试验用干燥压缩空气或氮气进行，试验压力当设计和设备技术文件无规定时，应符合表 2-14 的规定。当高、低压系统区分有困难时，在检漏阶段，高压部分应按高压系统的试验压力进行，保压时，可按低压系统的试验压力进行。

系统检漏时，应在规定的试验压力下，用肥皂水或其他发泡剂刷抹在焊缝、法兰等连接处检查，应无泄漏；系统保压时，应充气至规定的试验压力，6h 后开始记录压力表读数，经 24h 以后再检查压力表读数；其压力降应按下式计算，不应大于试验压力的 1％。

$$\Delta P = P_1 - P_2(273 + t_1)/(273 + t_2)$$

式中　ΔP——压力降，MPa；

P_1——开始时系统中气体的压力，MPa（绝对压力）；

P_2——结束时系统中气体的压力，MPa（绝对压力）；

t_1——开始时系统中气体的温度，℃；

t_2——结束时系统中气体的温度，℃。

当压力降超过规定时，应查明原因消除泄漏，并应重新试验，直到合格。

③ 抽真空试验

真空试验：制冷系统进行真空试验的目的在于进一步检查制冷系统和设备有无渗漏，并为系统加注制冷剂做好准备。

真空试验以剩余压力表示，保持时间24h。氨系统的真空试验压力不高于0.008MPa，24h后压力基本无变化。冷媒系统的试验压力不高于0.0053MPa，24h后回升不大于0.0005MPa。

用压缩机进行抽真空时，首先打开系统上所有的阀门，关闭所有与大气相通的阀门，然后再关闭压缩机上的高压阀门，打开低压阀门和压缩机上的排气堵头，启动压缩机，使系统内的空气由排气堵头排出，进行抽真空工作。

用真空泵抽真空时，首先打开系统上所有连接的阀门，关闭与大气相通的阀门。打开压缩机上的排气阀门，然后将真空泵的吸入口管道与系统加注制冷剂管连接，启动真空泵，进行抽真空工作。

④ 充灌制冷剂：充灌制冷剂时，首先充适量制冲剂检漏。氨系统加压到0.1～0.2MPa（表压），用酚酞试纸检漏。氟系统加压到0.2～0.29MPa，用卤素喷灯或卤素检漏仪检漏。经检查无渗漏后方可继续加液。

当第一次灌注氟利昂时，一般采用高压段充灌。在真空试验停车后系统仍处于真空状态，然后将装制冷剂的钢瓶与系统的注液阀接通，氟利昂系统的注液阀接通前应加干燥过滤器，使制冷剂注入系统。

灌注氟利昂液体时，只有当钢瓶压力与系统压力相同时，方可启动压缩机，加快制冷剂充入速度。

⑤ 系统试运转

制冷系统负荷运转的目的，在于全面检查、测定制冷工艺设备的安装质量及运行参数，是否满足制冷工艺设计的要求，以便投产使用。

试运转前，应首先启动冷凝器的冷却水泵及蒸发器的冷冻水泵或风机，并检查供水量、风量是否满足要求。凡设有油泵设备的，应先启动油泵，检查压缩机油面高度、压缩机电机运转方向等，确认无误后方可运转。

正常运转应不少于8h。在运转过程中要注意油温、油压、水温是否符合要求。由于带制冷剂与单机试运转不同，对于不同的制冷剂，其排气温度的控制值是不同的。制冷剂为R717、R22时排气温度不得超过150℃；如为R12时则不得超过130℃。系统试运转正常后，停车时必须按照下列顺序进行：先停制冷机、油泵（离心式制冷系统应在主机停车2min后停油泵），再停冷冻水泵、冷凝水泵。

试运转结束后，应清洗滤油器、滤网，并应更换或再生干燥过滤剂的干燥剂。

2. 制氧设备安装

（1）制氧原理

氧在常温及大气压力下，其物理状态为无色透明、无臭、无味的气体。在大气压力下冷却至－183℃时，变成天蓝色透明而易于流动的液体，在室温下蒸发迅速；如果将液态氧继续冷却至－218℃时，它就形成蓝色的固态结晶。氧以游离的形式存在于空气中，在空气中氧的体积占20.9%。

　　目前以深度冷冻法分离空气最为经济，被广泛地采用。

　　(2) 制氧设备安装工艺

　　1) 制氧设备安装的一般要求

　　① 分馏塔抗冻基础应有检验合格的记录；采用膨胀珍珠岩（珠光砂）混凝土时，其试样的抗压强度不应低于7.5MPa；导热系数不应大于0.326W/(m·K)，并不应有裂纹。

　　② 吸附剂、填料、绝热材料的规格和性能应符合设备技术文件的规定。

　　③ 空分设备的黄铜制件不应接触氨气；铝制件不得接触碱液；充氮气密封的部分，在保管期间高压腔压力应保持在10～20kPa以上，低压腔压力（装平盖板一方）应保持在1kPa。

　　④ 分馏塔内部各设备、管路、阀门及分馏塔外部凡与富氧介质接触的设备、管路、阀门和各节油器均应进行严格的脱脂，已由制造厂作过脱脂处理的，在安装时可不再脱脂。如被油脂污染，应再作脱脂处理，脱脂的要求及方法应按设备技术文件的规定。

　　2) 受压设备就位前，应按下列规定进行强度和气密性试验：

　　① 制造厂已作过强度试验并具有合格证的受压设备可不再作强度试验，只作气密性试验，但如发现设备有损伤痕迹或在现场作过局部改装或停放时间过长时，则应作强度试验。

　　② 强度试验一般用水压法，对于不宜使用水作介质或结构复杂的设备（如精馏塔、板翅式换热器、吸附过滤器等）应用气压法。用气压法试压时必须有可靠的安全措施，并经有关部门同意后进行。

　　③ 强度试验和气密性试验的压力和保压时间应符合设计或设备技术文件的规定。

　　④ 液压试验必须用洁净的水或液体。当受压设备内充满液体后，必须排出滞留在其内的气体，待内外壁温度接近时，方可缓慢升至设计压力；无泄漏后应继续升至试验压力，并根据受压设备大小保压10～30min，然后降至设计压力，其保压时间不应少于30min，经检查应无泄漏、异常现象。液压试验后，应采用干燥、无油的压缩空气将其内部吹干、吹净。对奥氏体不锈钢压力容器以水为介质进行液压试验时，宜控制水中氯离子含量，并不应超过25mg/L。

　　⑤ 气压试验应采用洁净、干燥、无油的空气或惰性气体；对碳素钢和低合金钢制造的压力容器，其试验气体温度不得低于15℃，其他材料制造的压力容器，试验气体的温度，应符合设计的规定。当进行气密性试验时，先缓慢升压至试验压力的10%，保压5～10min；当无泄漏后，应继续升压至试验压力的50%；无异常现象后，应继续升压至试验压力，并按受压设备大小保压10～30min；然后应降压至设计压力，经检查应无泄漏和异常现象。

　　⑥ 阀门应按系统压力做气密性试验，其泄漏量不应超过设备技术文件的规定；自动阀的密封面可采用煤油做渗漏检查，并应保持5min后无渗漏现象。

3）安全阀调整

安全阀的开启压力应按设备技术文件的规定值进行调整；无规定时，应按设计压力或系统最高工作压力进行调整。调整达到要求后进行铅封。

4）管路上波纹节组装时，应按设备技术文件规定的预压量进行预压，并不应有拉伸、扭曲和错位现象。

5）当节油设备进行试压和吹扫时，所用的介质应为清洁、干燥、无油的空气或氮气，当采用氮气吹扫时，应采取防窒息措施。吹扫时宜将气流吹在白色滤纸或白布上，经10min后观察，在纸或白布上应无油污和杂质。

6）现场组装焊接铝制空分设备、铝及铝合金管道时应按设备技术文件和国家现行有关焊接标准、规程的规定执行。与空分设备配套的压缩机、风机、泵安装应按国家现行标准《风机、压缩机、泵安装工程施工及验收规范》的规定执行。

7）分馏塔的安装

① 分馏塔的结构特点，一般是高度较高、体积较大和重量较重，外形多为圆形。其安装技术难点是设备吊装就位，该设备一般布置在厂房内，塔顶距房顶距离小，设备吊装就位找正较为困难。因此，如何选择吊装工艺及设备找正的方法，必须根据现场安装条件和吊装机具的能力，制定出具有针对性和可操作性的施工组织设计方案。

② 分馏塔安装

标高检查时可用水准仪测量塔类设备的底座标高，底座标高的允许偏差为±10mm。垂直度检查时可用铅垂线法或经纬仪法进行测量。塔体的垂直度不应超过1/1000。如检查不合格，则用垫铁调整。塔体找正符合要求后，应对称均匀地拧紧地脚螺栓，然后进行二次灌浆。分馏塔安装的要求和注意事项：精馏塔基础的水平度不应超过5/1000；保冷箱基础框架（型钢基础面）的水平度不应超过1/1000；吊装有色金属的设备和管子时应防止损伤表面，如有伤痕，其深度不应超过壁厚的负公差。

8）透平式膨胀机组安装

透平式膨胀机组主要由主机、制动机械、润滑系统和各种自动保护装置组成。

① 透平式膨胀机组的安装要求和注意事项：膨胀机的蜗壳或箱盖的吊环不应用作整台机器的吊装。

组装：工作轮和风机轮的转子部件必须按制造厂的标记进行，工作轮、风机轮与转轴的锁紧装置应可靠。心机、齿轮轴、转子轴连接时，其同轴度应符合设备技术文件的规定。转子和变速器结合部件组装后必须进行动平衡试验，并应符合设备技术文件的规定。膨胀机的纵、横向水平度不应超过0.1/1000，电机制动的膨胀机找平时，应在高速齿轮轴上测量。

② 膨胀机裸冷试验前，应进行检查并应符合下列要求：制动风机阀门应处于全开位置；加注润滑油的规格、性能和数量，应符合设备技术文件的规定；润滑系统和冷却系统应清洗洁净并畅通；接通密封气体、压力应符合设备技术文件的规定；电机的转向应符合膨胀机的转向；安全装置应准确、可靠；运动部件和导流叶片的调节机构应灵活，无阻滞现象；仪表和电气装置的调整正确。

③ 膨胀机裸冷试验应符合下列要求：在装填绝热材料前应配合分馏塔进行；每次裸冷试验前应加温吹扫，试验后应加温解冻吹扫；膨胀机轴承的垂直双向振幅值，应符合设

备技术文件的规定；膨胀机的超速控制宜采用模拟方法试验，经连续三次试验其动作应正确无误；应进行紧急切断阀的关闭试验；转动导流叶片的调节机构，应灵活无卡阻现象。

④ 膨胀机在成套空分设备试运转时应按下列项目进行检查，并应做记录：润滑油的压力和温度；轴承温度；进、出口压力和温度；喷嘴后压力；流量及电机制动功率。

（3）制氧装置试运行

制氧装置试运行的主要内容包括试运行前的准备工作；制氧装置的气密性试验；制氧装置的裸体冷冻试验；制氧装置带负荷试运行。

1）试运行前的准备工作

制氧装置的试运行是对装置进行全面检查、试压和低温检验。其目的是为了在装入保温材料以前，充分发现设备本身和安装缺陷，以免在装入保温材料以后发现问题而被迫返工。制氧装置试车前，机组辅机、仪表控制系统、电气控制系统、管道系统和安全保护装置等应符合试运转的要求。

2）制氧装置的气密性试验

制氧装置的气密性试验，包括充压检漏和定压检验。气密性试验的目的是检查安装、配管和焊接质量。根据需要一般只作全装置的外部检漏和中、低压系统的试压。试验的具体要求如下：

① 制氧装置的气密性试验应在其安装完毕后，未充填珠光砂之前进行；

② 试压时的压力为工作压力，而检漏时的压力应为工作压力的 1.1 倍；

③ 充压的气体应为常温、干燥、无油的气体；

④ 检漏时应用无脂肥皂水检查设备、管道的焊缝、法兰部位，并以不产生气泡为合格。检查完毕应以干净的湿布将肥皂水擦净；

⑤ 检漏合格后，将系统压力保持在工作压力，经 24h 以后再检查压力表读数；其压力降应不大于试验压力的 1%（泄漏率）。

当压力降超过规定时，应查明原因消除泄漏，并应重新试验，直到合格。

3）制氧装置的裸体冷冻

试验裸体冷冻试验是空分装置安装结束后的第一次冷却运转，其具体要求如下：

① 冷冻工作共进行三次，每次冷冻后，需及时扫雪，不使冰雪融化于保温箱内，每次冷冻后要预热，加热至常温后，首先进行所有螺栓的拧紧工作，再进行气密性检查；

② 冷冻工作应使每个设备降低到尽量低的温度，但要以膨胀机后气体温度不低于二氧化碳析出的温度-130℃为界限，要求膨胀后气体温度达到-130℃，可逆式换热器气体温度达到-120℃；

③ 当装置内设备和主要管路全部得到冷却并挂上不同程度的霜层，膨胀机后温度达到-130℃，冷量处于平衡状态后，裸体冷冻工作即告结束。

在三次裸体冷冻并经气密性试验合格后，应当填充保温材料。一般在空分设备中使用的保温材料有碳酸镁、矿渣棉和珠光砂，在填充前应对保温材料进行检验，必须符合质量要求。

4）制氧装置带负荷试运行

带负荷试运行对于安装后的制氧装置是最后的检查。其具体要求是：应在规定的介质和状态下进行；无明显的漏气和漏液；各机组运转应正常。

五、液压机安装

液压机是一种利用液体压力能来传递能量的机器。液压机按工作介质不同，分为水压机和油压机两类，大中型液压机多使用水为介质。

液压机的工作循环一般包括停止、充液行程、工作行程及回程四个过程。

1. 液压机安装

（1）准备工作

在现场组装的液压机，在组装前，应检查下列各主要零、部件，允许偏差应符合设备技术文件的规定（整体出厂的不检验此项）。

上、下横梁或前、后梁的立柱孔与立柱或张力柱的基本尺寸和配合公差，上、下横梁立柱或前、后梁孔轴线与其端面的垂直度；活动横梁导套孔与导套、导套与立柱的基本尺寸和配合公差；工作缸台肩与横梁配合面的接触均匀程度，工作缸与柱塞、导套、压套的基本尺寸和配合公差；立柱或张力柱轴线与螺母端面的垂直度（与横梁结合面）、基本尺寸和配合公差，螺母与立柱螺纹的配合间隙及接触均匀程度。

（2）液压机本体的安装步骤与要求

以水压机为例，其安装步骤主要有：安装前的准备；垫铁处理；立柱底座安装；下横梁安装；活动横梁安装；立柱安装；装下螺母；工作缸安装；上横梁安装；提升平衡机构安装；活动横梁导套及限程套安装；工作缸柱塞安装；提升机构、低压补偿及操纵系统、管路等安装。

1）安装前的准备：安装场地平整且畅通，"三通"已具备，安装用起重机具性能可靠。

2）垫铁处理：液压机找平时，垫铁应符合下列要求采用：平垫铁或斜度不小于 1/10 的成对斜垫铁；垫铁与垫铁和垫铁与基础的接触应良好，采用 0.05mm 塞尺检查时，在垫铁同一断面处从两侧塞入的长度总和不得超过垫铁长度或宽度的 1/3；2000t 以上的液压机，每组垫铁的总厚度不应小于 60mm；2000t 及其以下的液压机，不应小于 40mm。

3）立柱底座安装：组装以立柱底座作为支承的液压机时，应先吊装中间底座，以中间底座为基准来装配侧底座，中间底座与侧底座的联接螺栓，采用热装来达到拉紧的目的。

机座纵、横向安装水平，在机座与立柱的接合面上测量，其偏差均不应大于 0.1/1000；两块机座的相对标高差，不应大于 0.5mm；相邻两个立柱底座中心距离允许偏差为 ±0.5mm；四个立柱孔对角中心距相对偏差不应大于 0.7mm。

4）下横梁安装：旋紧立柱底座地脚螺栓，设置四个千斤顶，以备调整下横梁螺母的高度及下横梁水平。下横梁直接放在基础上的液压机，将水平仪放在下横梁上平面上测量；下横梁由螺母支承的液压机，将水平仪放在上横梁上平面上测量。液压机下横梁上平面或工作台的纵、横向安装水平，其偏差均不应大于 0.20/1000。组合式下横梁接缝处上平面的高低差不应大于 0.05mm，定位门台和定位键、键槽与梁的接触应均匀。

5）活动横梁安装：先将活动横梁的柱套口装上防护罩，装上起吊工具就位。

活动横梁导套与立柱间的配合间隙，应符合设备技术文件的规定，内侧间隙 S_1 宜大于外侧间隙 S_2；导套偏心的最大断面应对正活动横梁立柱孔的对角线，上横梁的纵、横向安装水平，其偏差均不应大于0.12/1000。

6）立柱安装

立柱安装前应对螺母配对情况进行检查，配对好的螺母应做好编号。

为便于安装中校正立柱方向，立柱中间部分可装转动箍。吊装时，将立柱从横置于水平状态的枕木上旋转至垂直位置。当立柱吊直后，移动至活动横梁柱套旁，提升立柱，使其底平面超过活动横梁柱套上平面50～100mm。对准下横梁柱套孔的中心，逐渐放下，待立柱底面即将与立柱底座上平面接触时，利用转动箍校正立柱的方向，然后放下立柱。在下横梁柱套上端用临时定位块定位。然后继续起吊第二、三、四根立柱，按对角顺序依次进行。

立柱铅垂度的测量，可将水平仪放在立柱的工作面上，沿圆周每隔90°测量一次，铅垂度偏差应以水平仪读数的平均值计算，并不大于0.12/1000；两立柱轴线的平行度在1000mm测量长度上不应大于0.15mm；其对角线长度应在图样公差范围内。在立柱装入下横梁立柱孔螺母紧固后，活动横梁和上横梁组装过程中及组装后，立柱的铅垂度、立柱间的平行度和对角线长度，均应进行检查和复查。

7）装下螺母

顶起立柱下螺母，使其与下横梁柱套端面刚好接触，然后将螺母旋紧；要求立柱螺母与下（上）横梁接合面接触良好，紧固后用0.05mm塞尺检查，局部塞入深度不应大于宽度的20%，其塞入累计移动长度不应大于可检长度的10%。立柱螺母预紧前，应拧紧各立柱螺母，其拧紧程度应一致，立柱与下（上）横梁的连接，有加热紧固法和立柱加压紧固法。

8）工作缸、上横梁、工作缸柱塞、提升平衡机构等安装

上横梁的纵、横向安装水平偏差均不应大于0.12/1000；工作缸法兰与上横梁底面，柱塞与活动横梁的固定接合面应紧密贴合，并应符合规范规定；工作缸柱塞与活动横梁为球铰连接时，其球面支承座与横梁的接触应良好，局部间隙不应大于0.05mm；球面接触应均匀，其接触面积应大于70%；提升缸和平衡缸上悬挂活动横梁的每对拉杆长度应一致；活动横梁在最上或最下位置时，均应与四个限程套同时接触。

9）操纵系统、管路等安装

液压机操纵系统、管路等安装应按现行规范执行。在高压油管路安装时，对于平行或交叉的管子之间或管子和设备主体之间要相距10mm以上，管道安装应牢固，并有减振措施。管道布置应整齐、美观，尽可能减少使用直角弯头，以减少管路阻力。

2. 液压机试运转

液压机试运转分为空负荷试运转和负荷试运转，液压机试运转的操作程序应符合设备技术文件的规定。空负荷连续运转时间不应少于2h，其中驱动块或活动横梁作全行程往复运动时间不应少于1h，单次全行程运转时间不应少于0.5h。

（1）空负荷试运转启动和停止试验

空负荷试运转启动和停止试验连续进行并不应少于3次，动作应灵敏、可靠；滑块（活动横梁）运转试验应连续进行并不少于3次，动作应平稳、可靠；滑块（活动横梁）行程的调整和行程限位器试验，应按最大行程长度进行调整。压力调整平稳。安全阀试验可结合超负荷试验进行，其开启压力不应大于额定压力的1.1倍。

（2）液压机负荷试运转应在额定压力下进行，试运转时应注意下列事项：

1）试运转时，负载应逐渐增加，应对油泵的工作压力、卸荷压力、压力继电器工作压力、快速行程等进行调整，使其符合要求；

2）应随时注意液压系统的工作情况，如有振动、噪声、压力、温度等不正常现象，应立即停车检查；

3）试车后，应将全部控制手柄放在空档位置，试车完后，估好试运转记录。

液压机试运转后，应复查下列项目：立柱的铅垂度不应超过规定值；立柱螺母与梁接合面的局部间隙应符合规定；立柱、工作缸、提升缸、移动缸等的柱塞和导向面应无碰伤；工作缸法兰与横梁接合面的间隙应符合规定。

参 考 文 献

1. 建设部人事教育司. 工程安装钳工. 北京：中国建筑工业出版社，2002.

2. 北京市建设工程质量监督总站. 建设工程资料管理规程. 2003.

3. 北京市建设委员会. 施工企业管理人员安全教育. 2004

4. 中国建筑工业出版社. 现行建筑安装规范大全. 北京：中国建筑工业出版社，2001.

5. 安装教材编写组. 安装钳工工艺学. 北京：中国建筑工业出版社，1982.

6. 刘弘睿. 工业锅炉技术标准规范应用大全. 北京：中国建筑工业出版社，2003.

7. 机械工业职工技能鉴定指导中心. 车工技术. 北京：机械工业出版社，2001.

8. 李维荣. 五金手册. 北京：机械工业出版社，2003.

9. 徐鸿本. 实用五金大全. 武汉：湖北科学技术出版社，2004.

10. 刘鸿文. 材料力学. 北京：高等教育出版社，2010.

11. 上海理工大学力学教研室.. 北京：理论力学，2011.

12. 设备安装通用工艺标准，建设工程教育网，2005.